"十二五"职业教育国家规划教材
经全国职业教育教材审定委员会审定

电路分析基础

第四版

新世纪高职高专教材编审委员会 组编
主　编　童建华
副主编　戴建华　戴　明

大连理工大学出版社

图书在版编目(CIP)数据

电路分析基础 / 童建华主编. -- 4 版. -- 大连：大连理工大学出版社，2022.2(2025.9重印)
新世纪高职高专电子信息类课程规划教材
ISBN 978-7-5685-3337-9

Ⅰ.①电… Ⅱ.①童… Ⅲ.①电路分析－高等职业教育－教材 Ⅳ.①TM133

中国版本图书馆 CIP 数据核字(2021)第 222138 号

大连理工大学出版社出版

地址：大连市软件园路80号　邮政编码：116023
发行：0411-84708842　邮购：0411-84708943　传真：0411-84701466
E-mail:dutp@dutp.cn　URL:https://www.dutp.cn

大连朕鑫印刷物资有限公司印刷　　大连理工大学出版社发行

幅面尺寸：185mm×260mm　　印张：15　　字数：345千字
2009年3月第1版　　　　　　　　　2022年2月第4版
2025年9月第4次印刷

责任编辑：马　双　　　　　　　　责任校对：周雪姣
　　　　　　　　封面设计：张　莹

ISBN 978-7-5685-3337-9　　　　　　　　定　价：48.80元

本书如有印装质量问题，请与我社发行部联系更换。

前 言

《电路分析基础》(第四版)是"十二五"职业教育国家规划教材,也是新世纪高职高专教材编审委员会组编的电子信息类课程规划教材之一。

本教材是根据教育部高等职业教育电子信息类专业电路分析基础课程的教学要求,在第三版的基础上,进一步削枝强干、淡化理论、强化实践,使电路的主要知识点更加鲜明,重点内容更加突出,能力训练更有保证。同时,书中增加了很多知识链接,提供了非常丰富的数字化教学资源,学生通过扫描二维码,可以获得相关章节教学内容的思维导图、重点知识与技能的教学视频、计算机电路仿真分析与测量、实际操作实验、各章小结等。另外还提供了作为选修内容的电路知识结构的进一步拓展、电路分析方法的进一步深入等学习链接资源,供有需要的院校与专业进行选用。

电路分析基础,作为电类专业的入门课程,是学好电类专业课的基础。本教材从高等职业教育的特点及要求出发,系统地介绍了电路的基本概念、基本定律和基本分析方法。主要内容包括电路的基本概念和定律;直流电路的分析;正弦交流电路的基本概念;正弦交流电路的分析;互感电路;三相电路;非正弦周期电路;动态电路。

本教材的编写目标是适应电路内容的知识更新和课程体系改革的需要,着重介绍经典的电路分析方法,力求做到以应用为目的,以必需、够用为度,讲清概念,结合实际,强化训练,突出适应性、实用性和针对性。在主要的知识点方面,提供了相应的微视频,在例题和习题的选择方面,适当淡化手工计算的技巧,并根据该课程具有较强的实践性特点,在每一章中都引入了计算机辅助分析与仿真测量,同时提供了相关电路的实际操作实验,以达到理论与实践的结合和"讲、学、仿、做、练"的统一。全书在内容叙述上,深入浅出,通俗易懂,重点突出,概念清楚。

本教材既可作为高职高专院校电子信息类和电气、自动化类各专业的教材,也可供相关电类工程技术人员参考使用。

本教材的基本教学参考学时为64~80学时,包括必修的理论知识、电路仿真和实际操作实验。书中通过二维码所链接的选修内容,可根据各专业需要进行取舍。学时分配方案如下表所示,仅供参考,各院校可根据具体情况在此基础上增减学时。

章节	内　容	参考学时	章节	内　容	参考学时
1	电路的基本概念和定律	6~8	6	三相电路	6~8
2	直流电路的分析	14~16	7	非正弦周期电路	6~8
3	正弦交流电路的基本概念	6~8	8	动态电路	10~12
4	正弦交流电路的分析	10~12			
5	互感电路	6~8		合计课时	64~80

本教材由太湖创意职业技术学院童建华任主编,无锡商业职业技术学院戴建华和戴明任副主编,无锡市松信环境科技有限公司刘兴华参与了教材的编写。童建华编写了第2章、第4章;戴建华编写了第5~7章;戴明编写第1章、第3章、第8章;刘兴华编写了各章的仿真训练和技能训练,并提供了大量的课程数字资源。全书由童建华统稿与定稿。

在编写本教材的过程中,编者参考、引用和改编了国内外出版物中的相关资料以及网络资源,在此表示深深的谢意!相关著作权人看到本教材后,请与出版社联系,出版社将按照相关法律的规定支付稿酬。

由于编者水平有限,书中难免存在疏漏与错误之处,恳望使用本教材的广大读者在使用本过程中,对书中的错误和不足予以关注,并将意见和建议及时反馈给我们,以便修订时进行完善。

编　者

2022年2月

所有意见和建议请发往:dutpgz@163.com

欢迎访问职教数字化服务平台:https://www.dutp.cn/sve/

联系电话:0411-84707424　84706671

目 录

第1章 电路的基本概念和定律 1
    1.1 电路与电路模型 2
    1.2 电路的基本物理量 3
    1.3 电路的状态 9
    1.4 电路的基本定律 11
    仿真训练1 欧姆定律仿真 15
    仿真训练2 基尔霍夫定律仿真 17
    技能训练 基尔霍夫定律的验证 19
    讨论笔记 21
    第1章习题 21

第2章 直流电路的分析 27
    2.1 电阻网络的串、并联等效变换 28
    2.2 电压源与电流源的等效变换 32
    2.3 支路电流法 35
    2.4 节点电压法 37
    2.5 叠加定理 40
    2.6 戴维南定理 42
    仿真训练1 电压源与电流源的等效变换仿真 46
    仿真训练2 支路电流与节点电压分析仿真 48
    仿真训练3 叠加定理仿真 50
    仿真训练4 戴维南定理仿真 51
    技能训练 叠加定理的验证 53
    讨论笔记 55
    第2章习题 55

第3章 正弦交流电路的基本概念 59
    3.1 正弦交流电的基本概念 60
    3.2 正弦交流电的相量表示法 65
    3.3 正弦交流电阻电路 68

3.4 正弦交流电容电路 …… 71
3.5 正弦交流电感电路 …… 74
仿真训练 正弦交流电路中的 R、L、C 元件仿真 …… 79
技能训练 正弦交流电路中的 R、L、C 元件特性测量 …… 82
讨论笔记 …… 85
第 3 章习题 …… 86

第 4 章 正弦交流电路的分析 …… 89
4.1 阻抗和导纳 …… 90
4.2 RLC 串联电路 …… 93
4.3 RLC 并联电路 …… 95
4.4 正弦交流电路的相量图求解法 …… 97
4.5 正弦交流电路中的功率 …… 99
4.6 串联谐振电路 …… 101
4.7 并联谐振电路 …… 105
仿真训练 1 正弦交流串联电路仿真 …… 108
仿真训练 2 正弦交流并联电路仿真 …… 110
仿真训练 3 RLC 串联谐振和并联谐振电路仿真 …… 112
技能训练 1 RC 串联的正弦交流电路测量 …… 117
技能训练 2 日光灯电路的安装与功率的测量 …… 119
讨论笔记 …… 121
第 4 章习题 …… 121

第 5 章 互感电路 …… 125
5.1 互感元件 …… 126
5.2 互感电路的分析 …… 132
仿真训练 互感电路的测量仿真 …… 136
技能训练 单相变压器特性的测量 …… 139
讨论笔记 …… 141
第 5 章习题 …… 141

第 6 章 三相电路 …… 145
6.1 三相电源 …… 146
6.2 三相负载 …… 149
6.3 三相电路的功率 …… 152
6.4 对称三相电路的分析 …… 154

仿真训练 1　三相交流电路负载星形连接电路仿真 160
　　仿真训练 2　三相交流电路负载三角形连接电路仿真 161
　　技能训练　三相负载的星形接法 163
　　讨论笔记 165
　　第 6 章习题 165

第 7 章　非正弦周期电路 169
　　7.1　非正弦周期信号的基本概念 170
　　7.2　非正弦周期信号的分解 171
　　7.3　有效值、平均值和平均功率 178
　　7.4　非正弦周期电路的分析 181
　　仿真训练　非正弦周期信号的谐波合成仿真 185
　　技能训练　半波整流信号的测量与分析 186
　　讨论笔记 189
　　第 7 章习题 189

第 8 章　动态电路 193
　　8.1　动态电路的概念与换路定律 194
　　8.2　一阶电路动态过程的三要素法 197
　　8.3　一阶电路的动态过程分析 204
　　8.4　微分电路和积分电路 209
　　仿真训练 1　RC 一阶电路充放电特性仿真 213
　　仿真训练 2　微分电路与积分电路仿真 215
　　技能训练 1　RC 一阶电路动态过程的测量 217
　　技能训练 2　微分电路与积分电路的特性测量 219
　　讨论笔记 221
　　第 8 章习题 221

参考文献 228

本书资源列表

序 号	章 节	名 称	页 码
1	第1章	整体思维导图	1
2		第1章思维导图	1
3		微课:电路与电路模型	2
4		微课:电路的基本物理量	4
5		微课:电流的定义	4
6		微课:电流的大小	4
7		微课:电流的方向	5
8		微课:电位的测试	6
9		知识拓展:关于电流和电压的参考方向	7
10		微课:电流、电压的测量	7
11		微课:电阻的定义	7
12		知识拓展:几种常用材料的电阻率与温度系数	8
13		知识拓展:SI常用词头	8
14		微课:电功率、电能的测量	9
15		知识拓展:极限状态(最大功率问题)	10
16		微课:欧姆定律	11
17		微课:基尔霍夫定律中电流、电压的测试	12
18		知识拓展:Multisim 11.0仿真软件简介与使用	15
19		仿真拓展:电路中的电压与电位仿真	18
20		仿真拓展:电路的功率仿真	18
21		自主技能训练:数字万用表的使用	18
22		自主技能训练:电压与电位的测量	18
23		第1章小结	21

续表

序号	章节	名称	页码
24	第2章	第2章思维导图	27
25		微课:电阻的串联	28
26		微课:电阻的并联	29
27		知识拓展:电阻 Y-△网络的等效变换	31
28		微课:电压源、电流源的测试	32
29		微课:理想电压源的串联	33
30		微课:理想电流源的并联	33
31		知识拓展:网孔电流法	37
32		知识拓展:含有理想电压源电路的节点方程	40
33		微课:叠加定理	40
34		知识拓展:齐性定理与替代定理	42
35		微课:戴维南定理参数测试	43
36		知识拓展:诺顿定理	45
37		知识拓展:含有受控源电路的分析	45
38		仿真拓展:受控源特性仿真	53
39		仿真拓展:受控源电路仿真	53
40		自主技能训练:戴维南定理的验证	54
41		第2章小结	55
42	第3章	第3章思维导图	59
43		微课:正弦交流电的基本概念	60
44		知识拓展:正弦交流电的产生	60
45		微课:单相交流电的产生	60
46		前修知识:复数概述	65
47		微课:正弦量的相量表示	65
48		微课:正弦交流电阻电路	68
49		微课:正弦交流电容电路	71
50		微课:电容元件	71
51		微课:电容特性	71
52		微课:正弦交流电感电路	74
53		微课:电感元件	74
54		微课:电感特性	75
55		仿真拓展:正弦交流电源的测量与仿真	79
56		自主技能训练:正弦交流电的波形观察与分析	82
57		第3章小结	85

续表

序 号	章 节	名 称	页 码
58	第4章	第4章思维导图	89
59		微课:阻抗和导纳	90
60		微课:RLC串联电路	93
61		微课:RLC并联电路	95
62		微课:正弦交流电路的相量图求解法	97
63		知识拓展:复杂正弦交流电路	99
64		微课:正弦交流电路中的功率	99
65		知识拓展:复功率	101
66		知识拓展:功率因数的提高	101
67		微课:串联电路的谐振	102
68		微课拓展:收音机调台	104
69		知识拓展:串联谐振电路的谐振曲线	104
70		微课:并联谐振电路	105
71		知识拓展:电感线圈与电容器并联谐振电路	107
72		微课:仿真测试	109
73		仿真拓展:功率与功率因数的提高仿真	112
74		微课拓展:日光灯电路的连接与测试	119
75		自主技能训练:RLC串联谐振电路的测量	120
76		第4章小结	121
77	第5章	第5章思维导图	125
78		微课:互感元件	126
79		微课:互感现象	126
80		微课:互感电路的分析	132
81		知识拓展:一般互感电路	135
82		知识拓展:变压器电路	136
83		仿真拓展:理想变压器的测量仿真	139
84		自主技能训练:同名端与互感系数的测量	139
85		第5章小结	141

续表

序号	章节	名称	页码
86	第6章	第6章思维导图	145
87		微课:三相电源	146
88		知识拓展:三相电源的三角形(△)连接	149
89		微课:三相负载	149
90		知识拓展:不对称三相电路的概念	159
91		微课拓展:室内家居照明电路	161
92		自主技能训练:三相负载的三角形接法	162
93		第6章小结	165
94	第7章	第7章思维导图	169
95		微课:非正弦周期信号的基本概念	170
96		知识拓展:滤波器简介	184
97		仿真拓展:非正弦周期信号的傅立叶分解仿真	186
98		第7章小结	189
99	第8章	第8章思维导图	193
100		微课:过渡过程	194
101		微课:电容充/放电过程	197
102		微课:电感充/放电过程	198
103		知识拓展:RLC串联电路的动态过程	213
104		知识拓展:动态电路的运算法	213
105		仿真拓展:RLC二阶阻尼振荡电路仿真	217
106		第8章小结	221
107	其他	在线自测:模拟试卷A-客观题	227
108		在线自测:模拟试卷B-客观题	227
109		各章习题参考答案	227

第 1 章
电路的基本概念和定律

学习导航

☑ **学习目标：**
- 掌握电路的组成；
- 掌握电路的基本物理量；
- 理解欧姆定律；
- 理解电流和电压的参考方向；
- 理解电源有载工作、开路与短路的原理；
- 掌握负载获得最大功率的条件；
- 掌握基尔霍夫定律及其应用；
- 理解电路仿真中的绘图要求，体会工匠精神。

☑ **学习重点：**
- 电路的基本概念；
- 电路模型；
- 电路中的基本物理量；
- 欧姆定律；
- 基尔霍夫电流定律、基尔霍夫电压定律。

☑ **学习难点：**
- 电压和电流的参考方向；
- 电源和负载的判断；
- 基尔霍夫定律的应用。

☑ **参考学时：**

6~8 学时

第1章思维导图

整体思维导图

1.1 电路与电路模型

1.1.1 电路

电路，就是电流流通的路径。图1-1(a)是用一个开关控制一个灯泡的实际电路(例如我们最熟悉的手电筒的亮灭控制电路)。图中有电池、灯泡、开关，还有连接电路元件用的一些电线(导线)。电路中各个组成部分的作用如下：

(1)电池：产生电能的元件(设备)，它是将非电能转换成电能的装置。这里干电池(或蓄电池)将化学能转换成电能，而发电机可以将热能、水能、风能、原子能等转换成电能。它们是电路中能量的源泉，在其内部进行着由非电能到电能的转换。我们把将非电能转换成电能的装置(或设备)称为电源。

(2)灯泡：消耗电能的元件，它将电能转换成光能和热能，称为负载。负载是将电能转换成非电能的装置。例如，电炉将电能转换成热能，电动机将电能转换成机械能等。负载是电路中的用电器，是取用电能的装置，在它的内部进行着由电能到非电能的转换。

(3)开关：控制元件(或设备)，控制电路的接通与断开。

(4)导线：起着连接电路元件和传输电能的作用。

可以看出：电路就是由各种电路元件和设备按一定方式连接起来，能够完成某种功能的整体，它是电流流通的路径。

在实际电路中，应该包含电源、负载和中间环节(除电源和负载以外的其他组成部分)。中间环节是把电源与负载连接起来的部分，起传递和控制电能的作用。

在电路分析中，实际电路中的各种元件都是用符号或理想化的模型来表示的。图1-1(a)所示的实际电路，对应的电路图和电路模型分别如图1-1(b)和图1-1(c)所示。电路的分析与计算，主要是通过电路模型图来进行的。

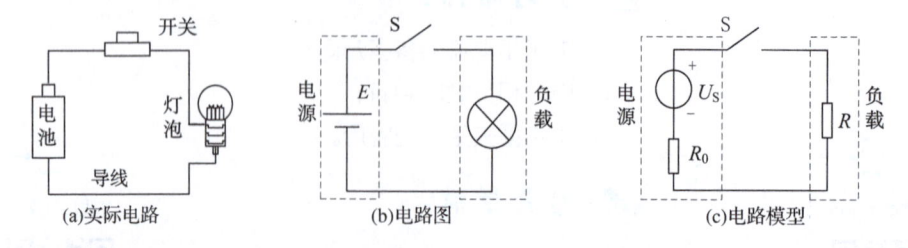

图1-1 实际电路、电路图与电路模型

电路按其功能可分为两大类：其一，把用于电力及一般用电系统中的电路称为电力电路，它主要起电能的传输、转换和分配作用。电力电路就是一个典型的例子：发电机组将其他形式的能量(热能、水的位能、原子能或光能等)转换成电能，经变压器、输电线路传输到各用电部门。对于这一类电路,一般要求在传输和转换过程中尽可能地减少能量损耗以提高效率。其二,在电子技术、电子计算机和非电量电测中广泛应用的信号电路,其主要作用是传递和处理信号(例如音乐、文字、图像、温度、压力等)。在这类电路中,虽然也有能量的传输和转换问题,但是因为其数量很小,不是关注的重点。一般所关注的是信号传递的质量,如要求不失真、准确、灵敏、快速等。因此,在这类电路中,起电源作用的常称为信号源,又称为激励,而把信息的传递与处理电路的输出信号称为响应。

1.1.2 电路图

在电路分析理论中,常常把工程实际中的各种用电设备和电路元件用理想化的电路元件来表示。比如,电阻元件只具有消耗电能的特性,因此就可以将具有这一特性的电灯泡、电炉等器件用电阻元件来代替。

用理想电路元件构成的电路称为电路模型,用特定的符号表示实际电路元件而连接的图形就称为电路图。

一般的理想元件具有两个端钮,称为二端电路元件。图 1-2 是几种理想电路元件模型的一般符号。

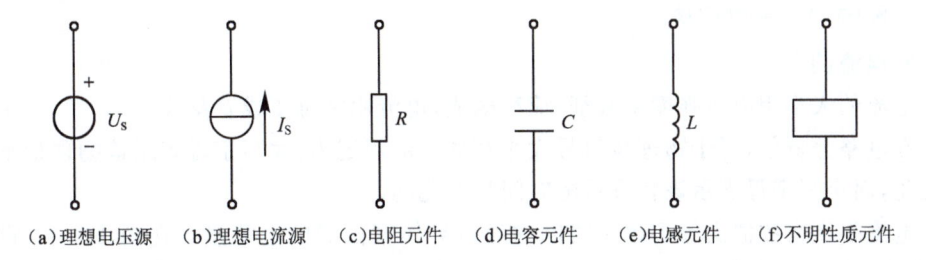

(a)理想电压源　(b)理想电流源　(c)电阻元件　(d)电容元件　(e)电感元件　(f)不明性质元件

图 1-2　几种理想电路元件模型的一般符号

根据理想电路元件的模型,图 1-1(a)中的电池(电源 E)可用理想电压源 U_S 和电源内阻 R_0 串联的电路来表示,灯泡(负载)可用理想电阻 R 表示。U_S 给电路提供电能;R_0 和 R 是理想电阻元件,只消耗电能;连接元件的细实线是理想导线,起传输电能的作用。

用图 1-1(c)形式的电路模型来描述的电路称为集总参数电路。这种电路模型中的各元件被认为没有几何尺寸,就像在运动学中研究物体运动时,在一定条件下将某物体看作质点一样。

1.2　电路的基本物理量

在电路中,分析和研究的物理量有很多,但基本物理量是电压、电流和电功率。下面分别对其进行介绍。

1.2.1 电流

1. 电流的形成

在金属导体中存在着大量的带负电荷的自由电子。常态下,这些自由电子在金属内部做无规则的热运动。若在导体两端施加电场,则在电场力的作用下,其内部的自由电子将逆着电场力方向运动而形成电流(电子流),如图 1-3 所示。这种电流称为传导电流。因此,电流是电荷或带电质点做有规则的定向运动形成的。

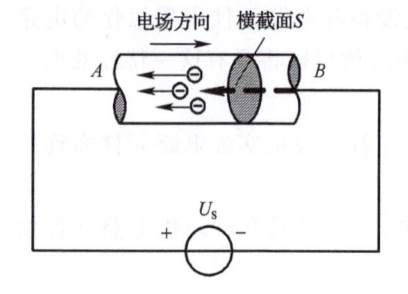

图 1-3 传导电流的形成

2. 电流的大小

电流的大小用电流强度来表征,简称电流,电流用字母 I 或 i 表示。

在电路分析中,对于物理量符号大小写的一般规定为:大写字母表示该物理量不随时间变化,而小写字母表示该物理量随时间是变化的。

电流强度在数值上等于单位时间内通过导体横截面的电荷量。在图 1-3 中,假设在 Δt 时间内通过导体横截面 S 的电荷量为 Δq,若电流的大小和方向随时间变化,则变化的电流 i 定义为:

$$i = \lim_{\Delta t \to 0} \frac{\Delta q}{\Delta t} = \frac{\mathrm{d}q}{\mathrm{d}t} \tag{1-1}$$

对于大小和方向不随时间变化的恒定直流电流 I,则有 $I = \Delta q/\Delta t = $ 恒量。因此,在 t 时间内通过导体横截面的电荷量为 Q 时,直流电流的大小为:

$$I = \frac{Q}{t} \tag{1-2}$$

3. 电流的单位

在国际单位制中,电流的单位用安培表示,简称安(A)。也可以用毫安(mA)或微安(μA)做单位。

$$1\text{ 安}(A) = 10^3 \text{ 毫安}(mA) = 10^6 \text{ 微安}(\mu A)$$

根据电流的定义,由式(1-1)和式(1-2),安培(A)与电荷量单位库仑(C)及时间单位秒(s)的关系为:

$$1\text{ 安培}(A) = \frac{1\text{ 库仑}(C)}{1\text{ 秒}(s)} \tag{1-3}$$

就是说,如果在1秒内通过导体横截面的电荷量为1库仑,则电流强度为1安培。

4. 电流的参考方向

习惯上,电流的正方向规定为正电荷运动的方向。在一些简单电路中,电流就是从电源的正极流出,再从电源的负极流入。但是,在一些比较复杂的电路中,要知道电流的实际方向是比较困难的,因此在分析该电路之前,需要预先假设各支路中的电流方向,然后根据这个假设的参考方向来分析电路,最后由分析结果的正负值来确定实际的电流方向。

电流的参考方向可以任意假设,用箭头来标定。若电流的实际方向与参考方向相同,则电流为正值;若电流的实际方向与参考方向相反,则电流为负值。

5. 电流的分类

电流可能随时间按不同的规律变化,也可以无规律变化,如图1-4所示。

通常,将大小和方向随时间变化的电流称为交流电流,简称交流(AC 或 ac),用小写字母 i 表示;将大小和方向都不随时间改变的电流称为恒定直流电流,简称直流(DC 或 dc),用大写字母 I 表示。而把方向不随时间改变,但大小随时间变化的电流称为脉动直流电流。图1-4(a)是按正弦规律变化的电流,称为正弦交流电流;图1-4(b)是无规律变化交流电流;图1-4(c)是恒定不变的电流,称为恒定直流电流;图1-4(d)称为脉动直流电流。

(a)正弦交流电流　　(b)无规律变化交流电流　　(c)恒定直流电流　　(d)脉动直流电流

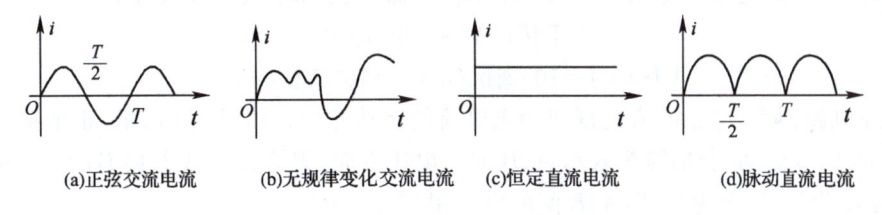

图1-4　交流电流和直流电流

1.2.2 电　压

1. 电压

要使电源外部电路中的电荷运动形成电流,那么电荷上就必须有电场力的作用。如图1-5所示。假设电源的 A 极板带正电荷,B 极板带负电荷,在两极板间形成电场,其方向由 A 指向 B。当用导线将负载与电源的正、负极板相连形成一个闭合电路时,正电荷将在电场力作用下由正极板 A 经过导线和负载向负极板 B(实际上是自由电子由负极板 B 经导线和负载向正极板 A)运动而形成电流,这时电场力对正电荷做功,我们把电场力做功的这种本领用电压来衡量。

A、B 两点间的电压用 u_{AB} 表示,在数值上等于电场力将单位正电荷由 A 点经外电路移动到 B 点所做的功。如果电场力移动的电荷为 dq,所做的功即 dw,那么 A、B 两点间的电压 u_{AB} 为:

$$u_{AB} = \frac{dw}{dq}$$

(1-4)

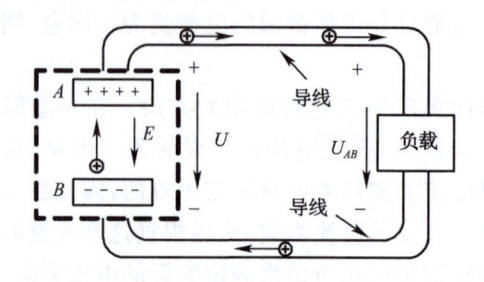

图 1-5　电压和电动势

对于大小和方向均不随时间变化的直流电压,即有:

$$U_{AB} = \frac{W}{Q} \tag{1-5}$$

在国际单位制(SI)中,电压的单位为伏特,简称伏(V),根据电压的定义,由式(1-4)和式(1-5),伏特(V)与电能单位焦耳(J)和电荷量单位库仑(C)的关系为:

$$1\text{ 伏特(V)} = \frac{1\text{ 焦耳(J)}}{1\text{ 库仑(C)}} \tag{1-6}$$

式(1-6)的含义是:电场力将 1 库仑的正电荷从 A 移动到 B 做了 1 焦耳的功,则 A、B 间的电压为 1 伏特。在理论计算和工程实际中,较大的电压用千伏(kV)做单位,如高压供电系统;较小的电压用毫伏(mV)或微伏(μV)做单位,如在电子电路中。

$$1\text{ 千伏(kV)} = 10^3\text{ 伏(V)}$$
$$1\text{ 伏(V)} = 10^3\text{ 毫伏(mV)} = 10^6\text{ 微伏}(\mu\text{V})$$

对外电路而言,电压的方向规定为正电荷的运动方向。如图 1-5 所示,正电荷经负载由 A 点向 B 点运动,若用箭头表示 A、B 间的电压方向,则箭头由 A 指向 B;若用"+、-"表示,则 A 为"+",B 为"-",A、B 间的电压用 U_{AB} 表示。

如果两点间的电压大小随时间发生变化,则为交流电压,用小写字母 u 表示。如果两点间的电压大小不随时间变化,则为直流电压,用大写字母 U 表示,这种不变的电压也称恒定电压。

2. 电位

在电子电路和电气设备的调试和检修中,经常要测量各点的电位。电位是衡量电路中各点所具有的电位能大小的物理量。电位在数值上被定义为:电场力将单位正电荷从给定点移动到参考点(又称零电位点或接地点)所做的功。在电路分析中用小写字母 $v(t)$ 或 v 表示变化的电位,用大写字母 V 表示恒定电位。

电位与电压之间的关系可表述为:电路中某点 A 的电位,等于该点 A 与参考点"⊥"之间的电压;电路中两点 A、B 之间的电位,等于这两点之间的电位差。若设参考点"⊥"为 O 点,有 $V_O = 0$ V,即电压与电位的关系为:

$$U_{AB} = V_A - V_B \tag{1-7}$$

$$V_A = U_{AO}, \quad U_{AO} = V_A - V_O = V_A - 0 = V_A \tag{1-8}$$

电路中某点的电位的大小与参考点的选择有关,而电路中两点之间的电压则与参考点的选择无关。

第1章 电路的基本概念和定律

由于电路中两点间的电压等于该两点间的电位差,所以电压也称为电位差。电压与电位都是以电场力移动正电荷做功来定义的,所以,电位的单位与电压的单位相同。

3. 电动势

电动势是对电源而言的,在图 1-5 所示的电路中,为了维持导线中的电流,必须使电源的 A、B 两极板间保持一定的电压,这就要借助非电场力使移动到 B 极板的正电荷经过另一路径回到 A 极板。

电动势定义为:非电场力将单位正电荷从电源负极移动到正极所做的功。因此,电动势 E 与电压 U 在表示形式上相同,但应该注意的是:E 是对电源内部而言的,而 U 则是对电源以外的电路而言的。

电动势的真实方向规定为在电源内部正电荷运动的方向。电动势的单位与电压的单位相同。

1.2.3 电阻元件

1. 电阻元件的伏安关系

在电路分析中,常用元件上的电压 u 与电流 i 的函数关系来描述元件的特性,这一关系称为伏安特性或伏安关系,用 VAR 表示。

对于电阻元件,如果其阻值大小与所加的电压大小和流过的电流大小无关,其伏安特性必然符合欧姆定律,在 u-i 坐标平面中为一条直线,这种电阻称为线性电阻。线性电阻的伏安特性曲线如图 1-6 所示。图中直线的斜率就等于电阻值,即

$$\tan\alpha = R = \frac{u(t)}{i(t)} \tag{1-9}$$

当然,也可以用式(1-9)来描述电阻上电流与电压之间的关系,其关系曲线如图 1-7 所示。图中直线的斜率等于电导值,即

$$\tan\theta = G = \frac{i(t)}{u(t)} \tag{1-10}$$

在实际中,有一些电阻元件的伏安特性曲线不是线性的,如图 1-8 所示的二极管伏安特性曲线就是非线性的,其电压与电流的比值是变化的。

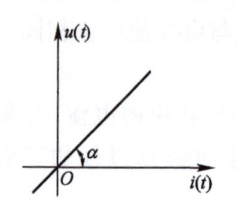

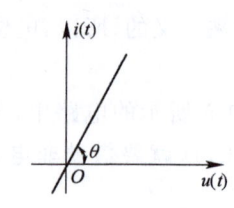

图 1-6　用 R 表示的 VAR　　　图 1-7　用 G 表示的 VAR　　　图 1-8　二极管伏安特性曲线

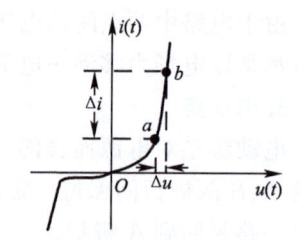

2. 金属导体的电阻

金属导体的电阻：对于均匀截面的金属导体，其电阻与导体的长度成正比，与导体的横截面积成反比，另外还与材料的导电能力（电阻率或电导率）有关，即

$$R=\rho\frac{l}{S} \qquad (1-11)$$

式中，l 是导体长度，单位为米（m）；S 是导体横截面积，单位为平方米（m²）；ρ 是导体的电阻率，单位为欧·米（Ω·m），也可用 Ω·mm²/m（面积单位用 mm²）。

电导率：电阻率的倒数，用符号 γ 表示，单位为西门子每米（S/m），即

$$\gamma=\frac{1}{\rho} \qquad (1-12)$$

不同的材料有不同的电阻率，银的电阻率最小，是最好的导电材料，铜次之，再次为铝。

知识拓展：
几种常用材料的电阻率与温度系数

知识拓展：
SI常用词头

1.2.4　电功率

1. 电功率

如果在 dt 时间内，正电荷 dq 在电场力作用下，经外电路从 A 点移动到 B 点所做的功为 dw，则把在单位时间内电场力所做的功记为 p，称为电功率。因此，电功率是描述电场力做功速率的一个物理量，即

$$p=\frac{dw}{dt} \qquad (1-13)$$

根据电流和电压的定义，则有

$$p(t)=\frac{dw(t)}{dt}=\frac{dw(t)}{dq(t)}\frac{dq(t)}{dt}=u(t)i(t) \qquad (1-14)$$

对于直流电路，将电功率记为 P，则

$$P=UI \tag{1-15}$$

在国际单位制(SI)中,功率的单位是瓦特,简称瓦(W),即

$$1 \text{ 瓦特(W)} = 1 \text{ 伏特(V)} \times 1 \text{ 安培(A)} = \frac{1 \text{ 焦耳(J)}}{1 \text{ 库仑(C)}} \times \frac{1 \text{ 库仑(C)}}{1 \text{ 秒(s)}} = \frac{1 \text{ 焦耳(J)}}{1 \text{ 秒(s)}} \tag{1-16}$$

式(1-16)表明,当电路中流过的电流为 1 A,电路两端的电压为 1 V 时,该电路的电功率为 1 W。

对于大功率,采用千瓦(kW)或兆瓦(MW)做单位;对于小功率,采用毫瓦(mW)或微瓦(μW)做单位。

$$1 \text{ MW} = 10^3 \text{ kW}$$
$$1 \text{ kW} = 10^3 \text{ W}$$
$$1 \text{ W} = 10^3 \text{ mW}$$
$$1 \text{ mW} = 10^3 \text{ }\mu\text{W}$$

2. 电能

在 dt 时间内,电场力移动正电荷所做的功 dw 称为电场能,简称电能,它与电功率的关系为

$$\mathrm{d}w = p\mathrm{d}t \tag{1-17}$$

对于直流电路,电功率不随时间变化,P 为恒定值,则在 t 时间内所消耗的电能 W 为

$$W = Pt \tag{1-18}$$

在国际单位制(SI)中,电能的单位为焦耳,简称焦(J),即

$$1 \text{ 焦耳(J)} = 1 \text{ 瓦特(W)} \times 1 \text{ 秒(s)} \tag{1-19}$$

日常生活中常用"度"来衡量所使用电能的多少。即如果功率为 1 kW 的设备用电 1 小时,则其所消耗的电能为 1 度,即

$$1 \text{ 度} = 1 \text{ 千瓦} \times 1 \text{ 小时} = 1000 \text{ 瓦} \times 3600 \text{ 秒} = 3.6 \times 10^6 \text{ 焦耳} \tag{1-20}$$

在国际单位制(SI)中,电磁学采用四个基本单位:长度单位米(m)、质量单位千克(kg)、时间单位秒(s)和电流单位安培(A)。

微课:电功率、电能的测量

1.3 电路的状态

1.3.1 通路

在实际中分析与应用的电路是含有电源的闭合电路。如图 1-9 所示是一个简单的电源有载工作电路,其中电源电压为 U_S,电源内阻为 R_0,负载电阻为 R_L。下面以这个最简单的有源闭合电路为例,说明电源有载工作电路的常规分析方法。

(1) 电流的大小由负载决定。开关闭合时,应用欧姆定律得到电路中的电流

$$I = \frac{U_S}{R_0 + R_L} \tag{1-21}$$

负载端电压

$$U = IR_L \text{ 或 } U = U_S - IR_0 \tag{1-22}$$

(2) 电源外特性。式(1-22)表示:电源端电压(U)小于电源电压(U_S),两者之差等于电流在电源内阻上产生的电压降(IR_0)。电流越大,则端电压下降得越多。

表示电源端电压 U 和输出电流 I 之间关系的曲线,称为电源的外特性曲线,如图1-10所示,曲线的斜率与电源的内阻 R_0 有关,电源的内阻一般很小,当 $R_0 \ll R_L$ 时,$U \approx U_S$,表明当负载变化时,电源的端电压变化不大,即带负载能力强。

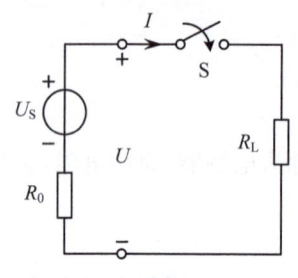

图 1-9　电源有载工作电路

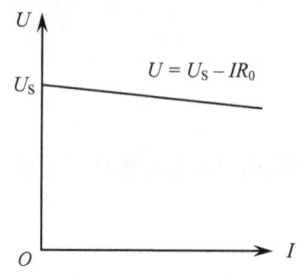

图 1-10　电源外特性曲线

1.3.2　开路

电源开路:在图 1-11 中,当开关 S 断开时,就称为电路处于开路状态。

开路时,电源没有带负载,所以又称电源空载状态。电源开路,相当于电源的负载为无穷大,因此电路中电流为零。无电流,则电源内阻没有电压降损耗,电源的端电压等于电源电动势,电源也不输出电能。

电源开路时的电路特征为:① $I=0$;② $U=U_S$。

1.3.3　短路

电源短路:在图 1-12 中,当电源的两端由于某种原因被电阻值接近为零的导体连接在一起时,电源处于短路状态。

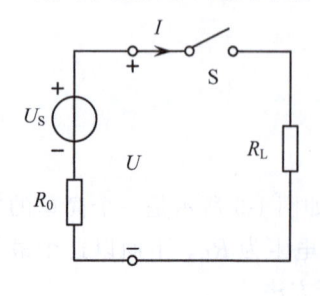

图 1-11　电源开路

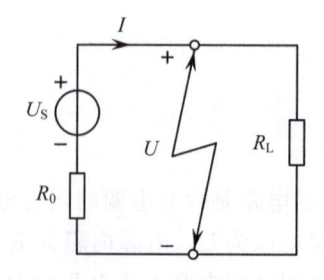

图 1-12　电源短路

知识拓展:
极限状态(最大功率问题)

第 1 章　电路的基本概念和定律

电源处于短路状态,外电阻可视为零,电源端电压也为零,电流不经过负载,电流回路中仅有很小的电源内阻 R_0,因此回路中的电流很大,这个电流称为短路电流,用 I_{SC} 表示。

电源短路时的电路特征为:① $U=0$;② $I=I_{SC}=U_S/R_0$。

电源处于短路状态时,将产生很大的短路电流,其危害性是很大的,会使电源或其他电气设备因严重发热而烧毁,因此应该通过在电路中增加安全保护措施来预防短路带来的危害。产生短路的原因往往是绝缘物质损坏或接线不慎,因此在实际工作中要经常检查电气设备和线路的绝缘情况。此外,在电源一侧应接入熔断器和自动断路器,当发生短路时,能迅速切断电源从而防止电气设备的进一步损坏。

1.4　电路的基本定律

1.4.1　欧姆定律

在金属导体中,自由电子受电场力作用做定向运动,电子、原子及阳离子会发生碰撞,使电子的运动受到阻碍。

对于任何元件,加在元件上的电压和流过元件的电流总存在一定的函数关系。德国科学家欧姆在 1826 年通过科学实验总结出了二端耗能元件(如电炉、白炽灯)上的电压 u 与电流 i 成正比的电路规律,即

$$u=Ri \qquad (1-23)$$

对于直流电路,电流与电压均为恒定值,则欧姆定律的表达式为

$$U=RI \qquad (1-24)$$

式中 R 是比例常数,图 1-13 是欧姆定律的典型电路。需要注意的是,式(1-23)是在电压 u 与电流 i 为关联正方向的情况下得到的,如果 R 上的电压与电流方向相反,则欧姆定律的前面应加上"$-$"号,即 $U=-RI$。

式(1-23)中的比例常数 R 就是用来表征导体对电流起阻碍作用的电路参数,称为电阻。具有电阻性质的二端元件称为电阻元件,简称电阻。电阻的 SI 单位是欧姆,简称欧,国际标准符号为 Ω。

图 1-13　欧姆定律的典型电路

$$1\ \Omega=\frac{1\ \text{V}}{1\ \text{A}}$$

上式说明:当电阻元件上的电压为 1 V,通过的电流为 1 A 时,该电阻元件的电阻值等于 1 Ω。对于大电阻常用千欧(kΩ)或兆欧(MΩ)做单位,小电阻用毫欧(mΩ)做单位。

$$1\ \text{M}\Omega=10^3\ \text{k}\Omega=10^6\ \Omega$$

$$1\ \Omega=10^3\ \text{m}\Omega$$

欧姆定律说明:当电流流过电阻时,必然导致电压的下降,减少量称为电压降。对同

样大小的电流,电阻越大,电压降越大。

式(1-24)可改写为

$$I=\frac{U}{R} \tag{1-25}$$

式(1-25)说明:流过电阻的电流与加在电阻上的电压成正比,与电阻的阻值成反比。把上式中电阻的倒数称作电导,电导是表征电阻元件导电能力强弱的电路参数,用符号 G 表示,即

$$G=\frac{1}{R} \tag{1-26}$$

电导的 SI 单位是西门子,简称西,用符号 S 表示。

因此,欧姆定律也可以表示为

$$I=\frac{U}{R}=GU \tag{1-27}$$

1.4.2 基尔霍夫定律

德国物理学家基尔霍夫(G. R. Kirchhoff)在 1874 年首先阐明了复杂电路中电流与电压关系的两条定律。下面是基尔霍夫定律中涉及的几个基本概念。

支路:电路中流过同一电流的一段电路称为支路。如图 1-14 所示电路, R_1 和 U_{S1} 构成的 AIH 一段电路流过的是同一电流,为一条支路;B、C 之间是一个电阻 R_3,也是一条支路;G、F 之间是一条导线,从广义上讲也是一条支路(本教材中不涉及广义支路),但是可认为 G、F 之间导线的阻值为 0,因此可将 G、F 看成同一个连接点,而不是一条支路。

节点:电路中三条或三条以上支路的公共连接点称为节点。如图 1-14 所示电路中,B、C、F 和 G 均为节点。

回路:电路中任一闭合路径称为回路。如图 1-14 所示,图中 $ABJGHIA$、$BCFGJB$、$CDEFC$、$ABCDEFGHIA$ 等都是回路。

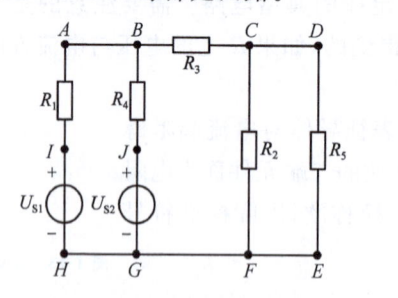

图 1-14 支路、节点、回路与网孔

网孔:在一个平面电路中,若某回路内部不包含其他支路的回路,则称该回路为网孔。在图 1-14 所示电路中,$ABJGHIA$、$BCFGJB$ 和 $CDEFC$ 是该电路仅有的三个网孔(或称为自然网孔)。显然,网孔一定是回路,但回路不一定是网孔。

(一) 基尔霍夫电流定律(KCL)

基尔霍夫电流定律(Kirchhoff's Current Law,KCL)描述的是与同一节点相连接的

第 1 章　电路的基本概念和定律

各支路中电流之间的约束关系。因此,该定律也称为节点电流定律。

对于电路中的任意一个节点,单位时间内流入该节点的电荷量必然等于流出该节点的电荷量,否则,就会发生电荷的"堆积",这在集总参数电路中是不可能的,这就是电流的连续性原理。KCL 正是对这一原理的具体表述。

基尔霍夫电流定律:对于集总参数电路,在任一时刻,流入某一节点的电流之和等于流出该节点的电流之和。即

$$\sum I_\text{入} = \sum I_\text{出} \quad 或 \quad \sum i_\text{入} = \sum i_\text{出} \tag{1-28}$$

KCL 也可以表述为:对集总参数电路中任意一个节点,在任意时刻流入或流出该节点电流的代数和恒等于零。即

$$\sum I = 0 \quad 或 \quad \sum i = 0 \tag{1-29}$$

对于式(1-29),习惯上规定流入节点的电流为正,流出节点的电流为负。当然反之也成立。

例如图 1-15 所示的各支路连接关系:I_1、I_4 是流入节点 A 的电流,I_2、I_3、I_5 是流出节点 A 的电流,根据基尔霍夫电流定律可得:

$$I_1 + I_4 = I_2 + I_3 + I_5$$

上式也可以改写为:

$$I_1 + I_4 - I_2 - I_3 - I_5 = 0$$

或

$$-I_1 - I_4 + I_2 + I_3 + I_5 = 0$$

KCL 也可推广到更广义的范围,如图 1-16 所示的电路中共有 4 个节点,6 条支路,设各支路的电流参考方向如图所示,根据 KCL:

图 1-15　节点

对节点 A　　　　　　$I_1 - I_4 + I_6 = 0$
对节点 B　　　　　　$I_2 + I_5 - I_6 = 0$
对节点 C　　　　　　$I_3 + I_4 - I_5 = 0$

将以上三式相加可得

$$I_1 + I_2 + I_3 = 0$$

此式表明,对任意的封闭面 S(广义节点或虚拟节点),流入(或流出)封闭面的电流代数和等于零,如图中的虚线框(广义节点)所示。

例 1-1　已知电路如图 1-17 所示,求 I_1、I_2、I_3 和 I。

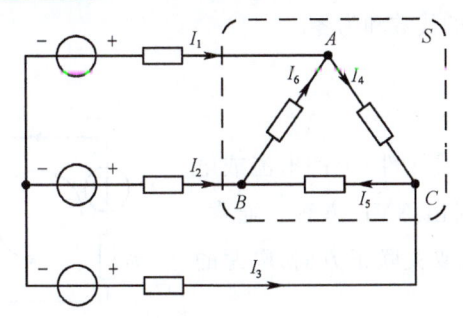

图 1-16　KCL 的推广应用　　　　　　图 1-17　【例 1-1】电路

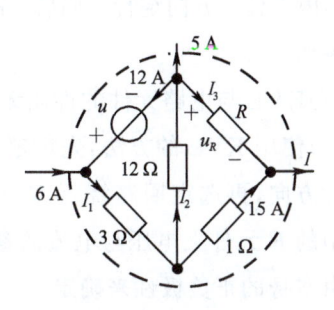

解： 根据 KCL 有

$$I_1 = 6 + 12 = 18 \text{ A}$$
$$I_2 = I_1 - 15 = 18 - 15 = 3 \text{ A}$$
$$I_3 = I_2 - 5 - 12 = 3 - 5 - 12 = -14 \text{ A}$$
$$I = I_3 + 15 = -14 + 15 = 1 \text{ A}$$

本例中，如果仅要求求电流 I，则利用广义节点的概念，将图中虚线圆圈看作一个广义节点，可以立即得到电流 $I = 6 - 5 = 1$ A，非常简单。

说明：

(1) KCL 与电路元件的性质无关；

(2) 对于电路中任意节点，可列出 KCL 方程求得未知电流；

(3) KCL 可以推广到电路中任意封闭面。

(二) 基尔霍夫电压定律(KVL)

基尔霍夫电压定律(Kirchhoff's Voltage Law，KVL)描述的是任一回路中各个元件(或各段电路)上电压之间的约束关系。因此，该定律也称为回路电压定律。

基尔霍夫电压定律：对于集总参数电路，在任一时刻任一回路中，沿该回路全部支路电压的代数和等于零，即

$$\sum u = 0 \tag{1-30}$$

例 1-2 列出图 1-18 所示电路的 KVL 方程。

解： 先在电路中标定各元件的电压参考方向或电流参考方向，电阻元件上的电压方向取电流的关联正方向(即取 U 与 I 方向一致)，然后选择回路绕行方向，最后列写 KVL 方程：$-U_S + U + IR_S = 0$。

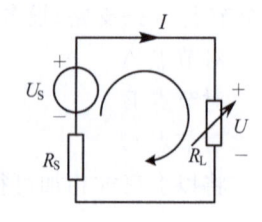

图 1-18 【例 1-2】电路

KVL 说明了电路中各段电压(电位差)之间的关系。当电路中的参考点(零电位点)选定后，电路中各点的电位就只有一个值，这就是电位的单值性。因而，从回路中某一点开始绕行一周后回到起始点，总电位的变化为零。也就是说，在任一闭合回路内沿任一方向绕行一周后，各段电压的代数和为零。

说明：

(1) KVL 与电路元件的性质无关；

(2) 使用 KVL 的方法：先标定各支路(或元件)上的电流或电压参考方向，再选定回路绕行方向，最后列出 KVL 方程。通常，电路中的 R 元件上电压与电流的参考方向取关联正方向，电源的电压由本身的正负极性来确定。

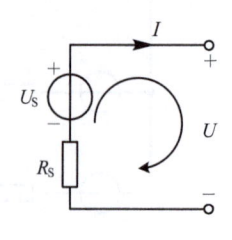

(3) KVL 可推广至假想回路。如图 1-19 所示电路不是闭合

图 1-19 不闭合的回路

的回路,但同样可根据 KVL 列出方程:$-U_s+U+IR_s=0$ 或 $U_s=U+IR_s$。

仿真训练

电路分析是研究电路的基本规律和计算方法的工程学科。电路仿真分析的任务是利用计算机仿真软件,对电路的基本规律和计算方法进行仿真分析,对已知其电路结构和元件参数的各类电路的特性进行仿真分析。本书所用的电路仿真软件为美国国家仪器有限公司(National Instruments)的 Multisim 11.0,该仿真软件具有界面直观、功能强大、操作方便和易学易用等特点,在电路分析和模拟电子电路、数字电子电路、模拟数字混合电路、射频电路、继电逻辑控制电路、PLC 控制电路等电路的仿真与设计中得到了广泛应用,尤其适用于对复杂电路系统的分析和设计,因而 Multisim 11.0 仿真软件受到电类专业的师生与工程技术人员的青睐。

本节主要介绍利用 Multisim 11.0 仿真软件对电路的基本规律进行仿真分析。电路的基本规律包括两类:一类是由元件本身的性质所造成的约束关系,即元件约束,不同的元件要满足各自的伏安特性,欧姆定律就体现了电阻元件的这种约束关系;另一类是由电路拓扑结构所造成的约束关系,即结构约束。结构约束取决于电路元件间的连接方式,即电路元件之间的互连必然使各支路电流或电压存在联系或约束。基尔霍夫定律就体现了这种约束关系。

仿真训练 1　欧姆定律仿真

一、仿真目的

(1) 学习使用 Multisim 软件;

(2) 加深对线性电阻元件的理解;

(3) 通过仿真验证欧姆定律。

二、仿真原理

线性电阻元件两端的电压与流过的电流成正比,比例常数就是这个电阻元件的电阻值。欧姆定律确定了线性电阻两端的电压和流过电阻的电流之间的关系,其数学表达式为:$U=RI$。式中的 R 为电阻的阻值(Ω),I 为流过电阻的电流(A),U 为电阻两端的电压(V)。

三、仿真设备

带 Multisim 软件的计算机 1 台。

四、仿真内容和步骤

1. 仿真内容

利用计算机的电路仿真软件,测试如图 1-20 所示电路中的电流的大小。电路中的电源电压为 10 V,电阻 R_1 在图(a)和图(b)中分别为 10 Ω 和 1 kΩ。

2. 仿真步骤

(1)在 Multisim 11.0 软件窗口中创建如图 1-20 所示的电路。Multisim 11.0 的元件库中有数千种电路元器件可供选用。其中电阻、连接点在基本元件库(Basic),直流电压源、接地符号在电源库(Power Source Components)。连接好电路后按电路图中的要求设置电阻和电源数值(双击电路元件可在弹出的面板中设置其参数)。从测量器件库(Measurement Components)中取出电流表和电压表(说明:图中 U_1 和 U_2 是仿真软件中电表的标号),将电流表 U_1 串接在电路中,将电压表 U_2 并接在电路中(注意电流表与电压表图标的正、负极性)。另外要注意的是,软件分析中必须有一个接地点。

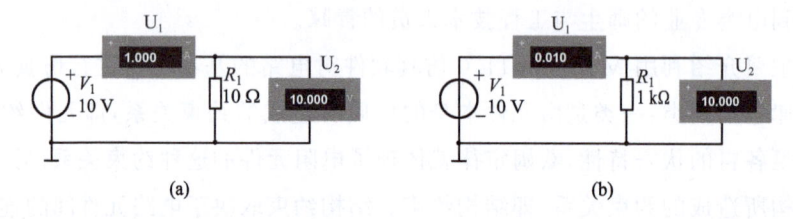

图 1-20 欧姆定律仿真电路

(2)创建电路完成后,按下仿真"运行/停止"开关(Simulation Switch),启动仿真。仿真结果如图 1-20 中电压表和电流表读数所示。

(3)在关闭仿真"运行/停止"开关后双击电阻元件,按表 1-1 中的电阻值设置其参数,重复步骤(2)和(3),将仿真数据填入表 1-1。

表 1-1　　欧姆定律仿真数据记录表

R /Ω	100	200	500	1 k	2 k	5 k
测量值 I /mA						
测量值 U /V						

(4)将仿真结果与理论计算值做对比,验证欧姆定律并绘制伏安特性曲线。

五、思考题

在测量电路中的电压与电流时,电压表与电流表的接法有什么要求?为什么?

第1章　电路的基本概念和定律　　17

仿真训练2　　基尔霍夫定律仿真

一、仿真目的

(1)通过仿真,验证基尔霍夫定律(KCL、KVL);

(2)加深对参考方向的理解。

二、仿真原理

(1)基尔霍夫电流定律(简称 KCL)内容为:在任意时刻,对于集总参数电路的任意节点,流出或流入某节点电流的代数和恒为零($\sum I = 0$)。

(2)基尔霍夫电压定律(简称 KVL)内容为:在任意时刻,对于集总参数电路的任意回路,某回路上所有支路电压的代数和恒为零($\sum U = 0$)。

(3)参考方向。分析电路时首先要选定电路中电流或电压的参考方向。参考方向是任意选定的,但一经选定,在列 KCL 方程时即以此为准,电流或电压的实际方向由结果的正负决定。通常电阻元件上电压与电流取关联参考正方向。

三、仿真仪器

带 Multisim 软件的计算机 1 台。

四、仿真内容和步骤

1.KCL 仿真。利用仿真软件测试如图 1-21 所示电路中各支路电流,并验证 KCL。电路中的电源电压 $V_1 = 6$ V,$R_1 = 100$ Ω,$R_2 = 200$ Ω,$R_3 = 300$ Ω。

(1)在 Multisim 11.0 软件窗口中创建图 1-21 所示的电路。其中电阻、连接点在基本元件库,直流电压源、接地符号在电源库,电流表在测量器件库,要特别注意电流表的极性与电路图中参考方向的吻合。

(2)启动仿真"运行/停止"开关,将仿真和计算数据填入表 1-2。

表 1-2　　　　　　　　　　KCL 仿真数据记录表

各支路电流/mA	I_1	I_2	I_3	I_4	$\sum I$
测量值/mA					
计算值/mA					

(3)将测量值与计算值进行比较,验证 KCL。

2.KVL 仿真。利用仿真软件测试如图 1-22 所示电路中各电阻上的电压并验证 KVL。电路中 $V_1 = 6$ V,$R_1 = 1$ kΩ,$R_2 = 2$ kΩ,$R_3 = 3$ kΩ。

电路分析基础

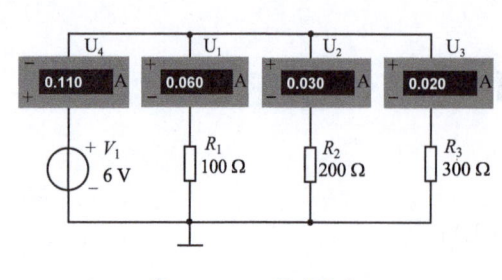

图 1-21　KCL 仿真电路

图 1-22　KVL 仿真电路

(1)在 Multisim 11.0 软件窗口中创建图 1-22 所示的电路。其中电阻、连接点在基本元件库,直流电压源、接地符号在电源库,电压表在测量器件库,要特别注意电压表的极性与电路图中参考方向的吻合。

(2)启动仿真"运行/停止"开关,将仿真和计算数据填入表 1-3。

表 1-3　　　　　　　　　　KVL 仿真数据记录表

电压值/V	U_1	U_2	U_3	$\sum U$
测量值/V				
计算值/V				

(3)将测量值与计算值进行比较,验证 KVL。

五、思考题

若参考方向更改后,结论是否满足 KCL 和 KVL?

仿真拓展:
电路中的电压与电位仿真

仿真拓展:
电路的功率仿真

技能训练

自主技能训练:
数字万用表的使用

自主技能训练:
电压与电位的测量

技能训练　基尔霍夫定律的验证

一、训练目的
(1) 验证 KCL、KVL，加深对基本定律的了解；
(2) 加深理解电路分析中的参考方向和绕行方向的作用。

二、训练说明
(1) 节点电流定律(KCL)：电路中，在任何时刻，流入任一节点的电流的代数和恒等于零($\sum I = 0$)。

(2) 回路电压定律(KVL)：电路中，在任何时刻，沿任一闭合回路绕行一周，各段电压降的代数和恒等于零($\sum U = 0$)。

(3) 电流的参考方向：在电流的实际方向不知道的情况下，假设其电流方向，称为参考方向。在参考方向确定后，根据电流表的测量结果和正负极性，可以用代数量来表示该支路电流，代数量的值表示电流的大小，正负号表示电流的实际方向。

(4) 回路的绕行方向：在列方程的时候，当各段电压的参考方向与回路的绕行方向一致时取正，相反时则取负。

三、训练器材
双路直流电源(+9 V、+4 V)1 台，直流电流表(50 mA)3 只，功率为 1 W 的电阻(100 Ω、200 Ω、300 Ω)各 1 只，数字万用表 1 只，导线若干。

四、训练内容及步骤
(1) 按图 1-23 连接训练电路，并调节电源电压使 $U_1 = 9$ V，$U_2 = 4$ V。

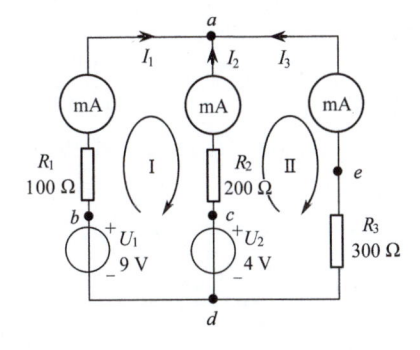

图 1-23　基尔霍夫定律测试电路

(2) 测量各支路电流 I_1、I_2、I_3，并注意电流的方向，将数据填入表 1-4，然后计算节点电流的代数和 $\sum I = I_1 + I_2 + I_3$，并与理论值进行比较。

表 1-4　　　　　　　　　　　　支路电流值记录表

结果	项目			
	I_1/mA	I_2/mA	I_3/mA	节点 a 上的 $\sum I$ /mA
理论值				
测量值				

(3)测量电路各段的电压 U_{db}、U_{ba}、U_{ac}、U_{cd}、U_{ad}，测量中要注意电压的正负极性，将所测得的电压数据填入表 1-5 内，然后计算回路 I 电压 $\sum U = U_{db} + U_{ba} + U_{ac} + U_{cd}$ 和回路 II 电压 $\sum U = U_{dc} + U_{ca} + U_{ad}$，且与理论值进行比较。

表 1-5　　　　　　　　　　　　各段电压值记录表

结果	项目						
	U_{db}/V	U_{ba}/V	U_{ac}/V	U_{cd}/V	U_{ad}/V	I 回路 $\sum U$ /V	II 回路 $\sum U$ /V
理论值							
测量值							

五、注意事项

(1)训练过程中,确保电源+9 V、+4 V 的电压稳定。

(2)测量过程中要注意电流的方向和电压的极性。

六、思考题

(1)从训练结果来验证基尔霍夫定律的正确性。

(2)理论值和测量值是否存在误差？产生误差的原因有哪些？

讨论笔记

1. 电流、电压、电功率的定义？

2. 电压和电流的参考方向？

3. 基尔霍夫定律分为电流定律(KCL)和电压定律(KVL)？

第1章 习题

(学号：_____ 班级：_____ 姓名：_____)

1-1 由4个元件构成的电路如图1-24所示。已知元件1是电源,产生功率600 W;元件2、3和4是消耗电能的负载,元件3和4的功率分别为400 W和150 W,电流$I=2$ A。

(1) 求元件2的功率；

(2) 求各元件上的电压,并标出电压的真实极性；

(3) 用电源符号和电阻符号画出电路模型,并求出各电阻值。

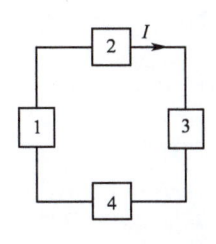

图 1-24　习题 1-1 图

1-2 在如图 1-25 所示电路中，已知 $U_{S1}=30$ V，$U_{S2}=6$ V，$U_{S3}=12$ V，$R_1=2.5$ Ω，$R_2=2$ Ω，$R_3=0.5$ Ω，$R_4=7$ Ω，电流参考方向如图中所示，以 n 点为参考点，求各点电位和电压 U_{AB}、U_{BC}、U_{DA}。

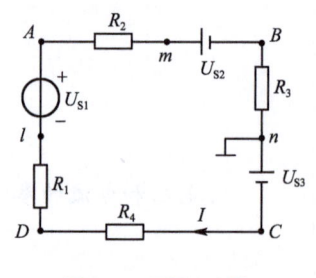

图 1-25　习题 1-2 图

1-3 求图 1-26 所示电路中 A、B、C、D 元件的功率。问哪个元件为电源？哪个元件为负载？哪个元件在吸收功率？哪个元件在产生功率？电路是否满足功率平衡条件？

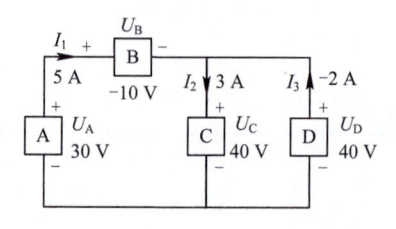

图 1-26　习题 1-3 图

1-4 如图 1-27 所示电路，试求：

(1) 取 $V_G=0$，求各点电位和电压 U_{AF}、U_{CE}、U_{BE}、U_{BF}、U_{CA}。

(2) 取 $V_D=0$，求各点电位和电压 U_{AF}、U_{CE}、U_{BE}、U_{BF}、U_{CA}。

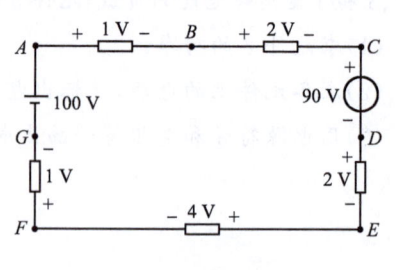

图 1-27　习题 1-4 图

第1章 电路的基本概念和定律

1-5 一盏 220 V/40 W 的日光灯,求在 220 V 电压作用下通过的电流?每天点亮 5 小时,问每月(按 30 天计算)消耗多少度电?若每度电费用为 0.45 元,问每月需付电费多少元?

1-6 求图 1-28(a)、图 1-28(b)所示电路中的未知电流。

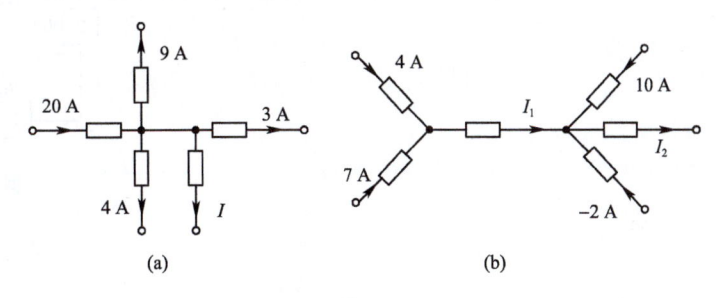

图 1-28 习题 1-6 图

1-7 求图 1-29 中各段电路的未知量。

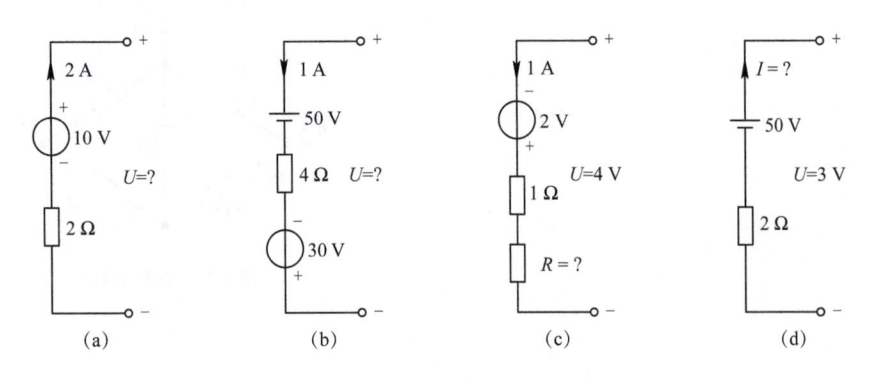

图 1-29 习题 1-7 图

1-8 在图 1-30 所示电路中,要求:

(1)已知 $i_1=2$ A,$i_2=1$ A,求 i_6。

(2)已知 $u_1=1$ V,$u_2=3$ V,$u_3=8$ V,$u_5=7$ V,求 u_4 和 u_6。

(3)求各元件上的功率,哪几个元件消耗电能?哪几个元件产生电能?并用电阻和电源符号画出该电路模型。

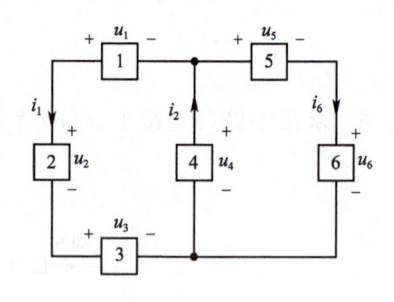

图 1-30 习题 1-8 图

1-9 求图 1-31 所示电路中的 I、U_S 和 R。

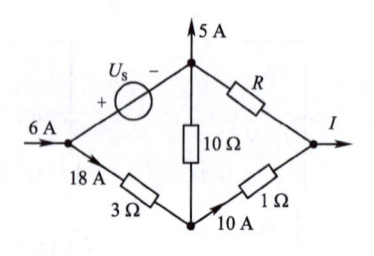

图 1-31 习题 1-9 图

1-10　分别求图 1-32 所示电路在开关打开和闭合时的 U_{AB}、U_{AO} 和 U_{BO}。

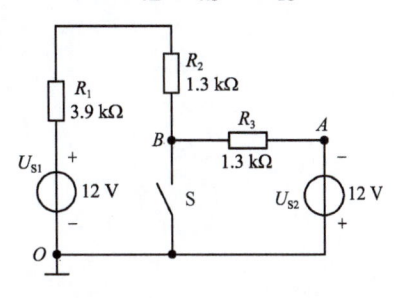

图 1-32　习题 1-10 图

1-11　如图 1-33 所示电路,根据给定的支路电流参考方向和回路绕行方向,分别列出节点 A、B、C 的电流方程和各回路的电压方程。

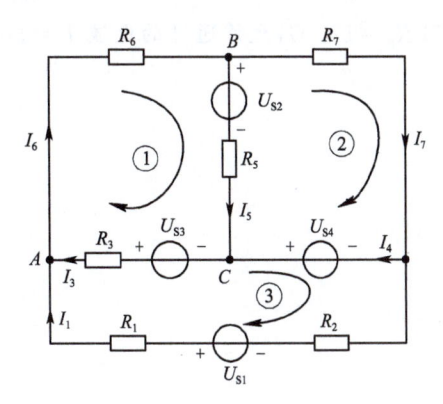

图 1-33　习题 1-11 图

1-12 求图 1-34 所示电路中的 U_{AB}、I_2、I_3 和 R_3。

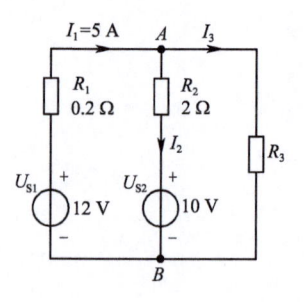

图 1-34 习题 1-12 图

1-13 有一双量程（10 V 和 20 V）直流电压表的电路如图 1-35 所示，已知测量机构的电阻 $R_g = 120\ \Omega$，允许通过的电流 $I_g = 500\ \mu\text{A}$，求串联电阻 R_1 和 R_2 的值。

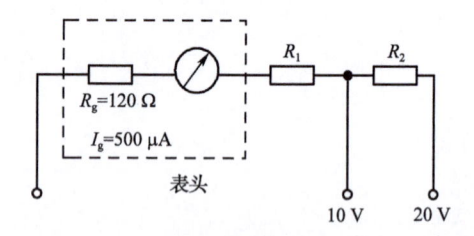

图 1-35 习题 1-13 图

第 2 章 直流电路的分析

学习导航

✓ 学习目标：

◆ 熟练掌握无源网络等效变换分析法中的电阻串、并联等效变换方法；
◆ 了解无源网络等效分析法中电阻网络的 Y-△ 等效变换方法；
◆ 熟练掌握有源网络等效变换分析法中电压源与电流源的等效变换、叠加定理、戴维南定理；
◆ 了解有源网络等效变换分析法中的替代定理、诺顿定理；
◆ 熟练掌握网络方程分析法中的支路电流法、节点电压法；
◆ 一般掌握网络方程分析法中的网孔电流法、回路电流法；
◆ 初步掌握受控电源电路的分析方法；
◆ 通过比较学习，培养学生的辩证思维，创新学习方法。

✓ 学习重点：

◆ 叠加定理的应用；
◆ 戴维南定理的应用；
◆ 支路电流法的应用；
◆ 节点电位法的应用。

✓ 学习难点：

◆ 电阻网络的 Y-△ 等效变换；
◆ 叠加定理的灵活应用；
◆ 戴维南定理的灵活应用；
◆ 节点电位法的灵活应用；
◆ 含有受控电源电路的分析方法。

✓ 参考学时：

14~16 学时

第2章思维导图

2.1 电阻网络的串、并联等效变换

在电路中,总有许多电阻连接在一起,连接的方式多种多样,最常见的是电阻的串联、并联和混联(串、并联的组合)。对于这种电路,在进行分析与计算时,可以把电路中的某一部分通过串、并联的等效变换方法使其简化,即用一个简单的电路来替代原电路。

2.1.1 电阻串联电路

1. 电阻串联电路的特点

几个电阻一个接一个地串接起来,中间没有分支,这种连接方式称为电阻的串联,如图 2-1(a)所示为 3 个电阻的串联电路。

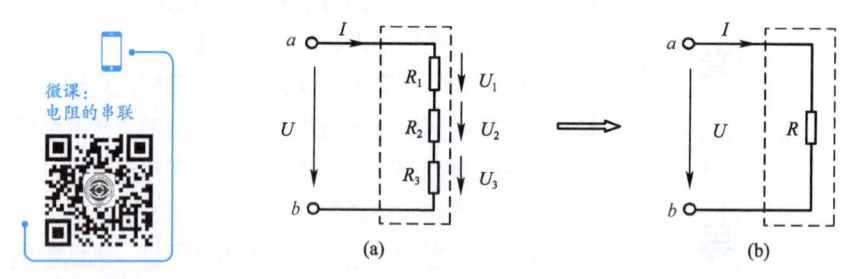

图 2-1 串联电阻的等效变换

电阻串联电路有下列几个特点:

(1)根据基尔霍夫电流定律(KCL),通过各电阻的电流为同一电流,因此各电阻中的电流相等。

(2)根据基尔霍夫电压定律(KVL),外加电压等于各个电阻上的电压之和,即

$$U=U_1+U_2+U_3=IR_1+IR_2+IR_3=I(R_1+R_2+R_3)=IR$$

式中,U_1、U_2、U_3 代表各个电阻上的电压。

(3)电源供给的功率等于各个电阻上消耗的功率之和,即

$$P=UI=U_1I+U_2I+U_3I=I^2R_1+I^2R_2+I^2R_3=I^2(R_1+R_2+R_3)=I^2R$$

2. 电阻串联电路的等效电阻

在上面的分析和计算中,都用到了等效电阻的概念,即

$$R=R_1+R_2+R_3 \tag{2-1}$$

式(2-1)说明,几个电阻的串联电路可以用一个等效电阻来替代,电阻串联电路的等效电阻等于各个电阻之和,如图 2-1(b)所示。

在电路分析中,"等效"是一个非常重要的概念。所谓等效,就是效果相等,也就是电路的工作状态不变。如图 2-1(a)所示电路中虚线框内电阻的串联电路,变换为图 2-1(b)

后,电路得到了简化,虚线框外部电路的工作状态没有改变,电流、电压、功率都和变换之前完全相同。只要 $R=R_1+R_2+R_3$,就有 $U=IR, P=I^2R$。

推而广之,当有 n 个电阻 R_1、R_2、R_3、…、R_n 串联时,其总的等效电阻为

$$R=R_1+R_2+R_3+\cdots+R_n \tag{2-2}$$

几个电阻串联后的等效电阻比每一个电阻都大,端口 a、b 间的电压一定时,串联电阻越多,总的等效电阻越大,电流越小,所以串联电阻可以"限流"。

3. 电阻串联电路的分压公式

在图 2-1(a)所示的电阻串联电路中,流过各电阻的电流相等,各电阻上的电压分别为

$$\left. \begin{array}{l} U_1=IR_1=\dfrac{U}{R}R_1=\dfrac{R_1}{R}U \\[4pt] U_2=IR_2=\dfrac{U}{R}R_2=\dfrac{R_2}{R}U \\[4pt] U_3=IR_3=\dfrac{U}{R}R_3=\dfrac{R_3}{R}U \end{array} \right\} \tag{2-3}$$

式(2-3)即电阻串联电路的分压公式,其中 $R=R_1+R_2+R_3$,从而得到

$$U_1:U_2:U_3=R_1:R_2:R_3$$

说明各电阻上的电压是按电阻的阻值大小进行分配的。

微课:
电阻的并联

2.1.2 电阻并联电路

1. 电阻并联电路的特点

将几个电阻的一端接在一点,另一端接在另一点上,这种连接方式称为电阻的并联,如图 2-2(a)所示为 3 个电阻的并联电路。

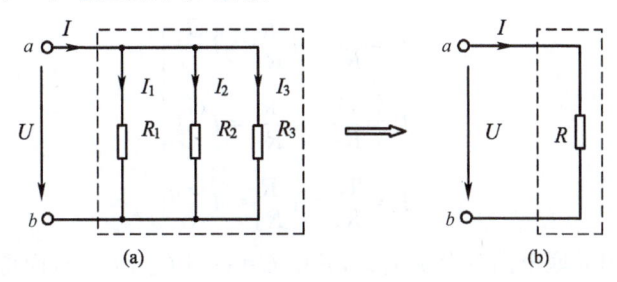

图 2-2 并联电阻的等效变换

电阻并联电路有下列几个特点:

(1)加在各电阻两端的电压为同一电压,因此各电阻上的电压相等。

(2)根据基尔霍夫电流定律(KCL),外加的总电流等于各个电阻中的电流之和,即

$$I=I_1+I_2+I_3=\dfrac{U}{R_1}+\dfrac{U}{R_2}+\dfrac{U}{R_3}=U\left(\dfrac{1}{R_1}+\dfrac{1}{R_2}+\dfrac{1}{R_3}\right)=U\dfrac{1}{R}$$

式中,I_1、I_2、I_3 代表各个电阻中的电流。

(3)电源供给的功率等于各个电阻上消耗的功率之和,即

$$P=UI=UI_1+UI_2+UI_3=\frac{U^2}{R_1}+\frac{U^2}{R_2}+\frac{U^2}{R_3}=U^2\frac{1}{R}$$

2. 电阻并联电路的等效电阻

在上面的分析和计算中,都用到了等效电阻的概念,即

$$\frac{1}{R}=\frac{1}{R_1}+\frac{1}{R_2}+\frac{1}{R_3} \tag{2-4}$$

式(2-4)说明,几个电阻的并联电路可以用一个等效电阻来替代,如图 2-2(b)所示,电阻并联电路的等效电阻的倒数等于各个电阻的倒数之和。

由于电阻的倒数称为电导,所以我们也可以用等效电导来表示,其表达式为

$$G=G_1+G_2+G_3 \tag{2-5}$$

即几个电阻并联时的等效电导等于各个电导之和。

图 2-2(a)所示电路虚线框内的电阻并联电路,等效变换为图 2-2(b)后,电路得到简化,虚线框外部电路的工作状态没有改变,电流、电压、功率都和变换之前完全相同。只要 $G=G_1+G_2+G_3$,则有 $I=UG$,$P=U^2G$。

推而广之,当有 n 个电阻 R_1、R_2、R_3、$\cdots$、R_n 并联时,其总的等效电导为

$$G=G_1+G_2+G_3+\cdots+G_n=\sum_{i=1}^{n}G_i \tag{2-6}$$

几个电阻并联后的等效电阻比每一个电阻都小,端口 a、b 间的电压一定时,并联电阻越多,总的等效电阻越小,电源提供的电流就越大,功率也越大。

3. 电阻并联电路的分流公式

在图 2-2(a)所示的电阻并联电路中,加在各电阻上的电压相等,各电阻中的电流分别为

$$\left.\begin{array}{l}I_1=\dfrac{U}{R_1}=I\dfrac{R}{R_1}=I\dfrac{G_1}{G}\\[6pt]I_2=\dfrac{U}{R_2}=I\dfrac{R}{R_2}=I\dfrac{G_2}{G}\\[6pt]I_3=\dfrac{U}{R_3}=I\dfrac{R}{R_3}=I\dfrac{G_3}{G}\end{array}\right\} \tag{2-7}$$

式(2-7)即电阻并联电路的分流公式,其中 $G=G_1+G_2+G_3$,从而得到

$$I_1:I_2:I_3=G_1:G_2:G_3$$

说明各电阻中的电流是按各电导的大小进行分配的。

2.1.3 电阻混联电路

所谓电阻混联电路,是指串联电阻和并联电阻组合成的二端电阻网络。

一般情况下,电阻混联电路所组成的无源二端网络,可以先将串联部分和并联部分用

式(2-1)和式(2-4)的等效电阻的概念逐步化简,最后化为一个等效电阻。

凡是能用串联与并联方法逐步化简的电路,无论有多少个电阻,结构有多么复杂,仍属简单电路。所谓简单电路,就是指可以用电阻的串、并联等效变换方法来化简为单回路的电路。不能用电阻的串、并联等效变换方法化简的电路,无论结构如何简单也叫作复杂电路。

例 2-1 电路如图 2-3(a)所示,求电源输出电流 I 的大小。

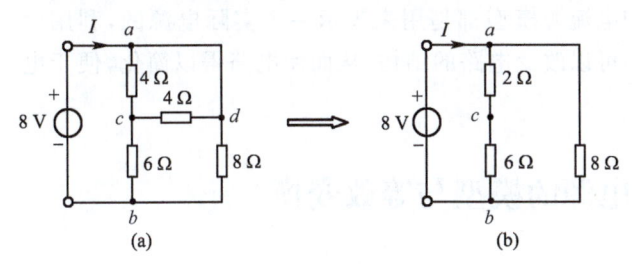

图 2-3 【例 2-1】电路

解:要求出 I 的大小,可以先求电路 a、b 两端的等效电阻 R_{ab},为了判断电阻的串、并联关系,可以先将电路中的节点标出,本例中对各电阻的连接来说,可标出 3 个节点 a、b、c,根据节点 a、c 间的连接关系可知,两个 4 Ω 的电阻并联后其值为 2 Ω,由此可得图 2-3(b)所示的电路。这时,a、b 两端的等效电阻为

$$R_{ab}=\frac{(2+6)\times 8}{(2+6)+8}=4\ \Omega$$

电路中的电流为

$$I=\frac{8}{R_{ab}}=2\ \text{A}$$

例 2-2 电路如图 2-4(a)所示,分别计算开关 S 打开和闭合时 a、b 两端的等效电阻 R_{ab}。

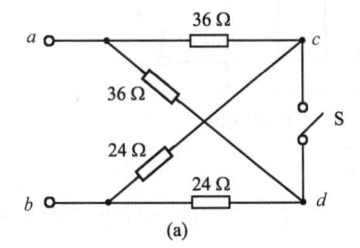

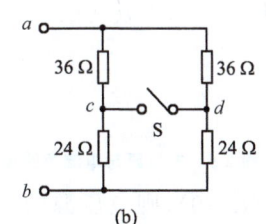

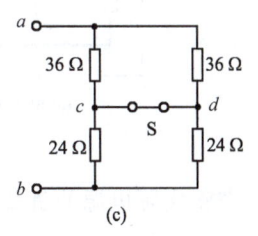

图 2-4 【例 2-2】电路

解:当开关 S 打开时,电路如图 2-4(b)所示,等效电阻 R_{ab} 为

$$R_{ab}=\frac{(36+24)\times(36+24)}{(36+24)+(36+24)}=30\ \Omega$$

当开关 S 闭合时,电路如图 2-4(c)所示,等效电阻 R_{ab} 为

$$R_{ab}=\frac{36\times 36}{36+36}+\frac{24\times 24}{24+24}=30\ \Omega$$

知识拓展:
电阻Y-△网络的等效变换

2.2 电压源与电流源的等效变换

电压源模型和电流源模型都是用来表示一个实际电源的，利用两者之间的等效变换可以改变电路的结构，从而使电路得以简化，便于电路的分析计算。

2.2.1 实际电源的模型与等效变换

一个实际电源，既可以用电压源来表示，也可以用电流源来表示，这两种电源对外电路来讲是等效的，也就是说当接上任一负载 R（其值可以为 $0\sim\infty$）时，R 中的电流 I 和 R 上的电压 U 都应该是相等的。下面从负载为 0 和负载为 ∞ 这两种情况来说明电压源与电流源等效变换的条件。

一个实际电源的两种电路模型如图 2-5 所示。

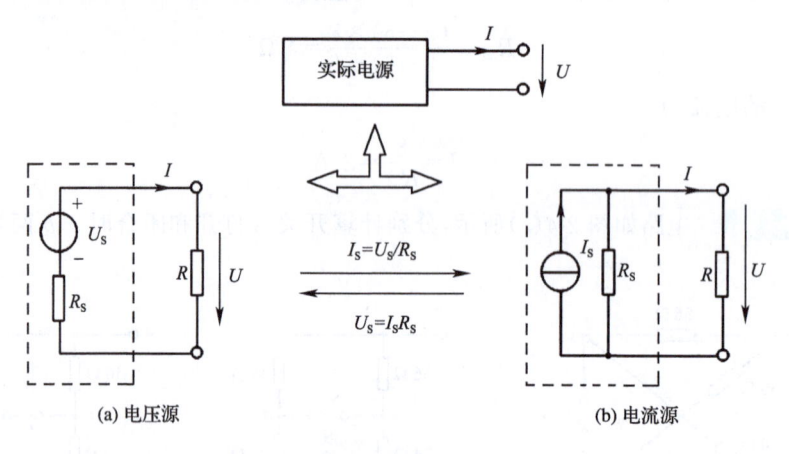

图 2-5 电压源与电流源的等效变换

若将实际电源的负载短路（$R=0$），则电压源的输出为 $I=U_S/R_S$，$U=0$；电流源的输出为 $I=I_S$，$U=0$。

由此可见，这两种电源的等效变换条件为

$$I_S = \frac{U_S}{R_S} \text{ 或 } U_S = I_S R_S \tag{2-8}$$

同样，如果将负载开路（$R\rightarrow\infty$），则电压源的输出为 $U=U_S$，$I=0$；电流源的输出为 $U=I_S R_S$，$I=0$。由此可得到这两种电源的等效变换条件为 $U_S=I_S R_S$ 或 $I_S=U_S/R_S$。

根据公式 $U_S=I_S R_S$，可将电流源模型变换为电压源模型，或者根据 $I_S=U_S/R_S$ 可将电压源模型变换为电流源模型。两者等效变换时，电源内阻 R_S 的值不变，电压源 U_S 与

电流源 I_S 的方向如图 2-5 所示，电压源的电压 U_S 方向与电流源输出的电流 I_S 方向相反。

另外有几点需要说明：

(1) 理想电压源的内阻为 0，理想电流源的内阻为 ∞，它们之间不能进行等效变换；

(2) 等效变换只是对外电路等效，而对电源的内部是不等效的，以负载开路为例，电压源模型的内阻消耗功率为 0，而电流源模型的内阻消耗功率为 $I_S^2 R_S$；

(3) 电路中需要分析、计算的支路不能变换，否则变换后的结果就不是原来所要计算的值。

2.2.2 有源电路的简化

在电路等效变换时，常常遇到几个电压源支路串联，几个电流源支路并联，或者若干个电压源与电流源支路既有串联又有并联所构成的二端网络。这些网络对外电路而言，都可以根据 KCL、KVL 和电源的等效变换来化简。化简的原则是：化简前后，端口处的电压与电流关系不变。

1. 电压源串联电路的简化

几个电压源支路串联时，可以简化为一个等效的电压源支路。如图 2-6(a) 所示为 2 个电压源支路的串联电路，图 2-6(b) 为其等效电路。

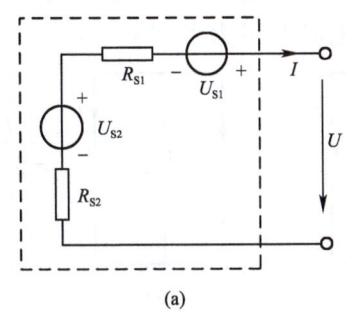

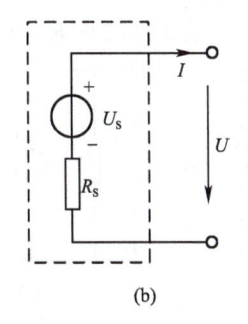

图 2-6 电压源串联电路的简化

对图 2-6(a) 端口而言，根据 KVL 可得

$$U = U_{S1} - R_{S1}I + U_{S2} - R_{S2}I = (U_{S1} + U_{S2}) - (R_{S1} + R_{S2})I$$

对图 2-6(b) 端口而言，有 $U = U_S - R_S I$。要使两者等效，则须满足

$$U_S = U_{S1} + U_{S2} 且 R_S = R_{S1} + R_{S2}$$

2. 电流源并联电路的简化

几个电流源支路并联时，可以简化为一个等效的电流源支路。如图 2-7(a) 所示为 2 个电流源支路的并联电路。同样，根据 KCL 和端口的电压、电流关系不变的原则，可将其等效变换为图 2-7(b) 所示电路。其中

$$I_{\text{S}} = I_{\text{S1}} + I_{\text{S2}} \text{ 且 } \frac{1}{R_{\text{S}}} = \frac{1}{R_{\text{S1}}} + \frac{1}{R_{\text{S2}}} \text{ (或 } G_{\text{S}} = G_{\text{S1}} + G_{\text{S2}} \text{)}$$

3. 电压源并联电路的简化

几个电压源支路并联时,先将各电压源都等效变换为电流源,这样就把几个电压源的并联电路变换成几个电流源的并联电路,然后利用电流源并联电路的简化方法将其变换为单一电源的电路。

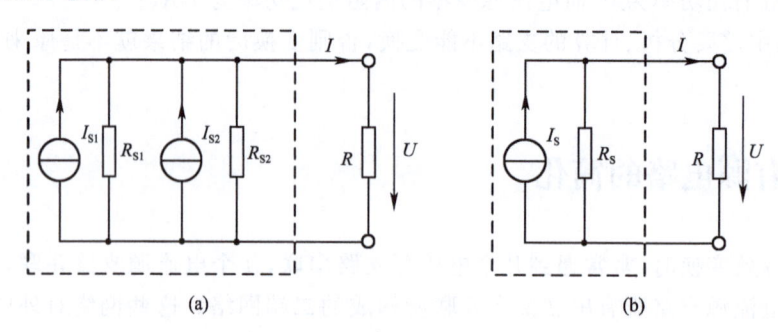

图 2-7 电流源并联电路的简化

4. 电流源串联电路的简化

几个电流源支路串联时,先将各电流源都等效变换为电压源,这样就把几个电流源的串联电路变换成几个电压源的串联电路,然后利用电压源串联电路的简化方法将其变换为单一电源的电路。

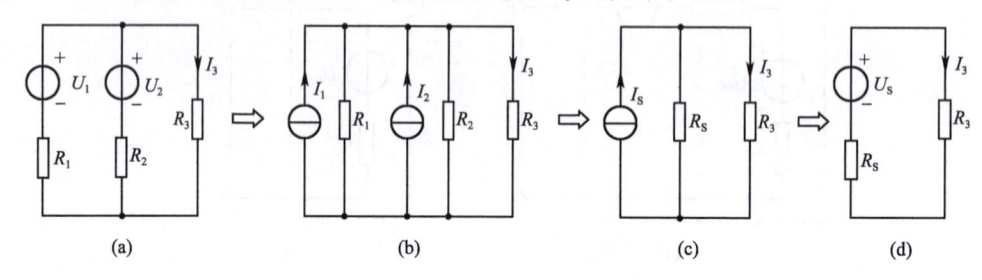

例 2-3 电路如图 2-8(a)所示,已知 $U_1 = 12$ V, $U_2 = 18$ V, $R_1 = 3\ \Omega$, $R_2 = 6\ \Omega$, $R_3 = 5\ \Omega$,试用电源等效变换法求 R_3 支路中电流 I_3 的大小。

图 2-8 【例 2-3】电路

解:(1)将图 2-8(a)电路中的两个电压源等效变换为电流源,得到图 2-8(b),$I_1 = U_1/R_1 = 12/3 = 4$ A;$I_2 = U_2/R_2 = 18/6 = 3$ A。

(2)利用电流源并联电路的简化方法,得到图 2-8(c),I_1 与 I_2 的方向相同,$I_{\text{S}} = I_1 + I_2 = 4 + 3 = 7$ A,$R_{\text{S}} = R_1 R_2/(R_1 + R_2) = 3 \times 6/(3+6) = 2\ \Omega$。

(3)由图 2-8(c)可直接根据分流公式计算出 I_3,也可以再将电流源变换为电压源得图 2-8(d),$U_{\text{S}} = I_{\text{S}} R_{\text{S}} = 7 \times 2 = 14$ V,则 $I_3 = U_{\text{S}}/(R_{\text{S}} + R_3) = 14/(2+5) = 2$ A。

例 2-4 电路如图 2-9(a)所示,利用电压源与电流源的等效变换计算 I 的大小。

解:利用电压源与电流源等效变换对图 2-9(a)电路进行简化的过程如图 2-9(b)~(d)所示。经过简化,原电路最后变换为图 2-9(d)所示的单回路电路,根据图 2-9(d)可求得电流为

图 2-9 【例 2-4】电路

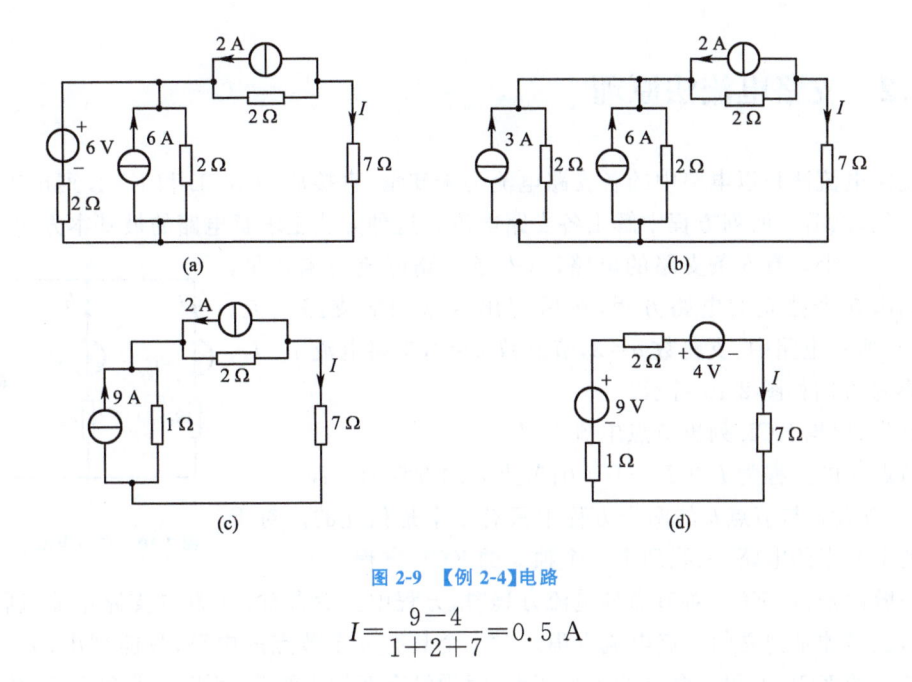

$$I=\frac{9-4}{1+2+7}=0.5\ \text{A}$$

2.3 支路电流法

支路电流法是求解电路的最基本方法之一。根据基尔霍夫定律直接列出电路中各支路电流的方程进行求解即可得到结果。

2.3.1 分析线性电路的一般方法

上一节介绍的等效变换法,是将电路化简成单回路,然后求出待求的电压和电流。这种分析方法简单有效,但有一定的局限性,只有在分析电路中某一支路的电压和电流时比较方便,而在电路等效变换过程中,由于改变了原来的电路结构,所以不能体现电路分析的普遍规律。

本节介绍的支路电流法和后面将要介绍的网孔电流法及节点电压法等电路分析方法,通过列出电路方程来求解电路中各部分的电流和电压,这些方法也叫网络方程分析法。网络方程分析法一般不要求改变电路的结构,首先在电路中预先选取合适的电路变量(未知量),然后根据 KCL、KVL 列出一组关于电路变量的独立方程,最后从方程中解出电路变量。网络方程分析法在电路分析中更具有一般性。

2.3.2 支路电流法原理

支路电流法是以电路中的各支路电流为未知量,直接应用 KCL 和 KVL 列出支路电流的方程,然后从所列方程中解出各支路电流。这种方法是求解电路的最基本方法之一。

对于一个具有 b 条支路的电路,以 b 条支路电流为未知量,需要列出 b 个独立的电路方程,然后解出各未知的支路电流。图 2-10 所示电路中,支路数 $b=3$,节点数 $n=2$,支路电流 I_1、I_2、I_3 的参考方向如图 2-10 所示。

首先,根据 KCL 列出节点电流方程。

节点 a 的方程为 $I_1+I_2-I_3=0$;节点 b 的方程为 $-I_1-I_2+I_3=0$。节点 a 与节点 b 的两个方程中只有 1 个是独立的。对于具有两个节点的电路,只能列出 1 个独立的 KCL 方程。

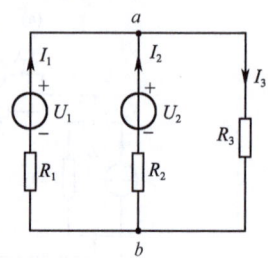

图 2-10 支路电流法举例

一般说来,用 KCL 对节点列电流方程时,方程中至少含有 1 个新的支路电流(新的未知量),这样才是独立的节点电流方程。对 1 个具有 n 个节点的电路,只能列出 $(n-1)$ 个独立节点的 KCL 方程。余下的 1 个节点,因为没有新的未知量,所以是非独立的,该节点称为参考节点,参考节点不用列方程,可以任意选取。

其次,根据 KVL 列出回路电压方程。

在 b 条支路所需的 b 个独立方程中,需要用 KVL 列出其余的 $b-(n-1)$ 个独立回路的电压方程。所谓独立回路,应该至少含有一条其他已取回路所没有包含的支路,否则该回路为非独立回路。

通常,在用 KVL 列方程时,常取网孔作为独立回路,任一网孔一定包含着至少一条新的支路,网孔数一定等于独立回路数。

图 2-10 中有 2 个网孔,恰好等于 $b-(n-1)=3-(2-1)=2$。对左边的网孔按顺时针方向绕行列 KVL 方程为 $R_1I_1-U_1+U_2-R_2I_2=0$;对右边的网孔按顺时针方向绕行列 KVL 方程为 $R_2I_2-U_2+R_3I_3=0$。

除了这两个方程以外,如果再对外面的大回路按顺时针方向绕行列 KVL 方程,则有 $R_1I_1-U_1+R_3I_3=0$。这个方程不是独立的,它可以由左网孔方程和右网孔方程相加而得,即 $(R_1I_1-U_1+U_2-R_2I_2)+(R_2I_2-U_2+R_3I_3)=R_1I_1-U_1+R_3I_3=0$。

综上所述,应用 KCL 可列出 $(n-1)$ 个独立节点电流方程,应用 KVL 可列出 $b-(n-1)$ 个独立回路电压方程,一共可列出 $(n-1)+[b-(n-1)]=b$ 个独立方程,所以能解出 b 个支路电流。

对图 2-10 所示电路,运用支路电流法列出的 3 个支路电流方程为

$$\left.\begin{array}{l} I_1+I_2-I_3=0 \\ R_1I_1-U_1+U_2-R_2I_2=0 \\ R_2I_2-U_2+R_3I_3=0 \end{array}\right\} \quad (2-9)$$

第 2 章　直流电路的分析

例 2-5　在图 2-10 所示电路中，设 $U_1=140$ V，$U_2=90$ V，$R_1=20$ Ω，$R_2=5$ Ω，$R_3=6$ Ω，求各支路电流。

解：各支路电流的参考方向如图 2-10 所示，根据电路的参数并应用 KCL 和 KVL 列出方程为

$$\begin{cases} I_1+I_2-I_3=0 \\ 20I_1-5I_2=50 \\ 5I_2+6I_3=90 \end{cases}$$

解得

$$I_1=4 \text{ A}, I_2=6 \text{ A}, I_3=10 \text{ A}$$

判断解出的结果是否正确，可将计算结果代入电路中的任一回路或任一节点根据基尔霍夫定律列出的方程进行验算。如对外围回路可列出

$$R_1I_1-U_1+R_3I_3=20I_1-140+6I_3=20\times 4-140+6\times 10=0$$

计算结果正确。

2.3.3　支路电流法的解题步骤

(1) 在电路中标出各支路电流的参考方向，电流的参考方向可以任意假设。

(2) 根据 KCL 列出 ($n-1$) 个独立节点的电流方程（$\sum I=0$），可设电流流出节点为正，电流流入节点为负。

(3) 选取 $b-(n-1)$ 个独立回路（通常取网孔），指定回路的绕行方向（如顺时针方向），根据 KVL 列出独立回路的电压方程（$\sum U=0$），电压方向与回路绕行方向一致时取正，电压方向与回路绕行方向相反时取负。

(4) 代入已知的参数，解联立方程，求出各支路的电流。

(5) 确定各支路电流的方向。当支路电流的计算结果为正值时，其方向和假设方向相同；当计算结果为负值时，其方向和假设方向相反。

(6) 根据电路中的 KCL 和 KVL 两个定律，验证计算结果。

知识拓展：
网孔电流法

2.4　节点电压法

节点电压法也称为节点电位法。当一个电路中支路数较多，但是节点数较少时，采用节点电压法就可以减少独立方程的数量。节点电压法的方程数等于独立节点数。

2.4.1　节点电压

节点电压也称为节点电位，是指电路中选定参考节点后，其余各节点与参考节点之间

的电压。如图 2-11 中的 U_1 和 U_2。其中 $U_1=U_{10}$,$U_2=U_{20}$。在图 2-11 中,各支路电流和相应的节点电压都有明确的线性关系,求得各独立节点的电压后,各支路的电流就很容易求得,$I_1=U_1/R_1$,$I_2=U_2/R_2$,$I_3=U_{12}/R_3=(U_1-U_2)/R_3$。

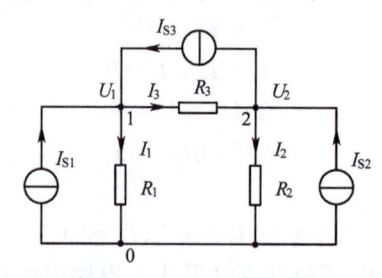

图 2-11 节点电压举例

2.4.2 节点电压法原理

节点电压法是将节点电压作为电路的未知量,然后根据 KCL 来列写电路中各独立节点电流方程的分析方法。节点上各电阻支路的电流大小是以节点电压的形式来表示的。节点电压法的独立方程数等于独立节点数,即 $(n-1)$。求出各独立节点的节点电压后,所有支路的电流大小很容易求出。

用节点电压法列写 KCL 方程原则上与用支路电流法列写 KCL 方程一样,但是这时应该用节点电压来表示各电阻支路中的电流。有些电阻支路接在两个独立节点之间,列写方程时应该把这两个独立节点电压都计算进去。对图 2-11 所示电路中的两个节点,列写 KCL 方程为

节点 1　　　　　　　　$I_1+I_3-I_{S1}-I_{S3}=0$

节点 2　　　　　　　　$I_2-I_3-I_{S2}+I_{S3}=0$

将各电阻支路的电流用未知量(节点电压 U_1、U_2)表示,得

$I_1=U_1/R_1=G_1U_1$,$I_2=U_2/R_2=G_2U_2$,$I_3=U_{12}/R_3=(U_1-U_2)/R_3=G_3U_1-G_3U_2$

将上述 I_1、I_2、I_3 代入节点 1 和节点 2 的 KCL 方程,并将电流源均移到等式右边,可得

$$\left.\begin{aligned}(G_1+G_3)U_1-G_3U_2&=I_{S1}+I_{S3}\\-G_3U_1+(G_2+G_3)U_2&=I_{S2}-I_{S3}\end{aligned}\right\} \quad (2\text{-}10)$$

这就是以节点电压为未知量列写的 KCL 方程,称为节点电压方程。仔细观察可以发现:式(2-10)中每一个等式的左边均为经电导流出相应节点的电流之和,而等式右边是经电流源流入相应节点的电流,由 KCL 可知,两边当然相等。

式(2-10)可以进一步写成

$$\left.\begin{aligned}G_{11}U_1+G_{12}U_2&=I_{S11}\\G_{21}U_1+G_{22}U_2&=I_{S22}\end{aligned}\right\} \quad (2\text{-}11)$$

式(2-11)称为具有两个独立节点电路的节点方程的一般形式。仔细观察不难发现:$G_{11}=G_1+G_3$ 是连接到节点 1 的所有电导之和,称为节点 1 的自电导;$G_{22}=G_2+G_3$ 是连接到节点 2 的所有电导之和,称为节点 2 的自电导。自电导恒为正值,这是因为假设节点

电压的参考方向总是由独立节点指向参考节点,所以各节点电压在自电导中引起的电流总是流出该节点。$G_{12}=G_{21}=-G_3$ 是连接在节点 1 与节点 2 之间的各支路电导之和,称为两相邻节点的互电导。互电导恒为负值,原因是另一节点电压通过互电导产生的电流总是流入本节点。

等式右边分别是流入节点 1 和节点 2 的各电流源电流的代数和,流入为正,流出为负。$I_{S11}=I_{S1}+I_{S3}$,$I_{S22}=I_{S2}-I_{S3}$。需要说明的是:如果理想电流源支路有串联电阻,在列写节点电压方程时,应去除该电阻(短路)。

经上例分析,可以把结果推广到有 n 个节点的电路,将第 n 个节点指定为参考节点,对第 i 个节点而言,该节点的电压方程为

$$\sum_{j=1}^{n-1} G_{ij} U_j = I_{Sij} \tag{2-12}$$

该方程的个数为 $(n-1)$ 个。在等式的左边,当 $j=i$ 时系数 G_{ij} 是 i 节点的自电导,其值为连接到 i 节点的所有电导之和,且自电导恒为正值;当 $j \neq i$ 时系数 G_{ij} 是 i 节点与 j 节点之间的互电导,其值为连接在 i 节点与 j 节点之间的各支路电导之和,且互电导恒为负值。在等式的右边,是流入 i 节点的等效电流源的代数和,流入节点为正,流出节点为负。

掌握了列写节点方程的规律,可直接根据电路列写节点方程,不必再重复推导过程。

2.4.3 节点电压法的解题步骤

(1)选定参考节点,标出其余各独立节点的序号(共 $n-1$ 个),将各独立节点的节点电压作为未知量,其参考方向由独立节点指向参考节点。

(2)若电路中存在电压源与电阻串联的支路,先将其等效变换为电阻与电流源的并联电路。

(3)对各独立节点列写以节点电压为未知量的 KCL 方程,共有 $(n-1)$ 个独立方程。自电导恒为正,互电导恒为负。

(4)解方程组,求出各节点电压。

(5)指定各支路电流的参考方向,并由所求得的节点电压来计算各支路电流。

(6)检验计算结果。

例 2-6 电路如图 2-12(a)所示,已知 $R_1=R_2=R_3=2\ \Omega$,$R_4=R_5=4\ \Omega$,$U_{S1}=4\ V$,$U_{S2}=12\ V$,$I_{S3}=3\ A$,试用节点电压法求电流 I_1 和 I_4。

解:选取电路中的 0 节点为参考节点,标出其余两个节点的电压 U_1 和 U_2。将两个实际电压源变换为电流源,得到如图 2-12(b)所示电路,$I_{S1}=U_{S1}/R_1=2\ A$,$I_{S2}=U_{S2}/R_5=3\ A$。

以节点电压 U_1 和 U_2 为未知量,根据 KCL 用观察法列写两个节点的电流方程,且电阻支路的电流用节点电压来表示,得

$$\begin{cases} (\dfrac{1}{R_1}+\dfrac{1}{R_2}+\dfrac{1}{R_4}+\dfrac{1}{R_5})U_1-(\dfrac{1}{R_4}+\dfrac{1}{R_5})U_2=I_{S1}-I_{S2} \\ -(\dfrac{1}{R_4}+\dfrac{1}{R_5})U_1+(\dfrac{1}{R_3}+\dfrac{1}{R_4}+\dfrac{1}{R_5})U_2=I_{S3}+I_{S2} \end{cases}$$

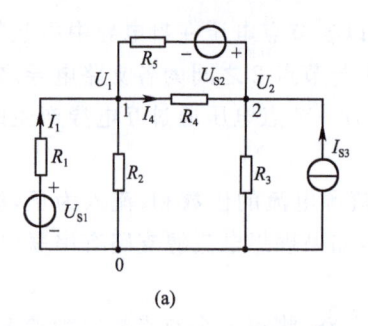

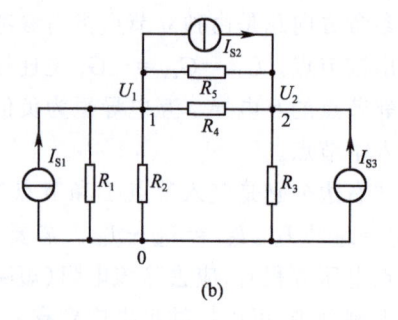

图 2-12 【例 2-6】电路

代入电阻和电流源的数据得

$$\begin{cases} \dfrac{3}{2}U_1 - \dfrac{1}{2}U_2 = -1 \\ -\dfrac{1}{2}U_1 + U_2 = 6 \end{cases}$$

联立求解得

$$U_1 = \dfrac{8}{5} \text{ V}, U_2 = \dfrac{34}{5} \text{ V}$$

$$I_1 = \dfrac{U_{S1} - U_1}{R_1} = \dfrac{4 - \dfrac{8}{5}}{2} = \dfrac{12}{5} \times \dfrac{1}{2} = \dfrac{6}{5} \text{ A}$$

$$I_4 = \dfrac{U_1 - U_2}{R_4} = \dfrac{\dfrac{8}{5} - \dfrac{34}{5}}{4} = -\dfrac{26}{5} \times \dfrac{1}{4} = -\dfrac{13}{10} \text{ A}$$

2.5 叠加定理

叠加定理是对电路进行等效变换的分析方法,通过等效变换来改变电路的结构使电路得以简化。但叠加定理只适用于线性电路。叠加定理是反映线性电路基本性质的一个十分重要的定理,也是在电路分析中对电路进行等效变换分析的方法之一。利用叠加定理,可以将一个含有多个独立电源的线性电路,等效变换为只含有单一独立电源的线性电路,从而使电路得到简化。

1. 叠加定理的内容

叠加定理的内容可表述为:在含有多个独立电源的线性电路中,各支路的电流或电压,等于各电源分别单独作用时在该支路中所产生的电流或电压的叠加。

下面以图 2-13(a)所示电路中的电流 I 为例来说明叠加定理。

在图 2-13(a)中,电路中的电流 I 为

$$I = (U_{S1} - U_{S2})/(R_1 + R_2 + R_3)$$
$$= U_{S1}/(R_1 + R_2 + R_3) - U_{S2}/(R_1 + R_2 + R_3)$$
$$= I' - I''$$

第 2 章　直流电路的分析　　41

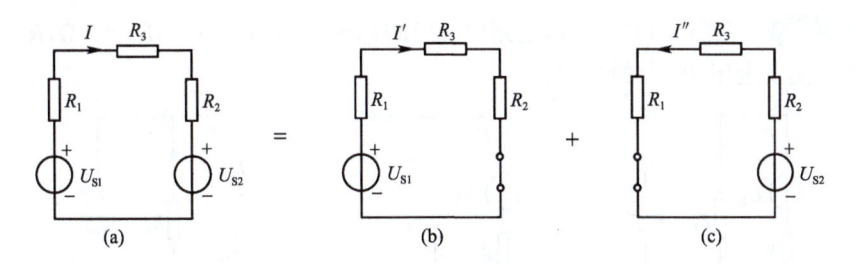

图 2-13　叠加定理举例

和 I' 对应的电路如图 2-13(b)所示,与 I'' 对应的电路如图 2-13(c)所示。而图2-13(b)和图 2-13(c)正是 U_{S1} 和 U_{S2} 单独作用于电路时的等效电路。在图 2-13(b)和图 2-13(c)中可直接求得 $I'=U_{S1}/(R_1+R_2+R_3)$,$I''=U_{S2}/(R_1+R_2+R_3)$。图 2-13(a)中的电流 I 就等于 U_{S1} 和 U_{S2} 单独作用时所产生的电流的代数和,I' 与 I 的参考方向相同取正号,I'' 与 I 的参考方向相反取负号。由此可见,图 2-13(a)所示电路就等于图2-13(b)和图 2-13(c)所示电路的叠加。

一个独立电源单独作用,意味着其他独立电源不作用,即不作用的电压源的电压为 0,可用短路线代替(实际电压源的内阻仍应保留在电路中);不作用的电流源的电流为 0,可用开路来代替(实际电流源的内阻仍应保留在电路中)。

虽然电流或电压可以用叠加定理计算,但功率却不能用叠加定理计算。某一元件上的功率不等于各独立电源单独作用在该元件上产生的功率之和,这是因为

$$P=RI^2=R(I'+I'')^2 \neq RI'^2+RI''^2$$

或

$$P=U^2/R=(U'+U'')^2/R \neq U'^2/R+U''^2/R$$

显然,电流或电压与功率不成正比,它们之间不是线性关系。

2. 叠加定理的应用

叠加定理一般不直接用来作为解题的方法。因为当多个独立电源同时作用在某一电路时,应用叠加定理来求各支路的电流(或电压)不但不简单,还很烦琐。该定理主要用来分析线性电路的特性,推导其他定理和化简更复杂的电路,例如戴维南定理的推导,非正弦电路的分析,或者分析某一电源在电路中所起的作用。

应用叠加定理时,应注意以下几点:

(1)叠加定理只适用于线性电路的分析与计算。

(2)叠加定理只能用于电流或电压的计算,不能用于功率的计算。

(3)在叠加定理的应用中,当某一独立电源单独作用时,其余的独立电源应去除。其方法是将不作用的电压源短路(电压源的电压为 0),保留其内阻;将不作用的电流源开路(电流源的电流为 0),保留其内阻。

(4)应用叠加定理时,要注意电流(或电压)的参考方向,求其代数和要以原电路中的电流(或电压)的参考方向为准。各独立电源单独作用下所得电路各处的分电流(或分电压)的参考方向与原电路中各电源共同作用下所对应的电流(或电压)的参考方向一致时取正号,不一致时取负号。

例 2-7 在图 2-14(a)所示电路中,已知 $U_{S1}=15$ V,$I_S=3$ A,$R_1=5$ Ω,$R_2=10$ Ω,求各支路电流及电阻 R_2 上的功率。

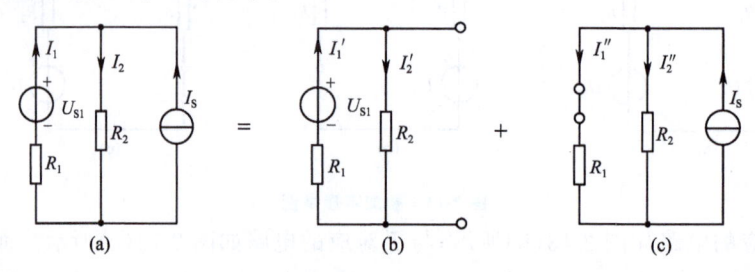

图 2-14 【例 2-7】电路

解: 应用叠加定理可将图 2-14(a)所示电路分解成图 2-14(b)和图 2-14(c)所示电路的叠加,其中不作用的电压源做短路处理,不作用的电流源做开路处理。

由图 2-14(b)得 $I_1'=I_2'=U_{S1}/(R_1+R_2)=15$ V$/(5$ Ω$+10$ Ω$)=1$ A

由图 2-14(c)得 $I_1''=2$ A,$I_2''=1$ A

所以有 $I_1=I_1'-I_1''=1$ A-2 A$=-1$ A

$I_2=I_2'+I_2''=1$ A$+1$ A$=2$ A

电阻 R_2 上所消耗的功率为

$$P=R_2 I_2^2=10 \text{ Ω}\times(2 \text{ A})^2=40 \text{ W}$$

若用叠加定理求功率则为

$$P'=R_2(I_2')^2=10 \text{ Ω}\times(1 \text{ A})^2=10 \text{ W}$$

$$P''=R_2(I_2'')^2=10 \text{ Ω}\times(1 \text{ A})^2=10 \text{ W}$$

$$P'+P''=20 \text{ W}\neq P$$

可见结果错误。

2.6 戴维南定理

在一个比较复杂的电路中,当只需计算某一条支路的电流或某两点之间的电压时,可以将这个支路划出,然后应用戴维南定理对其余电路进行等效变换,则可以使计算过程大大简化。戴维南定理又叫等效电源定理,利用该定理,可以将任一内部含有电源的二端网络变换为一个电压源的电路形式。戴维南定理是电路计算中最常用的一种方法。

2.6.1 二端网络

二端网络也叫单口网络,是指一个电路对外由两个引出端钮构成一个端口的网络。如图 2-15(a)所示。

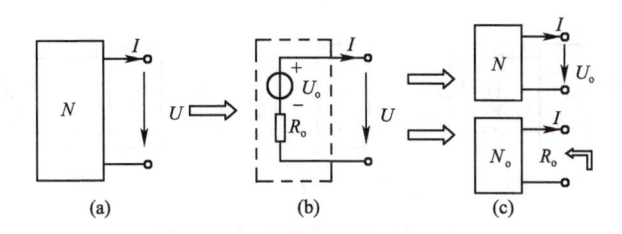

图 2-15　戴维南定理的描述

凡是由独立电源和电阻组成的二端网络就称为有源二端网络,凡是内部不含独立电源而只含有电阻的二端网络就称为无源二端网络。一个无源二端网络总可以用一个总的等效电阻 R_o 来表示;一个有源二端网络可以是简单的或任意复杂的电路,不论它的繁简程度如何,对外电路而言,仅相当于一个电源,可以从两个端钮向外电路输出电能。因此,一个有源二端网络一定可以简化为一个等效电源。

2.6.2　戴维南定理

戴维南定理的内容可表述为:任一线性有源二端网络 N,对外电路而言,可以等效为一个理想电压源 U_S 与一个电阻 R_o 串联所构成的实际电压源模型。其中,U_S 等于有源二端网络 N 的开路电压;R_o 等于在有源二端网络 N 中除去所有独立电源后所对应的无源二端网络 N_o 的等效电阻。除去所有的独立电源是指将电源的参数置 0,即将电压源短路,将电流源开路。戴维南定理的描述如图 2-15 所示。

图 2-15 中 N 为含有独立电源的有源二端网络,N_o 为在 N 中除去独立电源之后所得到的无源二端网络,U_o 为有源二端网络的开路电压,R_o 为无源二端网络的等效电阻。

戴维南定理的证明如下:设一个有源二端网络 N 与外电路(电阻 R 支路)相连,如图 2-16(a)所示,端口 a、b 间的电压为 U,电流为 I。根据替代定理,可用 $I_S=I$ 的电流源代替电阻 R 支路,替代后的电路如图 2-16(b)所示。应用叠加定理,有源二端网络 N 的端口电压 U 可以看成由网络内部电源和网络外部电流源共同作用的结果,所得的两个分电路如图 2-16(c)和图 2-16(d)所示,即 $U=U'+U''$。在图 2-16(c)中,U' 是有源二端网络 N 内部所有电源作用的结果,网络外部电流源为 0(即电流源开路)时的端口 a、b 电压,也是有源二端网络的开路电压,即 $U'=U_o$;在图 2-16(d)中,U'' 为外部电流源 I_S 作用的结果,网络内部的独立电源不作用(将独立电源去除,即电流源开路,电压源短路)时的端口 a、b 电压,这时的有源二端网络 N 就变成了无源二端网络 N_o,端口 a、b 间呈现的电阻为无源二端网络 N_o 的输入电阻 R_o,此时的电流源 I_S 流过这个电阻时产生的压降为 $U''=-R_oI_S=-R_oI$。根据叠加定理所得的端口 a、b 间的电压 $U=U'+U''=U_o-R_oI$,由这一关系得到的等效电路如图 2-16(e)所示,戴维南定理得证。

应用戴维南定理的关键是求出有源二端网络 N 的开路电压 U_o 和与之对应的无源二端网络 N_o 的等效电阻 R_o。

U_o 的求法是:在一个电路中,若要计算某一支路的电流或电压,则需要先将该支路从

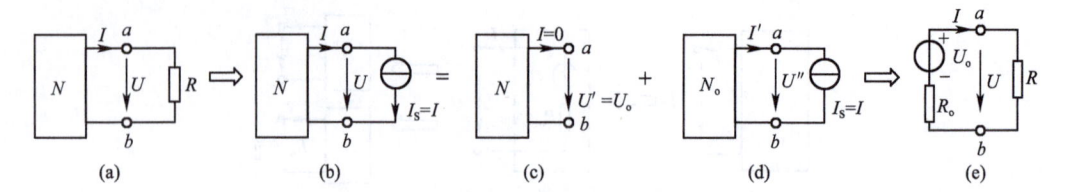

图 2-16　戴维南定理的证明过程

电路中去掉，端口 a、b 开路，然后计算有源二端网络 N 的开路电压。当然在工程上也可以将 a、b 开路后测量开路处的电压。

R_o 的求法有三种：

(1) 先去掉有源二端网络 N 内部的所有独立电源，得到与之对应的无源二端网络 N_o，然后根据 R 的串、并联简化和 Y-△ 变换等方法计算从端口 a、b 看进去的等效电阻 R_o。

(2) 在去掉有源二端网络 N 内部的所有独立电源得到与之对应的无源二端网络 N_o 后，采用"电压-电流法"来计算等效电阻。其方法是：在端口 a、b 处外加电压源 U，求端口处的电流 I，则等效电阻 $R_o=U/I$；或者在端口处外加电流源 I，求端口处的电压 U，从而得到 R_o。

(3) 在计算端口 a、b 的开路电压 U_o 之后，再将端口 a、b 短路，求短接处的短路电流 I_{So}，从而得到 $R_o=U_o/I_{So}$，因为一个实际电压源的开路电压与短路电流的比值就是其内阻值。

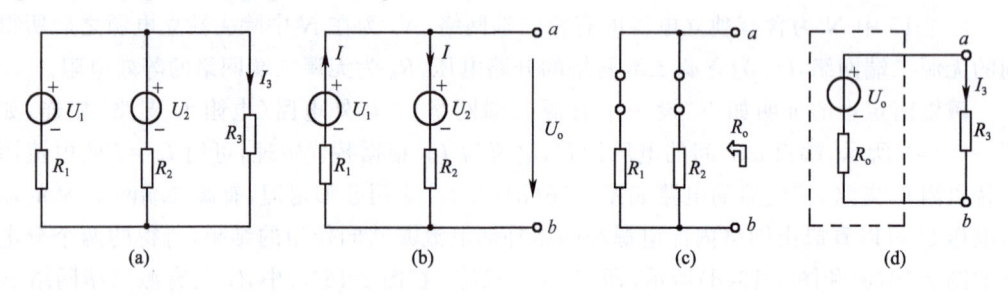

例 2-8 用戴维南定理计算图 2-17(a) 所示电路中的电流 I_3。已知 $U_1=140$ V，$U_2=90$ V，$R_1=20$ Ω，$R_2=5$ Ω，$R_3=6$ Ω。

图 2-17　【例 2-8】电路

解：在图 2-17(a) 电路中除去 R_3 支路得图 2-17(b)，这时图 2-17(b) 所示的有源二端网络中的电流为

$$I=(U_1-U_2)/(R_1+R_2)=(140\text{ V}-90\text{ V})/(20\text{ Ω}+5\text{ Ω})=2\text{ A}$$

图 2-17(b) 所示电路中 a、b 间的开路电压为

$$U_o=U_1-IR_1=140\text{ V}-2\text{ A}\times20\text{ Ω}=100\text{ V}$$

U_o 也可以用 $U_o=U_2+IR_2=90\text{ V}+2\text{ A}\times5\text{ Ω}=100\text{ V}$ 求得，或者用节点电压法计算得到。

等效电源的内阻 R_o 可由图 2-17(c) 所示的无源二端网络求得，对 a、b 两端而言，R_1 和 R_2 并联，因此有

$$R_o=R_1R_2/(R_1+R_2)=20\text{ Ω}\times5\text{ Ω}/(20\text{ Ω}+5\text{ Ω})=4\text{ Ω}$$

最后，根据戴维南定理，图 2-17(a)电路可等效为图 2-17(d)所示电路，由此可求得
$$I_3 = U_o/(R_o + R_3) = 100 \text{ V}/(4 \text{ Ω} + 6 \text{ Ω}) = 10 \text{ A}$$

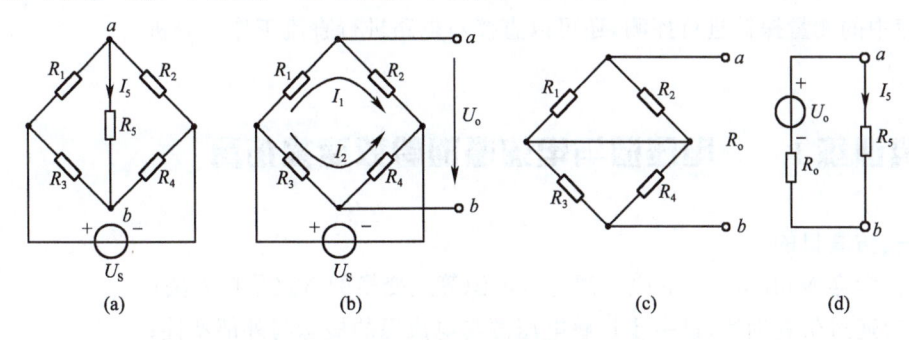

例 2-9 用戴维南定理计算图 2-18(a)所示桥式电路中 R_5 支路的电流 I_5。已知 $U_S = 12$ V，$R_1 = R_2 = 5$ Ω，$R_3 = 10$ Ω，$R_4 = 5$ Ω，$R_5 = 10$ Ω。

图 2-18 【例 2-9】电路

解：将 R_5 支路从 a、b 处断开，从而得到图 2-18(b)所示的含独立电源的二端网络。用戴维南定理求其等效电路，其开路电压 U_o 可由图 2-18(b)求得
$$I_1 = U_S/(R_1 + R_2) = 12 \text{ V}/(5 \text{ Ω} + 5 \text{ Ω}) = 1.2 \text{ A}$$
$$I_2 = U_S/(R_3 + R_4) = 12 \text{ V}/(10 \text{ Ω} + 5 \text{ Ω}) = 0.8 \text{ A}$$
$$U_o = R_2 I_1 - R_4 I_2 = 5 \text{ Ω} \times 1.2 \text{ A} - 5 \text{ Ω} \times 0.8 \text{ A} = 2 \text{ V}$$
（或 $U_o = R_3 I_2 - R_1 I_1 = 10 \text{ Ω} \times 0.8 \text{ A} - 5 \text{ Ω} \times 1.2 \text{ A} = 2$ V）

等效电源的内阻可由图 2-18(c)求得
$$R_o = R_1 R_2/(R_1 + R_2) + R_3 R_4/(R_3 + R_4)$$
$$= 5 \text{ Ω} \times 5 \text{ Ω}/(5 \text{ Ω} + 5 \text{ Ω}) + 10 \text{ Ω} \times 5 \text{ Ω}/(10 \text{ Ω} + 5 \text{ Ω}) = 2.5 + 3.3 \text{ Ω} = 5.8 \text{ Ω}$$

最后，由图 2-18(d)可求得
$$I_5 = U_o/(R_o + R_5) = 2 \text{ V}/(5.8 \text{ Ω} + 10 \text{ Ω}) = 0.127 \text{ A}$$

知识拓展：诺顿定理

知识拓展：含有受控源电路的分析

仿真训练

直流电路的分析方法与组成电路的元件、电源和电路结构有关，但其基本分析方法是相同的，主要有电路的等效变换分析法和电路的网络方程分析法。等效变换分析法可以将一个复杂的电路变换为简单电路，如电压源与电流源的等效变换、叠加定理和戴维南定理等。网络方程分析法是通过选择电路中的变量来建立电路的网络方程，进而获得电路

中各节点的电压和各支路电流,如支路电流法、网孔电流法、回路电流法和节点电位法等。

本节主要介绍 Multisim 11.0 仿真软件在直流电路分析中的应用。在 Multisim 11.0 中,有多种方法可测量电路中各节点的电位及各支路的电流值,如可以利用测量器件库中的电压表和电流表进行测量,也可以用测量仪器库中的数字万用表进行测量,或者用测量仪器库中的测量探针进行探测,还可以直接对电路进行直流工作点分析。

仿真训练 1　电压源与电流源的等效变换仿真

一、仿真目的

(1) 学会 Multisim 中的电压源与电流源等效变换的电路分析方法;
(2) 通过仿真训练,进一步理解电压源与电流源的概念与外部特性;
(3) 进一步掌握电压源与电流源进行等效变换的条件;
(4) 进一步理解实际电压源与理想电压源的区别及实际电流源与理想电流源的区别。

二、仿真原理

理想电压源是指能输出恒定电压的电源,输出电压的大小 U 与负载的大小无关,输出的电流 I 可以是 $0 \to \infty$ 的任意值,完全由外电路的负载决定。理想电流源是指能输出恒定电流的电源,输出电流的大小 I 与负载的大小无关,输出的电压 U 可以是 $0 \to \infty$ 的任意值,完全由外电路的负载决定。理想电压源与理想电流源在实际中并不存在,但一个实际电源可以用理想电压源 U_S 与电阻 R_S 串联的电压源表示,也可以用理想电流源 I_S 与电阻 R_S 并联的电流源表示。电压源与电流源都是用来表示一个实际电源的,所以它们之间可以进行等效变换,其等效变换的条件为 $U_S = I_S R_S$ 或 $I_S = U_S / R_S$。

三、仿真内容与步骤

1. 仿真内容

利用仿真软件分析图 2-19 所示电压源电路与图 2-20 所示电流源电路之间的等效变换关系。图中电压源的内阻和电流源的内阻均为 1 kΩ,负载均为可调电阻。在负载为任一值时,只要这两个电路中的负载电流与负载上的电压均相等,就说明在这两个电路中,电压源与电流源是等效的。

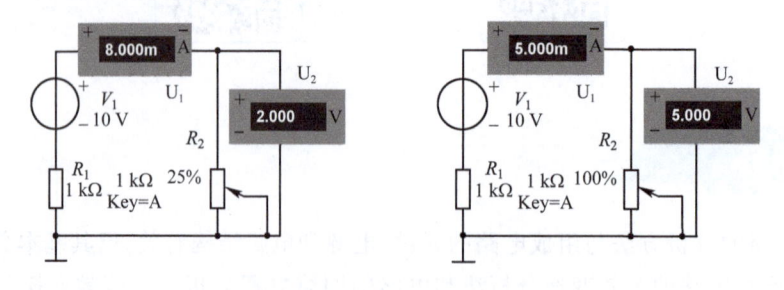

图 2-19　电压源仿真实验电路

2.仿真步骤

(1)在 Multisim 11.0 软件窗口中,按图 2-19 连接电压源仿真实验电路,其中电压源的电压设置为 10 V,电压源内阻设置为 1 kΩ。外电路为 1 kΩ 可调电位器(从基本元件库的电位器库 POTENTIOMETER 中选取),在外电路中接入电流表和电压表。

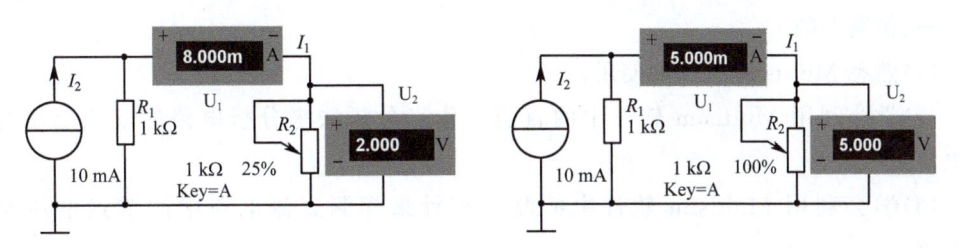

图 2-20 电流源仿真实验电路

(2)单击仿真"运行/停止"开关,并通过键盘按键(A 或 Shift+A)调节电位器阻值的百分比,使阻值分别为 0 Ω,250 Ω,500 Ω,750 Ω,1 kΩ,将所测得的电流值与电压值记录在表 2-1 中。

表 2-1　　　　　　　　　　电压源仿真数据记录表

可调电位器/Ω	0	250	500	750	1 k
外电路电流/mA					
外电路电压/V					

(3)按图 2-20 连接电流源仿真实验电路。根据电压源与电流源等效变换的条件,取电流源的电流为 10 mA,电流源内阻仍为 1 kΩ。外电路的可调电位器与电流表、电压表的接入方法与图 2-19 相同。

(4)单击仿真"运行/停止"开关,并通过键盘按键调节电位器阻值的百分比,使阻值分别为 0 Ω,250 Ω,500 Ω,750 Ω,1 kΩ,将所测得的电流值与电压值记录在表 2-2 中。

表 2-2　　　　　　　　　　电流源仿真数据记录表

可调电位器/Ω	0	250	500	750	1 k
外电路电流/mA					
外电路电压/V					

(5)比较两个电路中的电压与电流数据,可以看出符合等效变换条件($U_S = I_S R_S$)的电压源与电流源对外电路是等效的。改变电位器为任一值,两电路都有相同结果。

四、思考题

(1)利用测量探针来测量图 2-19 和图 2-20 电路中 R_2 上的电压与电流。

(2)理想电压源与理想电流源是否能够等效变换?为什么?

仿真训练 2　　支路电流与节点电压分析仿真

一、仿真目的

(1) 熟悉 Multisim 软件的使用；

(2) 学会利用 Multisim 软件中的直流工作点分析法来分析电路的节点电压与支路电流；

(3) 学会利用 Multisim 软件中的测量探针来探测直流电路中的节点电压与支路电流。

二、仿真原理

(1) 直流电路的分析方法是通过节点电压法、网孔电流法、支路电流法等列出电路方程，然后通过分析计算获得各节点的电压和各支路的电流。

(2) 在 Multisim 11.0 中，对于电路中各节点的电压与各支路电流的大小，除了可以利用电压表和电流表来测量外，还可以利用探针测量或直流工作点分析的方法获得。

三、实验内容与步骤

1. 仿真内容

利用 Multisim 11.0 中的测量探针，探测图 2-21 中各支路电流的大小。利用仿真软件中的直流工作点分析法，对图 2-22 所示电路中的节点电压和支路电流进行仿真分析。

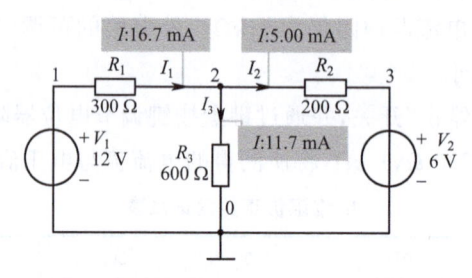

图 2-21　直流电路支路电流测量仿真实验电路

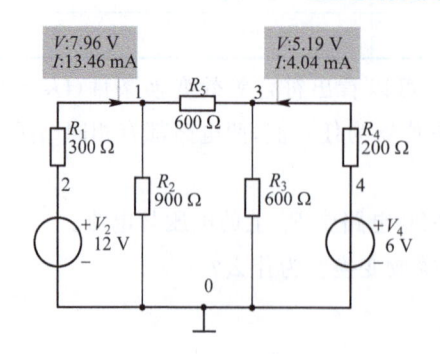

图 2-22　节点电压法仿真实验电路

2. 仿真步骤

(1)在 Multisim 11.0 软件窗口中建立如图 2-21 所示的直流电路支路电流测量仿真实验电路。

(2)在仪器库(Instruments)中选取测量探针(Measurement Probe)接入图 2-21 电路中的三条支路,如电路中的箭头所示,双击测量探针,弹出探针属性(Probe Properties)选项面板,单击测量参数(Parameters),在显示(Show)项目栏中将不需显示的选项单击为 NO,只保留电流 I 选项为测量参数,单击 OK 完成测量探针的选项设置。

(3)单击仿真"运行/停止"开关,显示三条支路的电流值,如图 2-21 所示。该仿真测量的结果与用支路电流法列出该电路的支路电流方程后所计算的结果相同。

(4)将图 2-21 电路中的 R_3 值改为 800 Ω,观察各支路电流的变化情况,将所得数据填入表 2-3 中。并验证 KCL 和 KVL。

表 2-3　　　　　　　用测量探针测试支路电流的数据记录表

仿真项目	I_1/mA	I_2/mA	I_3/mA	计算:$\sum I=?$ $(I_1-I_2-I_3=?)$	计算:$\sum U=?$ $(300I_1+800I_3-12=?)$	计算:$\sum U=?$ $(200I_2+6-800I_3=?)$
仿真结果						

(5)在 Multisim 11.0 软件窗口中建立如图 2-22 所示的实验电路,并确定接地参考点。待测的两个独立节点电位分别为 V_1 和 V_3。

(6)利用直流工作点分析法进行仿真实验。在菜单中选择 Simulate/Analysis/DC Operating Point Analysis,弹出直流工作点分析设置窗口,在设置窗口的左边选择电路中所要进行分析的变量(各节点电压或支路电流),通过单击"Add"按钮将该变量添加到右边输出窗口中,作为分析结果的输出。本实验中选取了节点 1 和节点 3 的电压和两个支路电流作为分析结果的输出。

(7)在直流工作点分析设置窗口中,单击仿真"运行/停止"开关,即可得到如图 2-22 右边所示的仿真结果。两个节点的电压及两个支路的电流用列表的方式显示出来。

(8)利用测量探针接入图 2-22 电路中的支路 1 和支路 3,按下仿真"运行/停止"开关后同样可显示节点 1 和节点 3 的电压值及支路 1 和支路 3 的电流值,如图 2-22 所示。

(9)将图 2-22 电路中 R_5 的值改为 1 kΩ,利用直流工作点分析方法,将所得的有关电压和电流的数据记录在表 2-4 中。

表 2-4　　　　　　　直流工作点仿真数据记录表

仿真项目	V_1/V	V_2/V	I_1/mA	I_2/mA
仿真结果				

四、思考题

(1)将图 2-21 所示电路的三条支路电流的测量值与计算值进行比较,情况如何?

(2)在图 2-22 中,将支路 3 的测量探针的方向反过来(向右),则该支路探测点的电压与电流数据的变化情况如何?

仿真训练 3　叠加定理仿真

一、仿真目的
(1) 加深对叠加定理内容的理解；
(2) 加深对叠加定理适用范围的认识。

二、仿真原理
(1) 叠加定理是线性电路的一个重要定理，体现了线性电路的基本性质，为分析和计算复杂电路提供了新的、更加简便的方法。

(2) 对于含有多个电源的线性电路，任何一条支路中的电流或电压，都可以看成由各个独立电源单独作用，在此支路中所产生的电流或电压的代数和，就是叠加定理。

(3) 所谓某一电源单独作用，是指其他电源不作用，即电压源输出的电压为 0，电流源输出的电流为 0，但须保留其内阻。对于理想电压源（内阻为 0），输出电压为 0 即短路；对于理想电流源（内阻为∞），输出电流为 0 即开路。

三、仿真内容及步骤

1. 仿真内容

利用仿真软件对图 2-23(a) 所示电路进行仿真分析，根据叠加定理求各支路中的电流，说明叠加定理的正确性。

(a) 2个电源同时作用　　(b) 12 V电源单独作用　　(c) 6 V电源单独作用

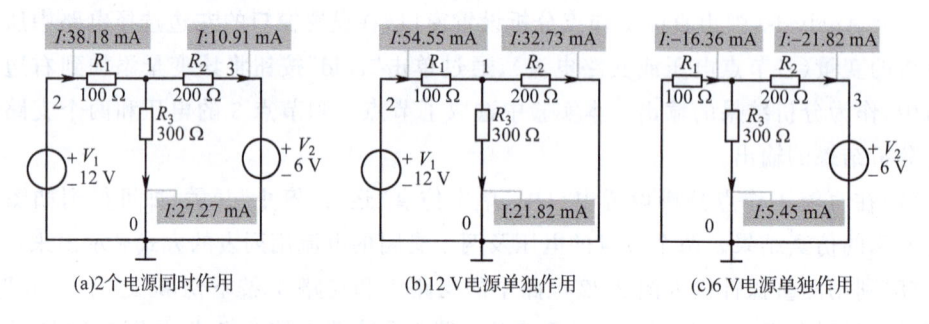

图 2-23　叠加定理仿真实验电路

2. 仿真步骤

(1) 按图 2-23(a) 在 Multisim 11.0 软件窗口中连接具有两个电压源同时作用的仿真实验电路。

(2) 在各支路中接入测量探针，如电路中的箭头所示，双击测量探针，选择其测量参数为电流 I，单击仿真"运行/停止"开关，测得各支路的电流值如图 2-23(a) 所示。

(3) 去掉 6 V 电压源并将该支路短路，得图 2-23(b) 所示电路，单击仿真"运行/停止"开关，测得 12 V 电压源单独作用时的各支路电流值如图 2-23(b) 所示。

(4) 按图 2-23(c) 所示连接电路，单击仿真"运行/停止"开关，得到 6 V 电压源单独作用时的各支路电流值如图 2-23(c) 所示。

(5)根据表 2-5 中的仿真结果,分析叠加定理的正确性。

表 2-5　　　　　　　　叠加定理仿真数据记录表

电源作用	R_1 支路的电流值	R_2 支路的电流值	R_3 支路的电流值
两个电源同时作用时			
12 V 电源单独作用时			
6 V 电源单独作用时			

四、思考题

(1)在图 2-23 的三个电路中,分别用电压表测量三个电阻上的电压,验证叠加定理的正确性。

(2)用直流工作点分析法对图 2-23 的三个电路进行仿真分析。根据分析结果验证叠加定理的正确性。

仿真训练 4　戴维南定理仿真

一、仿真目的

(1)学习测量有源二端网络的开路电压 U_o 与无源二端网络的等效电阻 R_o 的方法;

(2)验证戴维南定理的正确性。

二、仿真原理

(1)戴维南定理是求解有源线性二端网络等效电路的一种方法。戴维南定理的内容:任何一个含有电源的线性二端网络 N,对外电路而言,总可以用一个串联电阻的电压源来代替。电压源的电压等于该二端网络 N 的开路电压 U_o,电压源的内阻等于该二端网络除去电源后的无源网络 N_o 的等效电阻 R_o。

(2)在戴维南等效电路中,电压源的电压 U_o 可用电压表直接测量端口之间的开路电压获得,电压源的内阻 R_o 可通过直接用数字万用表测量无源网络 N_o 端口之间的电阻获得,也可以由有源二端网络的开路电压 U_o 与短路电流 I_S 的比值求得($R_o = U_o / I_S$)。

三、仿真内容与步骤

1. 仿真内容

利用电路仿真软件对图 2-24(a)所示电路进行仿真分析,根据戴维南定理求负载 R_4 中的电流和两端的电压,并说明戴维南定理的正确性。

2. 仿真步骤

(1)在 Multisim 11.0 软件窗口中按图 2-24(a)连接电路,在有源二端网络的输出端并联接入电压表,在外电路负载 R_4 回路中串联接入电流表,外电路 R_4 选用 1 kΩ 可调电位器。为了控制外电路的通断,需接入一开关,该开关在基本元件库中选取(在 Place Basic 中选 Switch),开关的通断可由按键(空格键 Space)进行切换。

(2)单击仿真"运行/停止"开关,按下 A 键,调节负载电位器为 50%(500 Ω),通过空

52　电路分析基础

(a)有源二端网络仿真实验电路　　　　　　　　(b)戴维南等效仿真实验电路

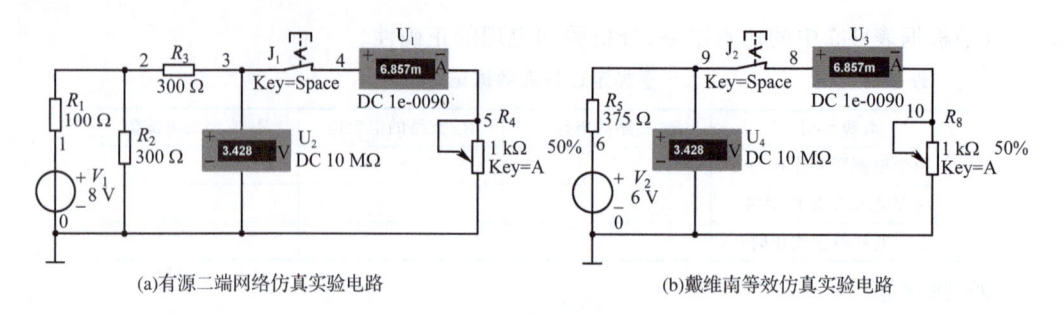

图 2-24　戴维南定理仿真实验电路

格键(Space)接通外电路的控制开关,测得负载中的电流值 I 和两端的电压值 U 如图 2-24(a)所示。

(3)按空格键,打开外电路控制开关,测得有源二端网络的开路电压 U_o。

(4)按下组合键(Shift+A)调节负载为 0%(0 Ω)或用短路线将负载短路,接通控制开关,测量负载的短路电流 I_S。

(5)根据开路电压与短路电流求出 $R_o = U_o/I_S$。

(6)由步骤(3)和步骤(5)得到的 U_o 与 R_o 建立戴维南等效电压源电路,外接负载仍为 1 kΩ 可调电位器,戴维南等效仿真实验电路如图 2-24(b)所示。

(7)重复仿真实验步骤(2),测得负载中的电流值 I 和两端的电压值 U,将所得数据填入表 2-6 中。

表 2-6　　　　　　　　　　　戴维南定理仿真数据记录表

负载为 50% (500 Ω)	负载两端 电压 U/V	负载中的 电流 I/mA	开路电压 U_o/V	短路电流 I_S/mA	计算内阻 $R_o(=U_o/I_S)$/Ω	测量内阻 R_o/Ω
有源二端网络电路						
戴维南等效电路						

(8)将步骤(2)有源二端网络仿真实验的测量结果与步骤(7)戴维南等效仿真实验电路的测量结果进行比较,可以发现两者结果相同。若调节负载的大小,可观察到两个电路中电压与电流的变化依然一致,从而说明了戴维南定理的正确性。

(9)利用数字万用表测量无源二端网络的等效电阻。在图 2-24(a)中除去 8 V 电压源和负载(8 V 电压源用短路线连接),并除去电压表与电流表,得到相应的无源二端网络。该无源二端网络为 100 Ω 电阻与 300 Ω 电阻并联后再与 300 Ω 电阻串联。

(10)从仪器库(Instruments)中选取数字万用表(Multimeter)接入该无源二端网络,双击数字万用表图标以打开其面板,选欧姆挡。单击仿真"运行/停止"开关,即可在数字万用表面板上显示该无源二端网络的等效电阻值。可观察到该阻值与步骤(5)的 R_o 计算值一致。

四、思考题

(1)在戴维南定理中,等效电压源的内阻 R_o 为什么可用开路电压 U_o 除以短路电流 I_S 进行计算?

(2)在有源二端网络与戴维南等效电路中,当负载从 0 变化到∞时,负载中的电流与负载两端的电压的变化情况是否一致?

仿真训练:
受控源特性仿真

仿真训练:
受控源电路仿真

技能训练

技能训练　叠加定理的验证

一、训练目的

(1)验证线性电路中电流和电压的叠加定理;
(2)加深对叠加定理正确性的认识。

二、训练原理

叠加定理指出,在多个独立电源作用的线性电路中,任一支路的电流或电压等于每个独立电源单独作用时,在该支路中所产生的电流或电压的代数和。

当一个电源单独作用时,其他电源应去掉,但必须保留其内阻。当实际电源(电池、发电机和稳压器等)的内阻很小可以忽略不计时,去掉电源后,该处可用导线短路;若是电流源,由于其内阻很大,则去掉电源时应将该处断开。

三、训练器材

0~30 V 双路可调直流电源(+9 V、+4 V)1 台,直流电流表(0~50 mA)3 只,电阻 100 Ω/1 W、200 Ω/1 W、300 Ω/1 W 各 1 只,数字万用表 1 只,连接导线若干。

四、训练内容及步骤

(1)按图 2-25(a)连接电路,并调节电源电压使 $U_1=9$ V,$U_2=4$ V。

(2)U_1 和 U_2 共同作用:根据图 2-25(a)中已标明的参考方向,测量 I_1、I_2、I_3 和 U_{R1}、U_{R2}、U_{R3},记入表 2-7 中。

(3)U_1 单独作用:将 U_2 短路(U_2 的内阻可以忽略),根据图 2-25(b)中标出的参考方向,测量 U_1 单独作用时的 I_1'、I_2'、I_3' 和 U_{R1}'、U_{R2}'、U_{R3}',记入表 2-7 中。

(4)U_2 单独作用:将 U_1 短路(U_1 的内阻可以忽略),根据图 2-25(c)中标出的参考方向,测量 U_2 单独作用时的 I_1''、I_2''、I_3'' 和 U_{R1}''、U_{R2}''、U_{R3}'',记入表 2-7 中。

(5)验证叠加定理:根据表 2-7 中的数据(注意正、负号),验证各支路的电流和电压是否符合叠加定理,并将叠加结果记入表 2-7 中。

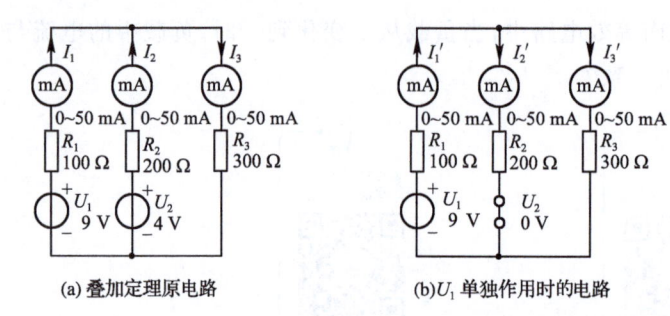

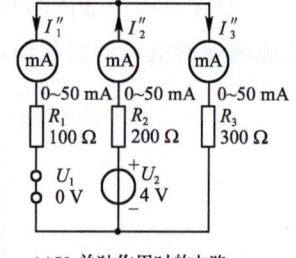

(a) 叠加定理原电路　　　　(b) U_1 单独作用时的电路　　　　(c) U_2 单独作用时的电路

图 2-25　叠加定理实验电路

表 2-7　　　　　　　　　　　测量结果记录表

测量值	项目					
	R_1 中电流/mA	R_2 中电流/mA	R_3 中电流/mA	R_1 端电压/V	R_2 端电压/V	R_3 端电压/V
U_1 和 U_2 共同作用	I_1	I_2	I_3	U_{R1}	U_{R2}	U_{R3}
U_1 单独作用	I_1'	I_2'	I_3'	U_{R1}'	U_{R2}'	U_{R3}'
U_2 单独作用	I_1''	I_2''	I_3''	U_{R1}''	U_{R2}''	U_{R3}''
U_1 和 U_2 分别作用的叠加结果						

(6) 将叠加的结果与步骤(2)中的 U_1 和 U_2 共同作用时的测量结果进行比较，计算其误差。

五、注意事项

(1) 注意电表的极性与测量结果的正负。

(2) 实验过程中防止电源短路。

六、思考题

(1) 电路中的功率计算是否可用叠加定理？为什么？

(2) 当用一只电灯泡来代替电路中的 R_3 时，是否可以用叠加定理来分析？为什么？

讨论笔记

1. 电路分析的定义？

2. 电路分析的方法有哪些？

3. 叠加定理的定义？

4. 戴维南定理的定义？

第2章小结

第2章 习题

（学号：_____ 班级：_____ 姓名：_____）

2-1 电路如图 2-26 所示，标出各电阻和各连接线中电流的方向，计算电路的总电阻和总电流。

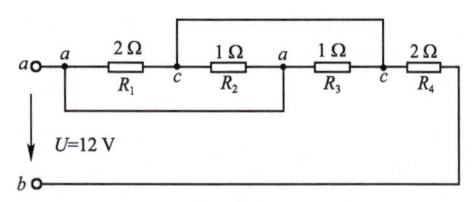

图 2-26 习题 2-1 图

2-2 三级分压电路（也叫衰减器）如图 2-27 所示，三个输出端开路，未接负载电阻。求：

(1) 三个输出电压 U_{10}、U_{20}、U_{30} 各为何值（可采用由后向前的倒推法计算：先设 U_{30}，再求出 U_i 与 U_{30} 的关系）。

(2) 三个电流 I_1、I_2、I_3 的值。

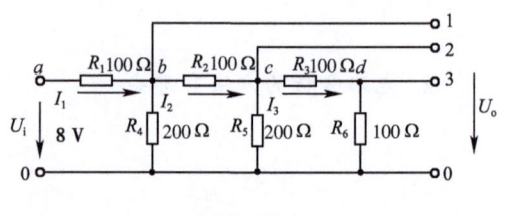

图 2-27　习题 2-2 图

2-3 计算图 2-28 所示电阻电路的等效电阻 R，并求电流 I 和 I_5。

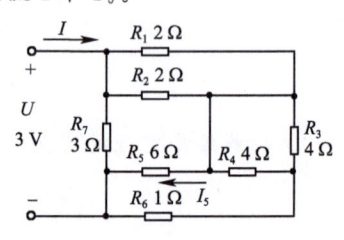

图 2-28　习题 2-3 图

2-4 电路如图 2-29 所示，试用电压源与电流源等效变换的方法计算理想电压源 U_1 的输出电流 I_1。

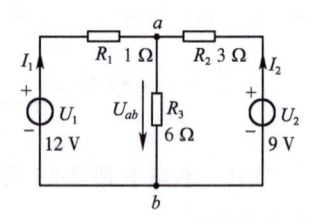

图 2-29　习题 2-4 图

第 2 章　直流电路的分析

2-5　电路如图 2-30 所示,试用电压源与电流源等效变换的方法求 R_3 中的电流 I_3。

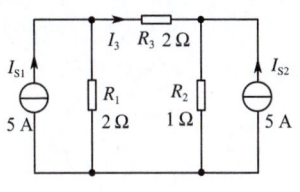

图 2-30　习题 2-5 图

2-6　电路如图 2-31 所示,试用支路电流法求各支路中的电流。

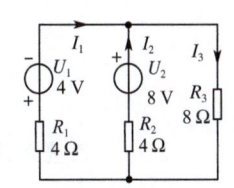

图 2-31　习题 2-6 图

2-7　电路如图 2-32 所示,试用支路电流法求各支路电流和各电源的输出功率。

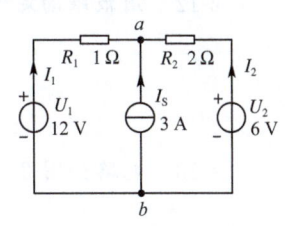

图 2-32　习题 2-7 图

2-8　电路如图 2-33 所示,用节点电压法求 a 点电位及各支路电流。

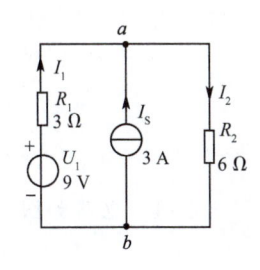

图 2-33　习题 2-8 电路

2-9 电路如图 2-34 所示，用节点电压法求 a 点电位及各支路电流。

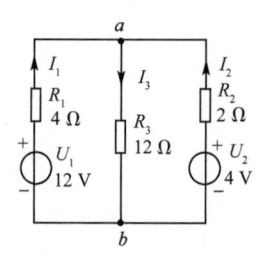

图 2-34 习题 2-9 电路

2-10 用叠加定理计算图 2-33 所示电路（习题 2-8）中的各支路电流。

2-11 用叠加定理计算图 2-34 所示电路（习题 2-9）中的各支路电流。

2-12 用戴维南定理计算图 2-34 所示电路（习题 2-9）R_3 支路中的电流 I_3。

2-13 电路如图 2-35 所示，已知电阻如图中所示，用戴维南定理求电流 I_0。

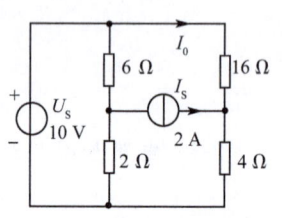

图 2-35 习题 2-13 电路

2-14 电路如图 2-36 所示，用戴维南定理求电流 I_5。

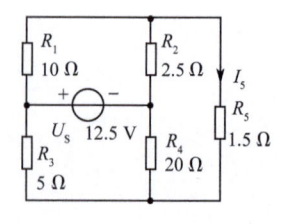

图 2-36 习题 2-14 电路

第 3 章

正弦交流电路的基本概念

学习导航

✅ 学习目标：

- ◆ 了解正弦交流电路的实际应用；
- ◆ 理解正弦交流电的三要素；
- ◆ 掌握正弦量的相量表示法，能够画正弦量的相量图及进行相量运算；
- ◆ 掌握正弦交流电路中 R、L、C 基本电路元件的欧姆定律的相量表达形式；
- ◆ 理解 R、L、C 基本电路元件的复阻抗概念；
- ◆ 懂得 R、L、C 元件的阻抗与频率的关系，电压与电流的相位关系；
- ◆ 掌握瞬时功率、有功功率和无功功率的概念；
- ◆ 引导学生运用不同方法分析问题、解决问题。

✅ 学习重点：

- ◆ 正弦量的三要素；
- ◆ 正弦量的相量表示法；
- ◆ R、L、C 元件上欧姆定律的相量表达形式；
- ◆ R、L、C 元件的复阻抗概念；
- ◆ R、L、C 元件的有功功率、无功功率的计算。

✅ 学习难点：

- ◆ R、L、C 元件上欧姆定律的相量表达形式及复阻抗概念的理解；
- ◆ L、C 元件的阻抗与频率的关系、电压与电流的相位关系的理解。

✅ 参考学时：

6~8 学时

第3章思维导图

3.1 正弦交流电的基本概念

3.1.1 正弦交流电的定义

1. 直流电

电压或电流的大小和方向均不随时间发生变化,如图 3-1(a)所示。日常使用的电池、蓄电池等电源都是直流电。直流电的表示符号为 DC 或 dc。

2. 交流电

电压或电流的大小和方向均随时间发生周期性变化,如图 3-1(b)、图 3-1(c)、图 3-1(d) 所示均为交流电压。

3. 正弦交流电

随时间按正弦规律变化的电压和电流,称为正弦电压和正弦电流,也称正弦量,如图 3-1(b)所示。正弦交流电是交流电中最基本、最常用的一种,为简便起见,有时就将正弦交流电简称为交流电,并记为 AC 或 ac。

(a) 直流电　　(b) 正弦交流电　　(c) 脉冲波　　(d) 三角波

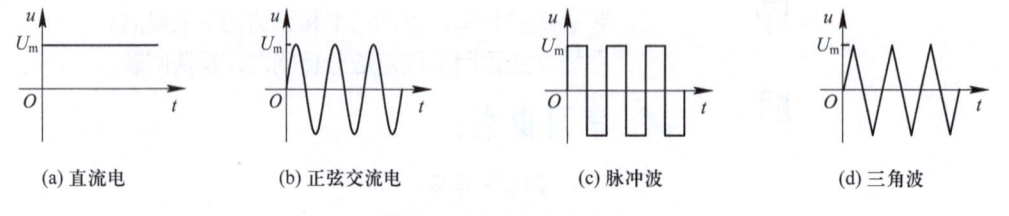

图 3-1　直流电和交流电

考虑到传输、分配和应用电能方面的便利性和经济性,在生产和生活中使用的电能,几乎都是交流电能,即使是电解、电镀、电信等行业需要直流供电,大多数也是将交流电能通过整流装置变换成直流电能。

3.1.2 正弦交流电的三要素

在分析正弦交流电路时,首先要写出正弦交流电量的数学表达式,画出它的波形图。为此,必须像直流电路那样,预先设定正弦交流电量的参考方向。如图 3-2(a)所示是一段电路上流过的正弦电流 i,其参考方向如箭头所示。正弦电流 i 的波形图如图 3-2(b)所示。当 i 的实际方向与参考方向一致时,i 为正值,对应波形图的正半周;当 i 的实际方向与参考方向相反时,i 为负值,对应波形图的负半周。同分析直流电路一样,在分析交流电路时,一般习惯将电压和电流选取为关联参考方向。

(a)电流的参考方向　　(b)横坐标用 t 表示的波形图　　(c)横坐标用 ωt 表示的波形图

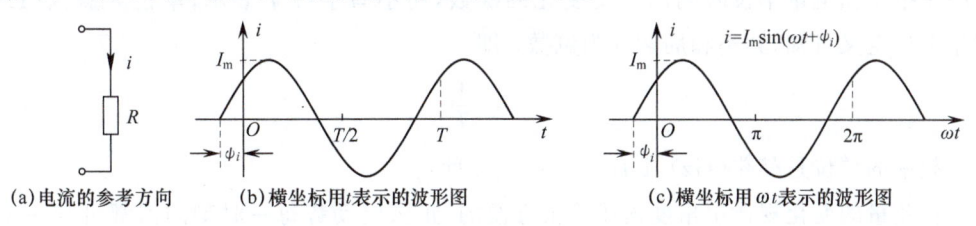

图 3-2　正弦电流的参考方向和波形图

在交流电的波形图中,横坐标既可以用时间 t(秒,s)表示,也可以用电角度 ωt(弧度,rad)来表示,将图 3-2(b)横坐标上的各值乘上 ω(ω 称为角频率)后即得图 3-2(c),电路分析中的波形图一般都采用如图 3-2(c)所示的横坐标用 ωt 表示的波形图。与波形图相对应的正弦电流的数学表达式为

$$i = I_m \sin(\omega t + \psi_i) \tag{3-1}$$

式(3-1)称为正弦电流的瞬时值表达式。正弦电量在任意瞬间的值称为瞬时值,用小写字母表示,如用 i、u 和 e 分别来表示正弦电流、正弦电压和正弦电动势的瞬时值。利用瞬时值表达式可以计算出任意时刻正弦电量的数值。将瞬时值的正或负与假定的参考方向相比较,就可以确定该时刻正弦电量的实际方向。

正弦量的特征表现在变化的快慢、大小以及初始值三个方面,而它们分别由角频率 ω(或者频率 f 或者周期 T)、幅值 I_m(或者有效值 I)和初相位 ψ_i 来确定。从式(3-1)和图 3-2(c)可以看到:如果将 I_m、ω 和 ψ_i 这三个量值代入已选定的 sin 函数式中,则这个正弦量就被唯一地确定了。所以幅值 I_m、角频率 ω 和初相位 ψ_i 就称为确定一个正弦量的三要素。

1. 瞬时值、最大值、有效值

瞬时值:交流电在变化过程中任一时刻的值称为瞬时值。瞬时值是时间的函数,只有具体指出在哪一个时刻,才能求出确切的数值和方向。瞬时值规定用小写字母表示。例如正弦交流电压 u,其瞬时值为 $u = U_m \sin(\omega t + \psi_u)$。

最大值:正弦交流电波形图上的最大幅值便是交流电的最大值或幅值。它表示在一个周期内,正弦交流电能够达到的最大瞬时值。最大值规定用大写字母加下标 m 表示,例如 I_m、E_m 和 U_m 等。

有效值：交变电流的有效值是指在热效应方面和它相当的直流电的数值。表示符号也与直流电相同，用大写字母表示，电流有效值为 I，电压有效值为 U。正弦交流电的瞬时值是随时间变化的，计量时用正弦交流电的有效值来表示。工程上所说的交流电压、电流值大多为有效值，电器铭牌额定值指有效值，交流电表读数一般也是有效值。

2. 周期、频率、角频率

当发电机转子转一周时，转子绕组中的正弦交变电动势随之变化一周。把正弦交流电变化一周所需要的时间称为周期，即周期是指正弦电量变化一周所需要的时间，用大写字母 T 表示，单位为秒(s)。由于正弦电量变化一周相当于正弦函数变化 2π 弧度，所以频率是指正弦电量单位时间内重复变化的次数，用小写字母 f 表示，单位为赫兹(Hz)。根据上述定义可知，频率和周期互为倒数，即

$$f = \frac{1}{T} \tag{3-2}$$

频率的单位是赫兹(Hz)，$1\ \text{Hz} = 1\ \text{s}^{-1}$(1/秒)。

正弦量的变化规律用角度描述是很方便的，正弦电动势每一时刻的值都可与一个角度相对应。这个角度不表示任何空间角度，只是用来描述正弦交流电的变化规律，所以把这种角度称为电角度。

把交流电每秒经过的电角度称为角频率，用 ω 表示。角频率与频率、周期之间显然有如下的关系

$$\omega = \frac{2\pi}{T} = 2\pi f \tag{3-3}$$

式(3-3)中的角频率 ω 又称为电角速度，表示在单位时间内正弦电量变化的弧度数，它是反映正弦电量变化快慢的物理量，其单位是弧度/秒(rad/s)。

周期、频率和角频率都是反映正弦电量变化快慢的物理量。从式(3-3)可以看出，三个量中只要知道一个，就可以求出其他两个物理量。

此外，在横坐标用时间 t 表示的图 3-2(b)中，由式(3-3)可见，当 $t = T/2$ 时，$\omega t = \pi$；当 $t = T$ 时，$\omega t = 2\pi$。由此可得用电角度 ωt 表示的波形，如图 3-2(c)所示。

例 3-1 我国电力系统的工业标准频率(称为工频)为 50 Hz，求其周期和角频率。

解：周期

$$T = \frac{1}{f} = \frac{1}{50\ \text{Hz}} = 0.02\ \text{s} = 20\ \text{ms}$$

角频率

$$\omega = 2\pi f = 2 \times 3.14 \times 50 = 314\ (\text{rad/s})$$

3. 相位、相位差

正弦交流电压 $u = U_m \sin(\omega t + \psi_u)$，它的瞬时值随着电角度 $(\omega t + \psi_u)$ 而变化。把正弦电量在任意瞬间的电角度称为相位角，简称相位。它反映了正弦电量随时间变化的进程，决定

正弦电量在每一瞬间的状态。显然,相位与所选的计时起点有关。当 $t=0$ 时,相位角为 ψ_u,称为初相位或初相角,简称初相。正弦电量在任意瞬间的相位都与初相位有关。

把两个同频率的正弦交流电的相位之差称为相位差。相位差表示两正弦量到达最大值的先后差距,用字母 φ 表示。假设两个同频率的正弦电压 $u_1 = U_{m1}\sin(\omega t + \psi_1)$, $u_2 = U_{m2}\sin(\omega t + \psi_2)$,则 u_1 与 u_2 之间的相位差为:

$$\varphi = (\omega t + \psi_1) - (\omega t + \psi_2) = \psi_1 - \psi_2 \tag{3-4}$$

可见,两个同频率的正弦交流电的相位差等于初相之差。相位差反映了两个同频率正弦信号在时间上的先后差异。

注意,求不同频率的正弦交流电之间的相位差没有意义,因为从式(3-4)明显看出,当 ω_1 与 ω_2 不相同时,φ 随着 t 的变化而变化。

通常相位差 φ 用小于 $180°$ 的角度表示,对于大于 $180°$ 的正相位差则转换成小于 $180°$ 的负相位。如果以 u_2 的初相为参考点,并且 $\psi_2 = 0$,则 u_1 与 u_2 之间的相位差就等于 u_1 的初相位。

两个同频率正弦量之间的相位差,可用超前、滞后、同相、反相、正交等关系来反映。例如,两个同频率的正弦交流电流分别为 $i_1 = I_{m1}\sin(\omega t + \psi_1)$, $i_2 = I_{m2}\sin(\omega t + \psi_2)$,则 i_1 与 i_2 的相位差 φ 关系是:

①若 $\varphi = \psi_1 - \psi_2 > 0$,则称 i_1 超前于 i_2,如图 3-3(a)所示;
②若 $\varphi = \psi_1 - \psi_2 < 0$,则称 i_1 滞后于 i_2,如图 3-3(b)所示;
③若 $\varphi = \psi_1 - \psi_2 = 0$,则称 i_1 和 i_2 同相,如图 3-3(c)所示;
④若 $\varphi = \psi_1 - \psi_2 = \pm 180°$,则称 i_1 和 i_2 反相,如图 3-3(d)所示;
⑤若 $\varphi = \psi_1 - \psi_2 = \pm 90°$,则称 i_1 和 i_2 正交,如图 3-3(e)所示。

综上所述,正弦交流电的最大值、角频率和初相位称为正弦交流电的三要素。三要素描述了正弦交流电量的大小、变化快慢和起始状态。当三要素确定后,就可以唯一地确定一个正弦交流电量。

通过以上的讨论可知,两个同频率的正弦量的计时起点($t=0$)不同时,它们的相位和初相位不同,但它们的相位差不变,即两个同频率的正弦量的相位差与计时起点无关。

例 3-2 两个同频率的正弦电压和电流分别为

$$u = 8\sin(\omega t + 80°) \text{ V}$$
$$i = 6\cos(\omega t + 20°) \text{ A}$$

求它们之间的相位差,并说明哪个超前。

解: 求相位差时要求两个正弦量的函数形式一致。故应将电流 i 改写成用正弦函数表示的形式(本书正弦量的标准形式选用 sin)。

$$i = 6\sin(\omega t + 20° + 90°) \text{ A} = 6\sin(\omega t + 110°) \text{ A}$$

相位差为

$$\varphi = \psi_u - \psi_i = 80° - 110° = -30°$$

所以,电流超前电压 $30°$,或者说电压滞后电流 $30°$。

（a）i_1超前于i_2（$\varphi>0$） （b）i_1滞后于i_2（$\varphi<0$） （c）i_1和i_2同相（$\varphi=0$）

（d）i_1和i_2反相（$\varphi=180°$） （e）i_1和i_2正交（$\varphi=90°$）

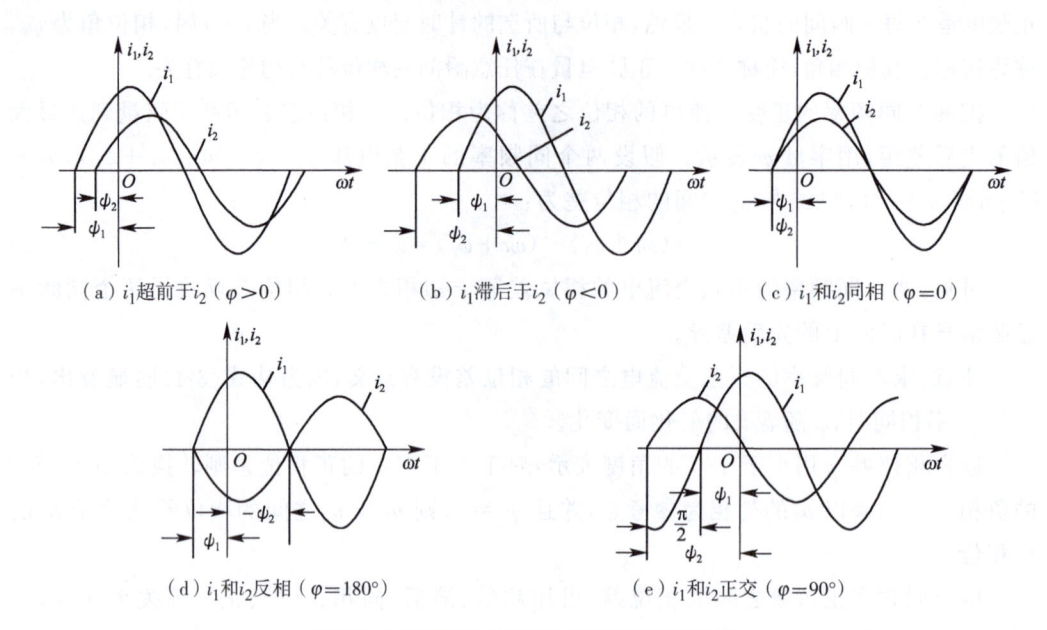

图 3-3 两个同频率的正弦交流电流的相位关系

3.1.3 正弦交流电的有效值

交变电流的有效值是指在热效应方面和它相当的直流电的数值。即在相同的电阻中，分别通入直流电流和交流电流，在一个交流电的周期（T）内，如果它们在该电阻上产生的热量 Q 相等，则称该直流电流的数值为交流电流的有效值。有效值规定用大写字母表示，例如 E、I 和 U。按上述定义

$$Q = I^2 RT = \int_0^T i^2(t) R \, dt$$

整理后可得交流电流的有效值

$$I = \sqrt{\frac{1}{T} \int_0^T i^2(t) \, dt} \tag{3-5}$$

可见，交流电流的有效值 I 等于电流 $i(t)$ 的平方在一个周期内的平均值的平方根值，即均方根值。该结论适用于任何波形的周期性的电压和电流。

如果正弦电流 $i = I_m \sin\omega t$，则其有效值和最大值之间的关系为

$$I = \sqrt{\frac{1}{T} \int_0^T I_m^2 \sin^2\omega t \, dt} = \sqrt{\frac{1}{T} \cdot \frac{I_m^2}{2} \int_0^T (1-\cos 2\omega t) \, dt} = \frac{I_m}{\sqrt{2}} = 0.707 I_m \tag{3-6}$$

同理可得正弦电压的有效值和最大值之间的关系为

$$U = \sqrt{\frac{1}{T} \int_0^T U_m^2 \sin^2\omega t \, dt} = \frac{U_m}{\sqrt{2}} = 0.707 U_m \tag{3-7}$$

所以，正弦交流电流的有效值是最大值的 $1/\sqrt{2}$ 倍。

在实际应用中,通常所说的交流电的电压或电流的数值均指的是有效值。交流电压表、电流表测量指示的电压、电流读数也都是有效值。只有在分析电气设备(或者电路元件)的绝缘耐压能力时,才用到最大值。

引入有效值后,正弦电压和电流的表达式也可写成如下形式

$$u = U_m \sin(\omega t + \psi_u) = \sqrt{2} U \sin(\omega t + \psi_u)$$

$$i = I_m \sin(\omega t + \psi_i) = \sqrt{2} I \sin(\omega t + \psi_i)$$

$$U = \frac{U_m}{\sqrt{2}} = 0.707 U_m$$

$$I = \frac{I_m}{\sqrt{2}} = 0.707 I_m$$

3.2 正弦交流电的相量表示法

前修知识:
复数概述

微课:
正弦量的相量表示

3.2.1 正弦量的相量表示法

1. 正弦量的相量表示

在正弦交流电路中,若直接用正弦量的瞬时值表达式进行各种分析与计算是非常烦琐的,如果用复数来表示正弦量,并用于正弦交流电路的分析与计算则非常简便。

由复数的概念可知,一个复数由模和辐角两个特征来确定。而正弦量由幅值、初相、频率三个要素来确定。但是,在线性元件组成的正弦交流电路中,当外加的正弦交流电源的频率一定时,电路中各部分的电流和电压也为正弦量,而且这些电流与电压的频率也都与电源的频率相同。因此,在分析电路的过程中,通常可以把频率这一要素当作已知量而不必考虑,只需对电路中的电流、电压的大小与初相角这两个要素进行分析计算,就可确定这些正弦量。

用复数表示正弦量时,复数的模即正弦量的幅值或有效值,复数的辐角即正弦量的初相角。

为了与一般的复数相区别,把表示正弦量的复数称为相量,并在大写字母上打"·"。

于是表示正弦电流 $i = \sqrt{2}I\sin(\omega t + \psi_i)$ 的相量表达式为

$$\dot{I} = I\mathrm{e}^{\mathrm{j}\psi_i} = I\underline{/\psi_i} \tag{3-8}$$

同理，正弦电压 $u = \sqrt{2}U\sin(\omega t + \psi_u)$ 的相量表达式为

$$\dot{U} = U\mathrm{e}^{\mathrm{j}\psi_u} = U\underline{/\psi_u} \tag{3-9}$$

注意：相量只是表示正弦量，而不是等于正弦量，而且正弦量变化的频率在相量中也无法反映，因此正弦量与相量之间不能画等号。

式(3-9)中的 j 是复数的虚数单位，即 $\mathrm{j} = \sqrt{-1}$，并由此可得 $\mathrm{j}^2 = -1$，$1/\mathrm{j} = -\mathrm{j}$。另外，$\mathrm{e}^{\mathrm{j}\psi} = \cos\psi + \mathrm{j}\sin\psi$（欧拉公式），并得 $\mathrm{e}^{\mathrm{j}90°} = \mathrm{j}$，$\mathrm{e}^{-\mathrm{j}90°} = -\mathrm{j}$。

2. 相量图及相量运算

按照各个正弦量的大小和相位关系画出的若干个相量的图形，称为相量图。在相量图上能够形象地看出各个正弦量的大小及相互间的相位关系。因此表示正弦量的相量有两种形式：相量式（复数式）和相量图。

但在相量图中应注意两点：一是只有正弦量才能用相量表示，相量不能表示非正弦量；二是在同一相量图中，各相量所表示的正弦电量必须是同频率的正弦量。只有同频率的正弦量，才能对各个正弦量进行相位关系的比较。在同一个相量图中不能表示不同频率的正弦量。

例 3-3 已知正弦电压 $u = 141\sin(\omega t + 60°)$ V，正弦电流 $i = 14.14\sin(\omega t - 60°)$ A。(1)写出 u 和 i 的相量；(2)画出相量图，说明它们之间的相位关系。

解：(1) u 和 i 的相量为

电压相量 $\quad\quad\quad \dot{U} = 100\mathrm{e}^{\mathrm{j}60°} = 100\underline{/60°}$ V

电流相量 $\quad\quad\quad \dot{I} = 10\mathrm{e}^{-\mathrm{j}60°} = 10\underline{/-60°}$ A

(2)它们的相量图如图 3-4 所示。从相量图上可以看出，u（电压）在相位上超前 i（电流）120°。

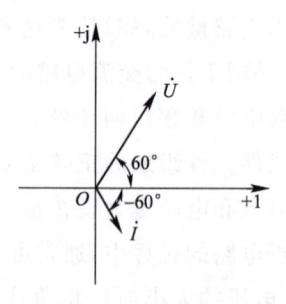

图 3-4 【例 3-3】相量图

例 3-4 已知 $i_A + i_B + i_C = 0$，$i_B = 4\sqrt{2}\sin(\omega t + 120°)$ A，$i_C = 4\sqrt{2}\sin(\omega t - 120°)$ A。(1)求 i_A；(2)画出相量图。

解：根据 i_B 和 i_C 的瞬时值表达式可写出其相量表达式为

$$\dot{I}_B = 4\underline{/120°} = 4\cos120° + j4\sin120° = -2+j3.464 \text{ A}$$
$$\dot{I}_C = 4\underline{/-120°} = 4\cos(-120°) + j4\sin(-120°) = -2-j3.464 \text{ A}$$

因为 $i_A = -(i_B + i_C)$

所以
$$\dot{I}_A = -(\dot{I}_B + \dot{I}_C)$$
$$= -[(-2+j3.464)+(-2-j3.464)]$$
$$= 4-j\times 0$$
$$= 4\underline{/0°} \text{ A}$$

则电流 i_A 的瞬时值表达式为

$$i_A = -(i_B + i_C) = 4\sqrt{2}\sin\omega t \text{ A}$$

相量图如图 3-5 所示。

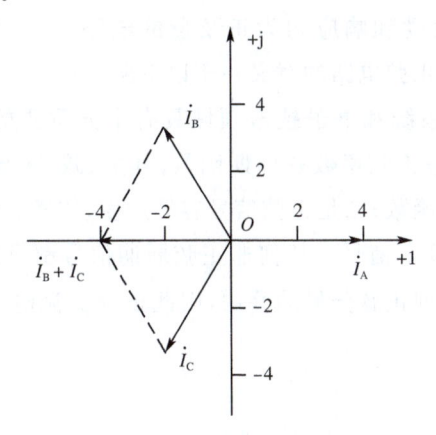

图 3-5 【例 3-4】相量图

3.2.2 电路基本定律的相量表示形式

1. 基尔霍夫电流定律(KCL)的相量表示形式

由基尔霍夫电流定律可知：任一时刻，对正弦电路中任一节点而言，流入(或流出)该节点的各支路电流瞬时值的代数和为零，即 $\sum i = 0$。

在正弦交流电路中由于各个电流都是同频率的正弦量，只是初相位和最大值不同，所以根据正弦电流 i 的和差与它们的相量 $\dot{I}$ 和差的对应关系，可以得出：任一时刻，对正弦电路中任一节点，流入(或流出)该节点的各支路电流相量的代数和为零，即

$$\sum \dot{I} = 0 \tag{3-10}$$

式(3-10)称为基尔霍夫电流定律的相量表示形式。

2. 基尔霍夫电压定律(KVL)的相量表示形式

由基尔霍夫电压定律可知，对于电路中任一回路而言，沿该回路绕行一周，各段电路

电压瞬时值的代数和为零,即 $\sum u = 0$。同理可以得出基尔霍夫电压定律(KVL)的相量表示形式:对于正弦电路中任一回路而言,沿该回路绕行一周,各段电压相量的代数和为零,即

$$\sum \dot{U} = 0 \tag{3-11}$$

式(3-11)称为基尔霍夫电压定律的相量表示形式。

3.3 正弦交流电阻电路

正弦交流电路是指激励和响应均为正弦量的电路(正弦稳态电路),简称正弦电路。研究正弦电路的意义在于以下两点:

(1)正弦电路在电力系统和电子技术领域具有十分重要的地位。正弦信号有两个优点:一是正弦函数是周期函数,其加、减、求导、积分运算后仍是同频率的正弦函数;二是正弦信号容易产生、传送和使用。

(2)正弦信号是一种基本信号。任何非正弦周期信号都可以分解为按正弦规律变化的一系列正弦分量的叠加,因此正弦交流电路的分析是非正弦交流电路分析的基础。

3.3.1 电阻元件

电阻元件简称电阻,用 R 表示。如果电阻元件的伏安特性曲线在直角坐标平面上是一条通过坐标原点的直线,则称该电阻为线性电阻。线性电阻两端的电压和流过它的电流之间的关系服从欧姆定律

$$u = iR$$

3.3.2 含电阻元件的正弦交流电路

1. 电压与电流关系

在交流电路中,通过电阻元件的电流和它两端的电压在任意瞬间都遵循欧姆定律。在图3-6(a)所示的只含有电阻元件 R 的交流电路中,电压、电流的参考方向如图所示。

假设在电阻元件两端加上正弦交流电压

$$u = U_m \sin\omega t = \sqrt{2}U\sin\omega t$$

按图3-6(a)所示电压、电流的参考方向,则电路的电流为

第3章　正弦交流电路的基本概念　69

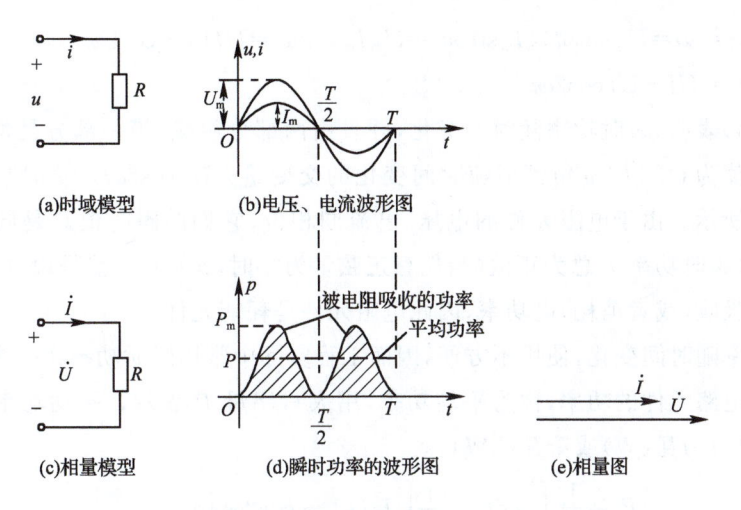

(a)时域模型　(b)电压、电流波形图

(c)相量模型　(d)瞬时功率的波形图　(e)相量图

图3-6　正弦交流电路中电阻元件上的电压、电流和功率关系

$$i = \frac{u}{R} = \frac{U_m}{R}\sin\omega t = \frac{\sqrt{2}U}{R}\sin\omega t = I_m\sin\omega t \tag{3-12}$$

式(3-12)说明：电阻元件中电流和其两端的电压是同频率的正弦量，并且有如下的电压、电流关系

$$I = \frac{U}{R}, I_m = \frac{U_m}{R}$$

电压与电流同相位，即 $\psi_u = \psi_i$，相位差 $\varphi = \psi_u - \psi_i = 0$，电压、电流波形图如图3-9(b)所示。

综上所述，可得电阻元件电压和电流之间的相量关系式

$$\dot{I} = \frac{\dot{U}}{R}, \dot{I}_m = \frac{\dot{U}_m}{R} \tag{3-13}$$

式(3-13)同时表示了电压和电流之间的数值与相位关系，称为欧姆定律的相量表示形式，相应的相量图如图3-6(e)所示。根据式(3-13)，图3-6(a)的时域模型可用图3-6(c)的相量模型来表示，即电压、电流用相量表示，而电阻不变。

例 3-5 把一个 100 Ω 的电阻元件接入频率为 50 Hz、电压有效值为 220 V 的正弦交流电源上，问电流是多少？若保持电压值不变，而电源频率变为 5 kHz，这时电流将为多少？

解：因为电阻与频率无关，所以电压有效值保持不变时，两种情况下的电流有效值相等，即

$$I = \frac{U}{R} = \frac{220 \text{ V}}{100 \text{ Ω}} = 2.2 \text{ A}$$

2. 功率

在交流电路中，通过电阻元件的电流及其两端的电压都是交变的，电阻吸收的功率也必然是随时间变化的。把电阻在任一瞬间所吸收的功率称为瞬时功率，用小写字母 p 表示，设 u、i 为关联参考方向，则瞬时功率等于同一时刻电压和电流瞬时值的乘积，即

$$p = ui = U_m \sin\omega t \times I_m \sin\omega t = U_m I_m \sin^2\omega t = UI(1-\cos2\omega t)$$
$$= UI - UI\cos2\omega t \tag{3-14}$$

式(3-14)表明,瞬时功率随时间变化,并且由两部分组成:第一部分是恒定值 UI,第二部分是幅值为 UI 以 2ω 角频率随时间变化的交变量 $-UI\cos2\omega t$。瞬时功率的波形图如图3-6(d)所示。由于电阻元件的电压、电流同相位,它们的瞬时值总是同时为正或同时为负,所以瞬时功率 p 总为正值(当任意正弦量为零时,$p=0$)。就是说,电阻元件在每一瞬间都在吸收(或者消耗)电功率,因此电阻元件是耗能元件。

瞬时功率随时间变化,使用不方便,因而工程实际中常用瞬时功率在一个周期内的平均值来表示电路元件的功率,称为平均功率,用大写字母 P 表示。平均功率又称为有功功率,它的单位为瓦(W)或千瓦(kW)。

$$P = \frac{1}{T}\int_0^T p\,\mathrm{d}t = \frac{1}{T}\int_0^T UI(1-\cos2\omega t)\,\mathrm{d}t$$
$$= UI = I^2 R = \frac{U^2}{R} \tag{3-15}$$

式(3-15)与直流电路的功率计算公式在形式上完全相同,但式中 U、I 是电压、电流的有效值。

例 3-6 有一个 220 V、100 W 的白炽灯,其两端电压为 $u=311\sin(314t+30°)$ V。求:(1)通过白炽灯电流的相量和瞬时值表达式;(2)每天使用 5 小时,每度电(1 千瓦时)收费 0.5 元,问每月(按 30 天计算)应付多少电费?

解:(1)白炽灯属于电阻性负载,电压的相量为

$$\dot{U} = U\angle\psi_u = \frac{311}{\sqrt{2}}\angle 30° = 220\angle 30° \text{ V}$$

由式(3-15)得

$$R = \frac{U^2}{P} = \frac{220^2}{100} = 484 \text{ Ω}$$

由式(3-13)得电流的相量为

$$\dot{I} = \frac{\dot{U}}{R} = \frac{220\angle 30°}{484} = 0.45\angle 30° \text{ A}$$

则电流的瞬时值表达式为

$$i = \sqrt{2}I\sin(\omega t + \psi_i) = 0.45\sqrt{2}\sin(314t+30°) \text{ A}$$

(2)每月消耗的电能为

$$W = Pt = 100 \text{ W} \times 5 \text{ h} \times 30 = 15000 \text{ Wh} = 15 \text{ kWh}$$

则每月应付电费为

$$15 \times 0.5 \text{ 元} = 7.5 \text{ 元}$$

3.4 正弦交流电容电路

3.4.1 电容元件

电容元件简称电容。如果电容元件的伏安特性曲线在直角坐标平面上是一条通过坐标原点的直线,则称该电容为线性电容。对于线性电容,其特性方程为:$q=Cu$。

$$i=\frac{dq}{dt}=C\frac{du}{dt} \tag{3-16}$$

式中 C 称为电容量,其定义为电容上存储的电荷量与电容两端电压的比值,即

$$C=\frac{q}{u} \tag{3-17}$$

电容的单位为法拉,简称法,用字母 F 表示。在工程实际中,由于 F 的单位太大,所以,常用的单位为微法(μF)和皮法(pF)。

$$1\ F=10^6\ \mu F$$
$$1\ \mu F=10^6\ pF$$

3.4.2 含电容元件的正弦交流电路

1. 电压与电流关系

如图 3-7(a)所示是只含有电容元件 C 的交流电路。

假设施加于电容元件上的正弦交流电压为

$$u=U_m\sin\omega t=\sqrt{2}U\sin\omega t$$

则流过电容元件的电流为

$$i=C\frac{du}{dt}=\omega CU_m\cos\omega t=I_m\sin(\omega t+90°) \tag{3-18}$$

式(3-18)表明：电容元件两端的电压和电流是同频率的正弦量。

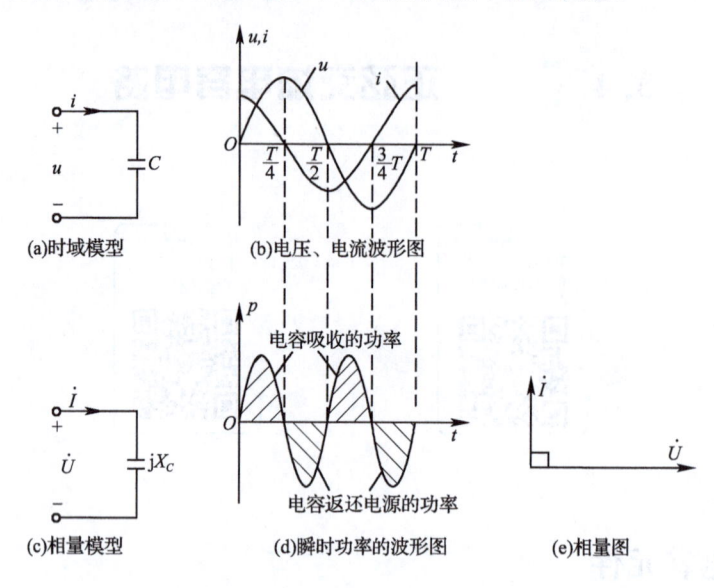

(a)时域模型　(b)电压、电流波形图

(c)相量模型　(d)瞬时功率的波形图　(e)相量图

图 3-7　正弦交流电路中电容元件上的电压、电流和功率关系

(1)数值关系

电压和电流之间的最大值、有效值关系为

$$I_m = \omega C U_m \quad 或 \quad U_m = \frac{I_m}{\omega C} \tag{3-19}$$

$$I = \omega C U \quad 或 \quad U = \frac{I}{\omega C} \tag{3-20}$$

令

$$X_C = \frac{1}{\omega C} = \frac{1}{2\pi f C} \tag{3-21}$$

则

$$I_m = \frac{U_m}{X_C} \quad 或 \quad I = \frac{U}{X_C} \tag{3-22}$$

式(3-22)也被称为电容元件的欧姆定律，类似于电阻元件，X_C 称为电容的容抗，单位为欧姆(Ω)。容抗是表示电容对电流阻碍作用大小的物理量，它与 ωC 成反比。

从式(3-21)可以看出：对于一定的电容 C，频率越高，它呈现的容抗越小；频率越低，它呈现的容抗越大。也就是说，对于一定的电容 C，它对低频电流呈现的阻力大，对高频电流呈现的阻力小。在直流情况下，频率 $f=0$，故 $X_C = \infty$，电容 C 相当于开路。所以，电容元件具有"隔直流、通交流"或"阻低频、通高频"的特性。因此，电容在电子电路中通常被用于信号耦合、隔直流、旁路和滤波等。

应注意的是，对于电容元件而言，电压和电流的瞬时值之间并不具有欧姆定律的形式，即不存在比例关系，容抗也不能用电压、电流瞬时值的比值来表示。因此，电容元件的欧姆定律只适用于描述电容上电压与电流的有效值或最大值之间的关系。

(2) 相位关系

从式(3-18)可知,电容电压和电流出现了相位差,并且电压滞后电流 90°,或者说电容电流超前电压 90°,即 $\varphi_u = \varphi_i - 90°$。电压、电流波形图如图 3-7(b)所示。

根据电容元件电压、电流之间的数值关系和相位关系,比照电阻元件,可以得到电容元件欧姆定律的相量表示形式为

$$\dot{U}_m = \frac{\dot{I}_m}{\omega C} \underline{/-90°} \quad \text{或} \quad \dot{U} = \frac{\dot{I}}{\omega C} \underline{/-90°} = -jX_C \dot{I}$$

$$\frac{\dot{U}_m}{\dot{I}_m} = \frac{1}{j\omega C} \quad \text{或} \quad \frac{\dot{U}}{\dot{I}} = \frac{1}{j\omega C} \tag{3-23}$$

式(3-23)同时表示了电压和电流之间的数值与相位关系,相应的相量图如图 3-7(e)所示。图 3-7(c)为电容元件的相量模型。

2. 功率

当电压、电流取关联参考方向时,电容元件吸收的瞬时功率为

$$p = ui = U_m \sin\omega t \times I_m \sin(\omega t + 90°) = U_m I_m \sin\omega t \cos\omega t$$
$$= \frac{U_m I_m}{2} \sin2\omega t$$
$$= UI \sin2\omega t \tag{3-24}$$

瞬时功率的波形图如图 3-7(d)所示。

电容元件瞬时功率的平均值(平均功率)为

$$P = \frac{1}{T}\int_0^T p\,dt = \frac{1}{T}\int_0^T UI\sin2\omega t\,dt = 0 \tag{3-25}$$

从瞬时功率的数学表达式或波形图都可以看出,瞬时功率也是随时间变化的正弦函数,其幅值为 UI,并以 2ω 角频率随时间变化。在一个周期内,瞬时功率的平均值为零,说明电容元件不消耗能量。但电容元件存在着与电源之间的能量交换,从瞬时功率的波形图可以看出,在第一和第三个 1/4 周期内,u 和 i 同时为正值或负值,瞬时功率 p 大于零,这一过程实际上是电容将电能转换为电场能存储起来,从电源吸取能量;在第二和第四个 1/4 周期内,u 和 i 一个为正值,另一个则为负值,故瞬时功率小于零,这一过程实际上是电容将电场能转换为电能释放出来。电容不断地与电源交换能量,在一个周期内吸收和释放的能量相等,因此平均值为零,说明电容元件不消耗能量,是一个储能元件。

电容元件的平均功率为零,但存在着与电源之间的能量交换,电源要供给它电流,所以电容元件对电源来说仍然是一种负载,因此它要占用电源设备的容量。不同电容元件与电源进行能量交换的速率是不同的,为了衡量这种能量交换的速率,定义瞬时功率的最大值即能量交换的最大速率为电容元件的无功功率。电容的无功功率用大写字母 Q_C 表示,即

$$Q_C = UI = I^2 X_C = \frac{U^2}{X_C} \tag{3-26}$$

Q_C 的单位为乏尔(var)或千乏(kvar),1 kvar=10^3 var。

例 3-7 一个电容元件,已知 $C=0.005$ F,流过的电流 $i=1.41\sin(100t-30°)$ A。求:(1)电容元件的容抗;(2)关联参考方向下的电压 u;(3)电容元件的无功功率。

解：(1)根据式(3-21)，电容元件的容抗为

$$X_C = \frac{1}{\omega C} = \frac{1}{100 \times 0.005} = 2 \ \Omega$$

(2)电流、电压的相量为

$$\dot{I} = 1 \angle -30° \text{ A}$$

$$\dot{U} = -jX_C \dot{I} = -j \times 2 \times 1 \angle -30° = 2 \angle -120° \text{ V}$$

电压的瞬时值表达式为

$$u = 2\sqrt{2} \sin(100t - 120°) \text{ V}$$

(3)无功功率为

$$Q_C = UI = 2 \text{ V} \times 1 \text{ A} = 2 \text{ var}$$

3. 电容的储能

电容充电后，正负极板带等量异号电荷，两极间建立电场，电场中储存电场能量。若电容的 u 和 i 为关联参考方向，则 t 时刻电容吸收的瞬时功率为：$p(t) = \dfrac{dW(t)}{dt} = u(t)i(t)$。

从 t_1 到 t_2 时刻电容吸收的能量为

$$W_C(t_1, t_2) = \int_{t_1}^{t_2} p(t)dt = \int_{t_1}^{t_2} u(t)i(t)dt = \int_{t_1}^{t_2} u(t)\left[C\frac{du(t)}{dt}\right]dt$$

$$= C\int_{t_1}^{t_2} u(t)du(t) = \frac{1}{2}Cu^2(t_2) - \frac{1}{2}Cu^2(t_1) \tag{3-27}$$

该式表明：从 t_1 到 t_2 时刻供给电容的能量只与 t_1 和 t_2 时刻的电压值 $u(t_1)$ 和 $u(t_2)$ 有关，与在此期间的其他电压值无关。

上式中：$\dfrac{1}{2}Cu^2(t_2)$ 表示 t_2 时刻电容的储能；$\dfrac{1}{2}Cu^2(t_1)$ 表示 t_1 时刻电容的储能。

即任意时刻电容储能公式为

$$W_C(t) = \frac{1}{2}Cu^2(t) \tag{3-28}$$

3.5 正弦交流电感电路

3.5.1 电感元件

电感元件简称电感。如果电感元件的伏安特性曲线在直角坐标平面上是一条通过坐标原点的直线,则称该电感为线性电感。对于线性电感,其特性方程为 $N\Phi=Li$。N 为线圈的有效匝数;Φ 为线圈中的有效磁通;i 为通过线圈的电流;L 为线圈的自感系数。实际的电感线圈如图 3-8 所示。

根据电磁感应定律,电感元件上电压、电流有如下微分关系

$$u=L\frac{di}{dt} \quad (3-29)$$

图 3-8 电感线圈

式(3-29)中的 L 称作自感系数,简称自感或电感,其定义为通过电感线圈的磁通链 Ψ 与产生该磁通链的电流 i 的比值,即

$$L=\frac{\Psi}{i} \quad (3-30)$$

电感的单位为亨利,简称亨,用字母 H 表示。工程实际中也常用毫亨(mH)和微亨(μH)做单位,$1\,H=10^3\,mH=10^6\,\mu H$。

3.5.2 含电感元件的正弦交流电路

1. 电压与电流关系

只含有电感元件 L 的交流电路如图 3-9(a)所示。

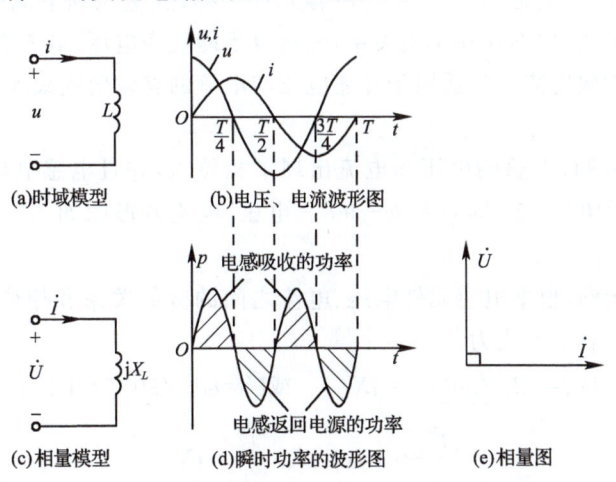

图 3-9 正弦交流电路中电感元件上的电压、电流和功率关系

(a)时域模型　(b)电压、电流波形图　(c)相量模型　(d)瞬时功率的波形图　(e)相量图

设通过电感元件的正弦交流电流为

$$i=I_m\sin\omega t=\sqrt{2}I\sin\omega t$$

则电感元件的端电压为

$$u = L\frac{\mathrm{d}i}{\mathrm{d}t} = \omega L I_\mathrm{m} \sin(\omega t + 90°)$$
$$= U_\mathrm{m} \sin(\omega t + 90°) \tag{3-31}$$

式(3-31)表明:电感元件中电流与其两端的电压是同频率的正弦量。

(1)数值关系

电压和电流之间的最大值、有效值关系为

$$U_\mathrm{m} = \omega L I_\mathrm{m} \quad \text{或} \quad I_\mathrm{m} = \frac{U_\mathrm{m}}{\omega L} \tag{3-32}$$

$$U = \omega L I \quad \text{或} \quad I = \frac{U}{\omega L} \tag{3-33}$$

令

$$X_L = \omega L = 2\pi f L \tag{3-34}$$

则

$$I_\mathrm{m} = \frac{U_\mathrm{m}}{X_L} \text{或} I = \frac{U}{X_L} \tag{3-35}$$

式(3-35)称为电感元件的欧姆定律,式中 $X_L = \omega L$ 称为感抗,单位为欧姆(Ω)。感抗是表示电感对电流阻碍作用大小的一个物理量,它与 L 和 ω 的乘积成正比。

显然,对于一定的电感 L,频率越高,它呈现的感抗越大;频率越低,它呈现的感抗越小。就是说,对于一定的电感 L,它对高频电流呈现的阻力大,对低频电流呈现的阻力小。在直流情况下,频率 $f=0$,故 $X_L=0$,电感 L 相当于短路。所以电感元件具有"通直流、阻交流"或"通低频、阻高频"的特性。在电路中,电感元件通常用来进行信号耦合、滤波、制作高频扼流圈等。

应注意的是,对于电感元件而言,与电容元件一样,其电压和电流的瞬时值之间并不具有欧姆定律的形式,即不存在比例关系,感抗也不能代表电压、电流瞬时值之间的关系。因此电感元件的欧姆定律也只适用于描述电压与电流的有效值或最大值之间的关系。

(2)相位关系

从式(3-31)可知,电感的电压和电流出现了相位差,并且电感电压超前电流 $90°$,或者说电感电流滞后电压 $90°$,即 $\psi_u = \psi_i + 90°$。电压、电流波形图如图3-9(b)所示(波形图中 $\psi_i = 0°, \psi_u = 90°$)。

类似于电容元件,根据电感元件电压、电流之间的数值关系和相位关系,得到电感元件欧姆定律的相量表示形式为

$$\dot{U}_\mathrm{m} = \omega L \underline{/90°}\, \dot{I}_\mathrm{m} = \mathrm{j}X_L \dot{I}_\mathrm{m} \quad \text{或} \quad \dot{U} = \omega L \underline{/90°}\, \dot{I} = \mathrm{j}X_L \dot{I} \tag{3-36}$$

$$\frac{\dot{U}_\mathrm{m}}{\dot{I}_\mathrm{m}} = \mathrm{j}X_L \quad \text{或} \quad \frac{\dot{U}}{\dot{I}} = \mathrm{j}X_L \tag{3-37}$$

式(3-37)同时表示了电感电压和电流之间的数值与相位关系,相应的相量图如图3-9(e)所示。图3-9(c)为电感元件的相量模型。

2. 功率

当电压、电流取关联参考方向时,电感元件吸收的瞬时功率为

$$p = ui = U_m\sin(\omega t + 90°)I_m\sin\omega t = U_m I_m \cos\omega t \sin\omega t$$
$$= \frac{U_m I_m}{2}\sin 2\omega t$$
$$= UI\sin 2\omega t \tag{3-38}$$

瞬时功率的波形图如图 3-9(d) 所示。

电感元件瞬时功率的平均值，即平均功率为

$$P = \frac{1}{T}\int_0^T p\,dt = \frac{1}{T}\int_0^T UI\sin 2\omega t\,dt = 0 \tag{3-39}$$

可见，与电容元件一样，电感元件的瞬时功率也是随时间变化的正弦函数，其幅值为 UI，并以 2ω 角频率随时间变化。在一个周期内，瞬时功率的平均值为零，其能量转换过程类似电容元件，只不过电感元件存储的是磁场能而已。因此电感元件同电容元件一样，也是一个储能元件。

与电容元件一样，采用无功功率来衡量电感元件与电源之间能量交换的速率，它仍等于瞬时功率的最大值。电感元件上无功功率的大小为

$$Q_L = UI = X_L I^2 = \frac{U^2}{X_L} \tag{3-40}$$

从电容元件与电感元件无功功率的表达式可以看出，无功功率与有功功率在形式上是相似的，但无功功率不是消耗电能的速率，而是交换能量的最大速率。

例 3-8 已知一个电感元件，$L = 1$ H，接在电压 $u = 220\sqrt{2}\sin(314t + 45°)$ V 的电源上。求：(1) 电感元件的感抗；(2) 关联参考方向下的电流 i；(3) 电感元件的无功功率。

解：(1) 根据式(3-34)，电感元件的感抗为

$$X_L = \omega L = 314 \times 1 = 314\ \Omega$$

(2) 电压的相量为

$$\dot{U} = 220\angle 45°\ \text{V}$$

根据式(3-37)，电流相量为

$$\dot{I} = \frac{\dot{U}}{jX_L} = \frac{220\angle 45°}{314\angle 90°} = 0.7\angle -45°\ \text{A}$$

则电流的瞬时值表达式为

$$i = 0.7\sqrt{2}\sin(314t - 45°)\ \text{A}$$

(3) 根据式(3-40)，无功功率为

$$Q_L = UI = 220\ \text{V} \times 0.7\ \text{A} = 154\ \text{var}$$

3. 电感的储能

当电感的 u 和 i 为关联参考方向时，t 时刻电感吸收的瞬时功率为：

$$p(t) = \frac{dW(t)}{dt} = u(t)i(t)$$

从 t_1 到 t_2 时刻电感吸收的能量为

$$W_L(t_1, t_2) = \int_{t_1}^{t_2} p(t)\,dt = \int_{t_1}^{t_2} u(t)i(t)\,dt = \int_{t_1}^{t_2} L\frac{di(t)}{dt}i(t)\,dt$$

$$= L\int_{t_1}^{t_2} i(t)\mathrm{d}i(t) = \frac{1}{2}Li^2(t_2) - \frac{1}{2}Li^2(t_1) \tag{3-41}$$

该式表明：在 t_1 到 t_2 时刻供给电感的能量只与 t_1 和 t_2 时刻的电流值 $i(t_1)$ 和 $i(t_2)$ 有关，与在此期间的其他电流值无关。

上式中：$\frac{1}{2}Li^2(t_2)$ 表示 t_2 时刻电感的储能；$\frac{1}{2}Li^2(t_1)$ 表示 t_1 时刻电感的储能。

即任意时刻电感储能公式为

$$W_L(t) = \frac{1}{2}Li^2(t) \tag{3-42}$$

4. R、L、C 基本元件上电流、电压、功率的关系归纳

为便于理解和掌握 R、L、C 三种基本电路元件的特性，现将正弦交流电路中 R、L、C 元件上的电压、电流、功率的关系列入表 3-1 中。其中，R、L、C 元件上电压与电流的相量关系（包括大小关系和相位关系）以及 R、L、C 元件的复阻抗概念是重点内容。

表 3-1　正弦交流电路中 R、L、C 基本元件的电流、电压、功率的关系 [设 $i = I\sqrt{2}\sin(\omega t + 0°)$　A]

电路元件	电阻 R	电感 L	电容 C
元件符号			
u 与 i 的波形图			
u 与 i 的瞬时值关系式	$u_R = Ri_R$	$u_L = L\dfrac{\mathrm{d}i_L}{\mathrm{d}t}$	$i_C = C\dfrac{\mathrm{d}u_C}{\mathrm{d}t}$
$\dot{U}$ 与 $\dot{I}$ 的相量关系式	$\dot{U}_R = R\dot{I}_R$	$\dot{U}_L = \mathrm{j}\omega L\dot{I}_L = \mathrm{j}X_L\dot{I}_L$	$\dot{U}_C = \dfrac{1}{\mathrm{j}\omega C}\dot{I}_C = -\mathrm{j}X_C\dot{I}_C$
U 与 I 的有效值关系	$U_R = RI_R$	$U_L = \omega LI_L = X_LI_L$	$U_C = \dfrac{1}{\omega C}I_C = X_CI_C$
ψ_u 与 ψ_i 的相位关系	$\psi_u = \psi_i$	$\psi_u = \psi_i + 90°$	$\psi_u = \psi_i - 90°$
$\dot{U}$ 与 $\dot{I}$ 的相量图	（$\varphi = 0°$）	（$\varphi = +90°$）	（$\varphi = -90°$）

第 3 章　正弦交流电路的基本概念

(续表)

电路元件	电阻 R	电感 L	电容 C
复阻抗 Z	R	$jX_L = j\omega L$	$-jX_C = \dfrac{1}{j\omega C}$
复导纳 Y	$G = \dfrac{1}{R}$	$-jB_L = \dfrac{1}{j\omega L}$	$jB_C = j\omega C$
有功功率 P（平均功率）	$P_R = U_R I_R$	0	0
无功功率 Q	0	$Q_L = U_L I_L$	$Q_C = -U_C I_C$

仿真训练

仿真训练　正弦交流电路中的 R、L、C 元件仿真

一、仿真目的

(1) 学习使用 Multisim 软件；
(2) 熟练使用信号发生器和示波器；
(3) 测试 R、L、C 元件上的电压与电流的波形及大小；
(4) 掌握 R、L、C 元件在正弦交流电路中的伏安特性。

二、仿真原理

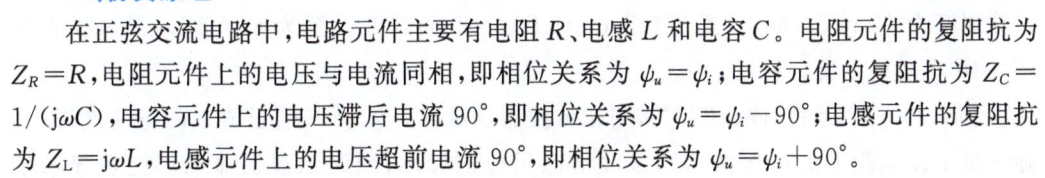

在正弦交流电路中，电路元件主要有电阻 R、电感 L 和电容 C。电阻元件的复阻抗为 $Z_R = R$，电阻元件上的电压与电流同相，即相位关系为 $\psi_u = \psi_i$；电容元件的复阻抗为 $Z_C = 1/(j\omega C)$，电容元件上的电压滞后电流 90°，即相位关系为 $\psi_u = \psi_i - 90°$；电感元件的复阻抗为 $Z_L = j\omega L$，电感元件上的电压超前电流 90°，即相位关系为 $\psi_u = \psi_i + 90°$。

三、仿真仪器

带 Multisim 软件的计算机一台。

四、仿真内容和步骤

1. 仿真内容

利用计算机的电路仿真软件，测试如图 3-10、图 3-11、图 3-12 所示电路中的电压和电流的波形和大小，以此确定正弦交流电路中 R、L、C 元件上的伏安特性。电路中电源电压 V_1 的频率为 1 kHz，幅值为 10 V_P（最大值），$R_1 = 1\ \Omega$，$R_2 = 1\ k\Omega$，$C_1 = 100\ nF$，$L_1 = 300\ mH$。

仿真拓展：
正弦交流电源的
测量与仿真

2. 仿真步骤

(1)电阻元件 R 上的电压与电流的相位关系仿真

①在 Multisim 11.0 窗口中建立如图 3-10 所示电路。正弦电源(AC voltage source)的频率设置为 1 kHz,幅值设置为 10 V_P(最大值)。

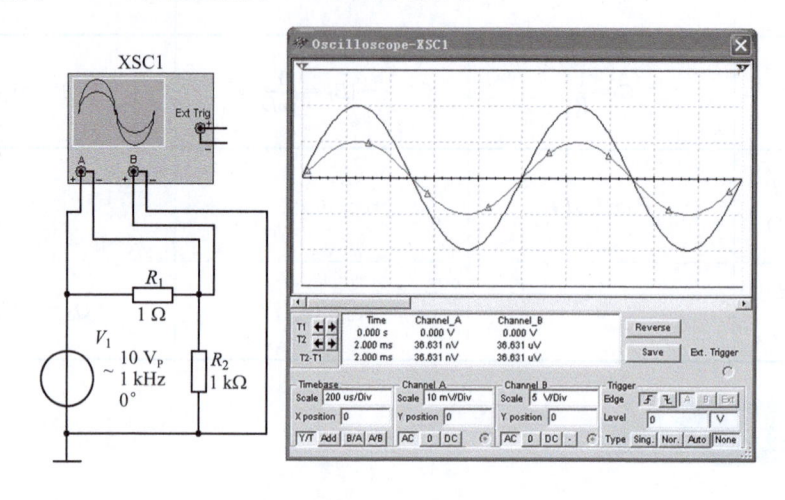

图 3-10 电阻元件 R 上的电压与电流的波形

②在仪器(Instruments)库中选取双踪示波器(Oscilloscope),B 通道的信号输入端用来测量电阻元件($R_2=1$ kΩ)两端的电压波形;示波器 A 通道的信号输入端用来测量电路中电流的波形,由于电路中的电流波形无法直接测量,所以可在电路中串联一只小电阻($R_1=1$ Ω),该电阻对电路的总阻抗的影响可以忽略不计($R_1 \ll R_2$)。因此可通过 R_1 电阻两端的电压波形的测量来间接获得电路中电流的波形,此时电路中的电流 $i=u_{R1}/R_1=u_{R1}(V)/1\ \Omega \approx u_{R2}/R_2$。

③双击示波器图标打开示波器的显示面板。在显示面板的时基部分(Timebase)设置 X 轴刻度(Scale)每格 1 毫秒(1 ms/Div),在 Y 轴输入的 A 通道(Channel A)部分设置 Y 轴刻度为 10 mV/Div,B 通道(Channel B)的 Y 轴刻度设置为 5 V/Div,具体设置如图 3-10 右边的设置区所示。

④单击仿真"运行/停止"开关,则在示波器显示屏上显示 A 通道输入的电流波形(实际上是 1 Ω 电阻上的电压波形),该波形已用标记标出;同时示波器显示屏上也显示了 B 通道输入的电阻元件($R_2=1$ kΩ)两端的电压波形,该电压的幅度和频率与电源电压基本相同。其电阻元件上的电压与电流波形如图 3-10 的示波器波形显示区所示。从所显示的电压与电流波形可见,电阻元件上的电压与电流的相位相同。

⑤将相关数据填入表 3-2 中(表中电压值与电流值为有效值)。

表 3-2　　　　　　　　　　电阻 R 特性测量数据

U_S/V	U_{R2}/V	U_{R1}/V	I/mA	$\psi_u - \psi_i$
$5\sqrt{2}$				

(2) 电容元件 C 上的电压与电流的相位关系仿真

① 在 Multisim 11.0 窗口中建立如图 3-11 所示电路。正弦电源（AC voltage source）的幅值与频率设置同(1)，电容值取 $C_1=100$ nF。

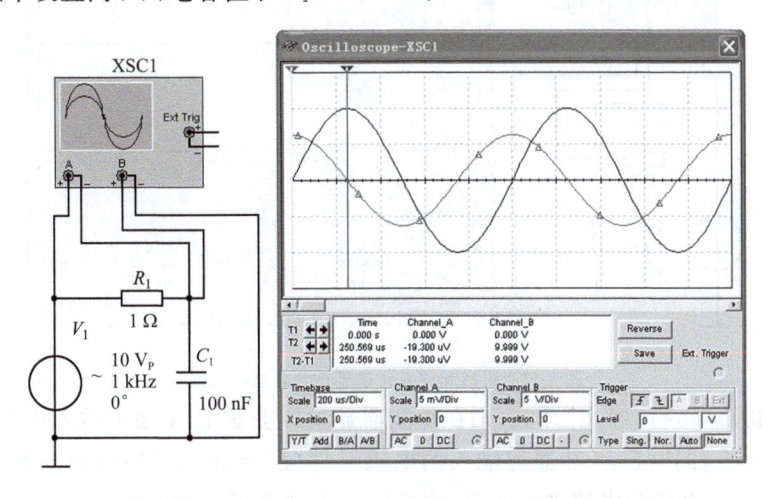

图 3-11 电容元件 C 上的电压与电流的波形

② 设置双通道示波器（Oscilloscope）的 B 通道用来测量电容元件（$C_1=100$ nF）两端的电压波形；A 通道用来测量电路中电流的波形，该电流仍从小电阻（$R_1=1\ \Omega$）上取得。因 $R_1\ll X_{C1}$，所以 R_1 对电路的总阻抗的影响可以忽略不计，电容上的电压与电源电压近似相等。

③ 双击示波器图标打开示波器的显示面板。对显示面板的设置如图 3-11 右边的设置区所示。

④ 单击仿真"运行/停止"开关，则在示波器显示屏上显示 A 通道输入的电流波形，该波形用标记标出；同时显示 B 通道输入的电容元件（$C_1=100$ nF）两端的电压波形。由图 3-11 所显示的电压与电流波形可见，电容元件上的电压滞后电流 90°。

⑤ 将相关数据填入表 3-3 中（表中电压值与电流值为有效值）。

表 3-3　　　　　　　　　　电容 C 特性测量数据

U_S/V	U_{C1}/V	U_{R1}/V	I/mA	$\varphi_u-\varphi_i$
$5\sqrt{2}$				

(3) 电感元件 L 上的电压与电流的相位关系仿真

① 在 Multisim 11.0 窗口中建立如图 3-12 所示电路。正弦电源（AC voltage source）的幅值与频率设置同(2)，电感值取 $L_1=300$ mH。

② 双通道示波器（Oscilloscope）的设置同(2)，B 通道用来测量电感元件两端的电压波形；A 通道用来测量电路中电流的波形，该电流仍从小电阻（$R_1=1\ \Omega$）上取得。因 $R_1\ll X_{L1}$，所以 R_1 对电路的总阻抗的影响可以忽略不计，电感上的电压与电源电压近似相等。

③ 双击示波器图标打开示波器的显示面板，显示面板的设置同(2)。

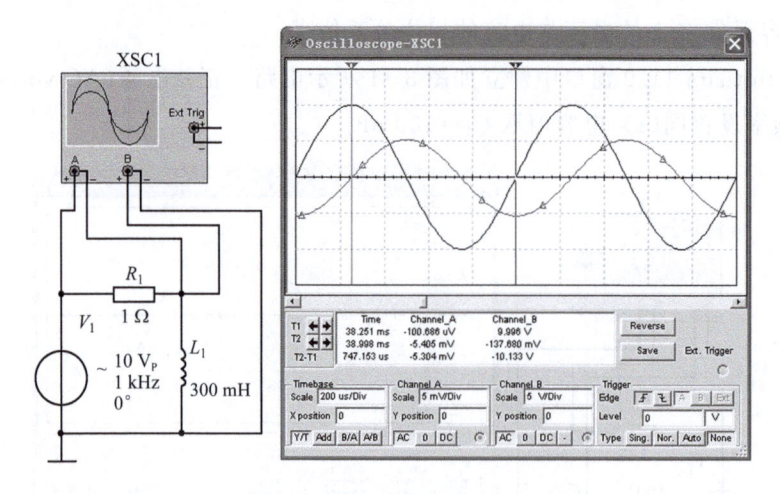

图 3-12　电感元件 L 上的电压与电流的波形

④单击仿真"运行/停止"开关,则在示波器显示屏上显示 A 通道输入的电流波形,该波形用标记标出;同时显示 B 通道输入的电感元件($L_1=300$ mH)两端的电压波形。由图 3-12 所显示的电压与电流波形可见,电感元件上的电压超前电流 90°。

⑤将相关数据填入表 3-4 中(表中电压值与电流值为有效值)。

表 3-4　　　　　　　　　电感 L 特性测量数据

U_S/V	U_{L1}/V	U_{R1}/V	I/mA	$\psi_u-\psi_i$
$5\sqrt{2}$				

五、注意事项

(1)在电路未连接完毕或未检查前,不要通电。

(2)电流测量采用间接测量方法,用示波器(或毫伏表)测量 $R_1=1$ Ω 上的电压,然后换算成电流。

六、思考题

如何根据电压与电流的时域波形画出对应的相量图?

技能训练

技能训练　正弦交流电路中的 R、L、C 元件特性测量

一、训练目的

(1)熟练使用信号发生器和双踪示波器;

(2)测试 R、L、C 元件上的电压与电流的波形及大小;

(3)掌握 R、L、C 元件在正弦交流电路中的伏安关系。

第3章 正弦交流电路的基本概念

二、训练原理

(1)在正弦交流电路中,电路元件主要有电阻 R、电感 L 和电容 C。电阻元件的复阻抗为 $Z_R = R$,电压与电流同相,即相位关系为 $\psi_u = \psi_i$;电容元件的复阻抗为 $Z_C = 1/(j\omega C)$,电压滞后电流 $90°$,即相位关系为 $\psi_u = \psi_i - 90°$;电感元件的复阻抗为 $Z_L = j\omega L$,电压超前电流 $90°$,即相位关系为 $\psi_u = \psi_i + 90°$。

(2) R、L、C 元件的 VAR 相量关系表达式为:

$$\dot{U}_R = R\dot{I}_R,\ \dot{U}_L = jX_L\dot{I}_L,\ \dot{U}_C = -jX_C\dot{I}_C$$

三、训练器材

信号发生器 1 台,双踪示波器 1 台、交流毫伏表 1 只,电阻 10 Ω、100 Ω 各 1 只,电容 1 μF、电感 10 mH 各 1 只,导线若干。

四、训练内容及步骤

1. 电阻元件 R 上的电压与电流的相位关系

(1)按照图 3-13(a)连接电路。

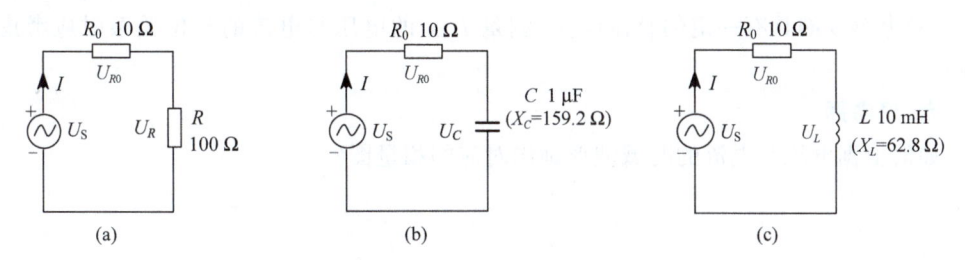

图 3-13 R、L、C 元件特性测量电路

(2)将信号发生器 U_S 的输出调至 1 kHz/4 V(频率/有效值)。

(3)用双踪示波器观测电阻 R_0、电阻 R 两端的电压波形,并记录两者的相位差。

(4)用交流毫伏表分别测量交流电压有效值 U_R、U_{R0},并计算交流电流有效值 I($I = U_{R0}/R_0$),将相关数据记录在表 3-5 中(表中电压值与电流值为有效值)。

表 3-5 电阻 R 特性测量数据

U_S/V	U_R/V	U_{R0}/V	I/mA	$\psi_u - \psi_i$
4				

2. 电容元件 C 上的电压与电流的相位关系

(1)按照图 3-13(b)连接电路。

(2)将信号发生器 U_S 的输出调至 1 kHz/4 V(频率/有效值)。

(3)用双踪示波器观测电阻 R_0、电容 C 两端的电压波形,并记录两者的相位差。

(4)用交流毫伏表分别测量交流电压有效值 U_C、U_{R0},并计算交流电流有效值 I,将相关数据记录在表 3-6 中(表中电压值与电流值为有效值)。

表 3-6 电容 C 特性测量数据

U_S/V	U_C/V	U_{R0}/V	I/mA	$\psi_u - \psi_i$
4				

3. 电感元件 L 上的电压与电流的相位关系

(1)按照图 3-13(c)连接电路。

(2)将信号发生器 U_S 的输出调至 1 kHz/4 V(频率/有效值)。

(3)用双踪示波器观测电阻 R_0、电感 L 两端的电压,并记录两者的相位差。

(4)用交流毫伏表分别测量交流电压有效值 U_L、U_{R0},并计算交流电流有效值 I,将相关数据记录在表 3-7 中(表中电压值与电流值为有效值)。

表 3-7　　　　　　　　　电感 L 特性测量数据

U_S/V	U_L/V	U_{R0}/V	I/mA	$\psi_u - \psi_i$
4				

五、注意事项

(1)在电路未连接完毕或未检查前,不要通电。

(2)电流测量采用间接测量方法,用示波器(或毫伏表)测量 $R_0 = 10\ \Omega$ 上的电压,然后换算成电流。

(3)电感线圈具有一定的直流电阻,测量 L 上的电压与电流的相位关系时应考虑其影响。

六、思考题

如何根据电压与电流的时域波形画出对应的相量图?

第3章　正弦交流电路的基本概念

讨论笔记

1. 正弦电量的三要素？

2. 正弦量可以用瞬时值表达式、波形图、旋转矢量、相量四种方法表示？

3. 正弦交流电路中 R、L、C 基本元件的电流、电压、功率的关系（设 $i = I\sqrt{2}\sin(\omega t + 0°)$ A）？

电路元件	电阻 R	电感 L	电容 C
元件符号			
u 与 i 的波形图			
u 与 i 的瞬时值关系式			
$\dot{U}$ 与 $\dot{I}$ 的相量关系式			
U 与 I 的有效值关系			
Ψ_u 与 Ψ_i 的相位关系			
$\dot{U}$ 与 $\dot{I}$ 的相量图			
复阻抗 Z			
复导纳 Y			
有功功率 P（平均功率）			
无功功率 Q			

第3章 习题

（学号：_____ 班级：_____ 姓名：_____）

3-1 已知一正弦电压 $u=141\sin(314t-120°)$ V，计算其频率、角频率、周期、最大值、有效值和初相位，并画出波形图。

3-2 有一个正弦电压，初相位为 $\pi/6$，当 $t=T/2$ 时，其瞬时电压为 -100 V，求该电压的最大值和有效值。

3-3 已知某一工频电压的波形如图 3-14 所示，试写出该正弦电压的瞬时值表达式。

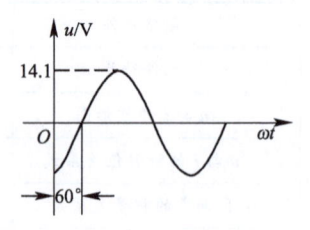

图 3-14 习题 3-3 图

3-4 已知正弦电压 $u_1=220\sin314t$ V，$u_2=220\sin(314t-120°)$ V。试求：
(1) u_1 与 u_2 的相位差，并说明它们的相位关系；
(2) 若计时起点向右移 $T/4$，初相位及相位差如何变化？

3-5 已知 $u_1=100\cos\omega t$ V，$u_2=100\sin\omega t$ V。试求：
(1) 写出 u_1、u_2 的相量；
(2) 画出相量图，并求 $u_3=u_1+u_2$，$u_4=u_1-u_2$。

第3章 正弦交流电路的基本概念

3-6 写出下列各相量对应的瞬时值表达式(设角频率为 ω)。

(1) $\dot{I}_1 = 10 \angle 72°$ A； (2) $\dot{U}_{1m} = 300 \angle -60°$ V。

3-7 对于 L 元件指出下列各式哪些是正确的,哪些是错误的。说明理由,并加以改正。

(1) $\dfrac{u}{i} = X_L$； (2) $\dfrac{\dot{U}}{\dot{I}} = j\omega L$； (3) $\dot{I} = \dfrac{\dot{U}}{\omega L}$；

(4) $U = L\dfrac{du}{dt}$； (5) $P = I^2 X_L$。

3-8 根据下面各组电压、电流的数值,判断它们是什么元件上的电压、电流,并计算该元件的参数值。

(1) $u = 80\sin(\omega t + 40°)$ V；
 $i = 20\sin(\omega t + 40°)$ A。

(2) $u = 100\sin(377t + 10°)$ V；
 $i = 5\sin(377t - 80°)$ A。

(3) $u = 300\sin(155t + 30°)$ V；
 $i = 1.5\sin(155t + 120°)$ A。

(4) $u = 50\cos(\omega t + 20°)$ V；
 $i = 5\sin(\omega t + 110°)$ A。

3-9 已知电感 $L = 1$ H,两端的电压 $u = 28.2\sin(10t + 60°)$ V。试求通过电感元件的电流 i 和电感的无功功率 Q,并画出相量图。

3-10 电容 $C = 10$ μF,流过的电流 $i = 0.14\sin(314t - 45°)$ A。试求电容的电压 u 和电容的无功功率 Q,并画出相量图。

3-11　在电压为 220 V 的工频交流电路中，接入一个电阻为 11 Ω 的电阻炉。试求：
(1)电阻炉取用电流的有效值；
(2)电阻炉消耗的功率；
(3)画出电压、电流相量图。

3-12　已知一电感元件 $L=0.5$ H，加在它两端的电压为 $u=311\sin(314t+60°)$ V。试求：
(1)I 和 $\dot{I}$，并写出电流的瞬时值表达式；
(2)画出相量图；
(3)无功功率和有功功率；
(4)若电压频率增大 1 倍，写出电流的瞬时值表达式。

3-13　已知一电容 $C=140$ μF，现接在 $u=311(314t+60°)$ V 的交流电路中，试求：
(1)I 和 $\dot{I}$，并写出电流的瞬时值表达式；
(2)画出相量图；
(3)无功功率和有功功率；
(4)若将此电容元件接在电压为 220 V 的直流电路中，流过该电容的电流是多少？

3-14　已知一电感元件 $L=0.5$ H，将其两端接在正弦工频电源上时，电流为 2 A。
(1)现将一个电容连接到同样的电源上，电流仍为 2 A，求电容值；
(2)若电源电压不变，频率变为 400 Hz，则电感和电容的电流应该变为多少？

第4章 正弦交流电路的分析

学习导航

✓ 学习目标：
- 进一步理解正弦电路中欧姆定律的相量形式和基尔霍夫定律的相量形式；
- 学会用相量法分析计算正弦交流电路中的复阻抗或复导纳；
- 掌握用相量法分析计算正弦交流电路中的电流、电压与功率；
- 掌握多阻抗串、并联简单正弦交流电路的相量图求解法；
- 掌握有功功率、无功功率、视在功率的概念与计算方法，了解提高功率因数的意义；
- 理解 RLC 串联电路中的阻抗三角形关系、电压三角形关系、功率三角形关系；
- 理解 RLC 并联电路中的导纳三角形关系、电流三角形关系、功率三角形关系；
- 掌握 RLC 串联谐振电路和并联谐振电路的谐振条件、谐振频率、谐振特点、Q 值与特性阻抗 ρ；
- 通过学习，培养学生分析问题、解决问题的能力。

✓ 学习重点：
- 正弦交流电路中的复阻抗与复导纳的分析与计算方法；
- 正弦交流电路中的电流、电压与功率的分析与计算方法；
- 多阻抗串、并联简单正弦交流电路的相量图求解法；
- RLC 串、并联谐振电路的谐振特点、Q 值与特性阻抗 ρ。

✓ 学习难点：
- 导纳的概念与计算，复阻抗 Z 与复导纳 Y 的等效变换方法；
- 用相量法分析计算正弦交流电路的方法；
- 功率的计算与功率因数的提高方法；
- RLC 串、并联谐振电路特点的理解与 Q 值的计算。

✓ 参考学时：
10~12 学时

第4章思维导图

4.1 阻抗和导纳

相量法是正弦交流电路分析的一个重要方法。在正弦交流电路中,若各正弦电流 i 用电流相量 $\dot{I}$ 表示,各正弦电压 u 用电压相量 $\dot{U}$ 表示,各电路元件(R、L、C)的阻抗都用复阻抗表示,则正弦交流电路的分析方法就与直流电路的分析方法相同,只是正弦交流电路的运算对应的是复数的运算。

正弦交流电路中各元件的连接方式是多种多样的,一个单口无源网络的特性可以用复阻抗来表示,也可以用复导纳来表示,两者都反映了该单口无源网络的电压与电流之间的大小关系与相位关系。复阻抗和复导纳互为倒数,并各自具有对应的电路模型。此外利用两者之间的相互转换关系,还可以将阻抗的串联电路模型与导纳的并联电路模型进行等效变换,达到简化电路结构的目的。

4.1.1 阻抗与复阻抗

在上一章中讨论了 R、L、C 单一基本元件的电压与电流关系的相量形式。对于正弦交流电路,由 R、L、C 组合构成的如图 4-1(a) 所示的单口无源网络,其端口的电压相量与电流相量之比定义为该电路的复数阻抗,用大写 Z 表示,单位为欧姆(Ω),如图 4-1(b) 所示。

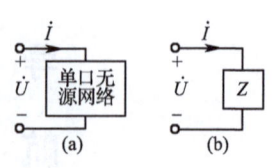

图 4-1 阻抗的定义

根据复数阻抗的定义,欧姆定律的相量形式为

$$Z = \frac{\dot{U}}{\dot{I}} \tag{4-1}$$

从式(4-1)可知,Z 是一个复数,但因 Z 不是正弦量,不能表示成相量的形式,所以 Z 上面不能加点(Z 的辐角用 φ 表示,而不用 ψ,以区别于相量的表示符号)。复阻抗 Z 可用代数式或极坐标式表示,设复阻抗的极坐标式为 $Z = |Z| \underline{/\varphi}$,因为 $Z = \dfrac{\dot{U}}{\dot{I}} = \dfrac{U \underline{/\psi_u}}{I \underline{/\psi_i}}$,所以有

$$|Z| = \frac{U}{I}, \quad \varphi = \psi_u - \psi_i \tag{4-2}$$

式(4-2)中,$|Z|$ 称为复阻抗 Z 的模,有时简称为阻抗(或阻抗的大小),它等于电压与电流有效值的比值;φ 称为复阻抗 Z 的辐角,又称为阻抗角,它等于电压与电流的相位差。

由复阻抗的定义可知,单一元件 R、L、C 的复阻抗 Z 分别为

第4章 正弦交流电路的分析

$$\begin{cases} Z_R = R \\ Z_L = \mathrm{j}\omega L = \mathrm{j}X_L \\ Z_C = \dfrac{1}{\mathrm{j}\omega C} = -\mathrm{j}\dfrac{1}{\omega C} = -\mathrm{j}X_C \end{cases} \tag{4-3}$$

若用代数式表示一个单口无源网络的复阻抗,例如 RLC 串联电路,则 $Z = R + \mathrm{j}X_L - \mathrm{j}X_C = R + \mathrm{j}(X_L - X_C) = R + \mathrm{j}X$,其实部 R 称为复阻抗的电阻分量,虚部 X 称为复阻抗的电抗分量,即复阻抗的实部为"阻",虚部为"抗",它们的单位都是欧姆(Ω),R 一般为正值,而 $X = X_L - X_C$ 的值可能为正,也可能为负。这样图 4-2(a)所示的复阻抗 Z 就可以用 R 与 $\mathrm{j}X$ 的串联电路表示,如图 4-2(b)所示。复阻抗 Z 与电阻分量 R、电抗分量 X 之间构成阻抗三角形关系,如图 4-2(d)所示,$|Z| = \sqrt{R^2 + X^2}$,$\varphi = \arctan\dfrac{X}{R}$。

由于 $\dot{U} = Z\dot{I} = (R + \mathrm{j}X)\dot{I} = R\dot{I} + \mathrm{j}X\dot{I} = \dot{U}_R + \mathrm{j}\dot{U}_X$,对应的电路如图 4-2(c)所示,可见 $\dot{U}_R$ 与 $\dot{I}$ 同相,$\dot{U}_X$ 与 $\dot{I}$ 相差 90°。总电压 $\dot{U}$ 与电阻分量 $\dot{U}_R$、电抗分量 $\dot{U}_X$ 之间构成电压三角形关系,如图 4-2(e)所示,$U = \sqrt{U_R^2 + U_X^2}$。将阻抗三角形的各分量都乘以电流 $\dot{I}$,则得到电压三角形。此外,若将电压三角形的各分量再乘以电流 I,还可以得到功率三角形,如图 4-2(f)所示,其中 S 为电路总电压与总电流的乘积,称为电路的视在功率,单位为 V·A,视在功率的具体内容会在后面专门介绍。

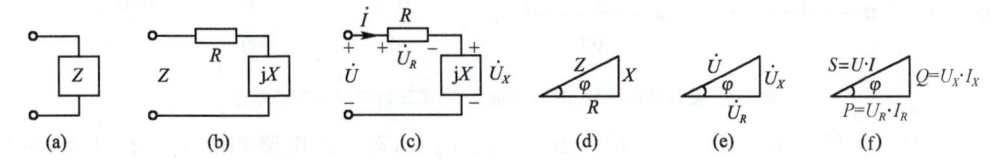

图 4-2 复阻抗的电路、阻抗三角形、电压三角形与功率三角形

4.1.2 导纳与复导纳

通常把复阻抗的倒数称为复导纳,用 Y 表示,其单位与电导 G 的单位相同,为西门子(S),即

$$Y = \dfrac{1}{Z} = \dfrac{\dot{I}}{\dot{U}} \tag{4-4}$$

根据复导纳的定义,有

$$Y = \dfrac{\dot{I}}{\dot{U}} = \dfrac{I\,\underline{/\psi_i}}{U\,\underline{/\psi_u}} = \dfrac{I}{U}\,\underline{/\psi_i - \psi_u} \tag{4-5}$$

从式(4-5)可知,复导纳 Y 是一个复数,可用代数式或极坐标式表示。设复导纳的极坐标式为 $Y = |Y|\,\underline{/\varphi'}$,则有

$$|Y| = \dfrac{I}{U}, \quad \varphi' = \psi_i - \psi_u \tag{4-6}$$

式(4-6)中,$|Y|$ 称为复导纳 Y 的模,或者称为导纳的大小,它等于电流与电压有效值

的比值；φ' 称为复导纳 Y 的辐角，又称为导纳角，它等于电流与电压的相位差。

由导纳的定义可知，单一元件 R、L、C 的复导纳 Y 分别为

$$\begin{cases} Y_R = \dfrac{1}{R} = G \\ Y_L = \dfrac{1}{j\omega L} = -j\dfrac{1}{\omega L} = -jB_L \\ Y_C = j\omega C = jB_C \end{cases} \quad (4\text{-}7)$$

若用代数式表示一个单口无源网络的复导纳，例如 RLC 并联电路，则复导纳为 $Y = G + jB_C - jB_L = G + j(B_C - B_L) = G + jB$。其实部 G 称为复导纳的电导分量，虚部 B 称为复导纳的电纳分量（其中的 B_L 称为电感元件的感纳，B_C 称为电容元件的容纳，分别为感抗与容抗的倒数），它们的单位都是西门子(S)。G 一般为正值，而 $B = B_C - B_L$ 的值可能为正，也可能为负。这样图 4-3(a)所示的复导纳 Y 就可以用 G 与 jB 的并联电路表示了，如图 4-3(b)所示。复导纳 Y 与电导分量 G、电纳分量 B 之间构成导纳三角形关系，如图 4-3(d) 所示，$|Y| = \sqrt{G^2 + B^2}$，$\varphi' = \arctan\dfrac{B}{G}$。

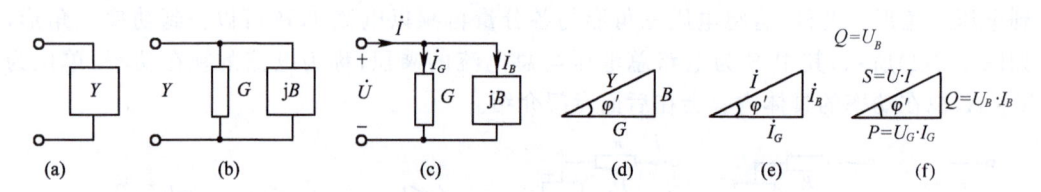

图 4-3　复导纳的电路、导纳三角形、电流三角形与功率三角形

由于 $\dot{I} = Y\dot{U} = (G + jB)\dot{U} = G\dot{U} + jB\dot{U} = \dot{I}_G + j\dot{I}_B$，对应的电路如图 4-3(c)所示，可见 $\dot{I}_G$ 与 $\dot{I}$ 同相，$\dot{I}_B$ 与 $\dot{I}$ 相差 90°。将图 4-3(d)所示的导纳三角形的各分量都乘以 $\dot{U}$，则可得到图 4-3(e) 所示的电流三角形。总电流 $\dot{I}$ 与 $\dot{I}_G$、$\dot{I}_B$ 之间构成电流三角形关系，如图 4-3(e) 所示，$I = \sqrt{I_G^2 + I_B^2}$。此外，若将电流三角形的各分量再乘以电压 U，还可得到功率三角形，如图 4-3(f)所示。

例 4-1 有一元件的电流和电压相量分别为 $\dot{I} = 50\underline{/60°}$ A，$\dot{U} = 100\underline{/120°}$ V。试求：该元件的复阻抗和复导纳。

解：复阻抗为 $\quad Z = \dfrac{\dot{U}}{\dot{I}} = \dfrac{100\underline{/120°}\ \text{A}}{50\underline{/60°}\ \text{V}} = 2\underline{/60°}\ \Omega$

复导纳为 $\quad Y = \dfrac{1}{Z} = 0.5\underline{/-60°}\ \text{S}$

该元件的参数为 $Z = 2\angle 60° = 2(\cos 60° + j\sin 60°) = 1 + j\sqrt{3}\ \Omega$，即该元件可等效为一电阻($R = 1\ \Omega$)与电感($L = 1.732\ \Omega$)串联的电路。

4.2　RLC 串联电路

在 RLC 串联电路中,流过各元件的电流为同一电流,所以各元件上的电压相量可根据 $\dot{U}=Z\dot{I}$ 求得,总电压可由 $\sum \dot{U}=0$ 得到。

微课:
RLC串联电路

4.2.1　RL 串联电路

RL 串联电路如图 4-4(a)所示。

(a)RL串联电路　　(b)RL串联电路的各相量关系

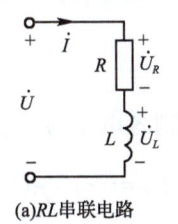

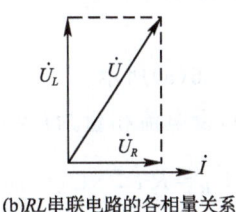

图 4-4　RL 串联电路及其各相量关系

设电流相量为 $\dot{I}$,则

$$\dot{U}_R = R\dot{I}, \quad \dot{U}_L = \mathrm{j}\omega L \dot{I}$$

又因为

$$\dot{U} = \dot{U}_R + \dot{U}_L = R\dot{I} + \mathrm{j}\omega L\dot{I} = (R + \mathrm{j}\omega L)\dot{I} = Z\dot{I}$$

这里的 Z 为

$$Z = R + \mathrm{j}\omega L = R + \mathrm{j}X_L \tag{4-8}$$

RL 串联电路的各相量关系可由图 4-4(b)表示,为简便起见,该相量图以串联电路中的电流 $\dot{I}$ 为参考相量(初相角为 0°),即设 $\dot{I} = I\underline{/0°}$。相量的矢量相加,在相量图上满足平行四边形相加原理或三角形相加原理。

4.2.2　RC 串联电路

RC 串联电路如图 4-5(a)所示。

在 RC 串联电路中,设电流相量为 $\dot{I} = I\underline{/0°}$,则

$$\dot{U}_R = R\dot{I}, \quad \dot{U}_C = -\mathrm{j}\frac{1}{\omega C}\dot{I}$$

又因为 $\dot{U} = \dot{U}_R + \dot{U}_C$,所以

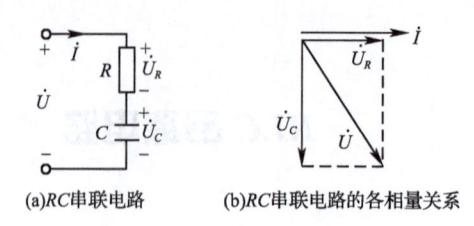

图 4-5 RC 串联电路及其各相量关系

$$\dot{U} = R\dot{I} - j\frac{1}{\omega C}\dot{I} = (R - j\frac{1}{\omega C})\dot{I} = Z\dot{I}$$

此时的总复阻抗

$$Z = R - j\frac{1}{\omega C} = R - jX_C$$

RC 串联电路中,以 $\dot{I}$ 为参考相量的各电压相量关系如图 4-5(b)所示。

4.2.3 RLC 串联电路

RLC 串联电路如图 4-6(a)所示。

在 RLC 串联电路中,设电流相量为 $\dot{I} = I\underline{/0°}$,则各电压为

$$\dot{U}_R = R\dot{I}, \quad \dot{U}_L = j\omega L\dot{I}, \quad \dot{U}_C = -j\frac{1}{\omega C}\dot{I}$$

所以

$$\dot{U} = \dot{U}_R + \dot{U}_L + \dot{U}_C = R\dot{I} + j\omega L\dot{I} - j\frac{1}{\omega C}\dot{I} = (R + j\omega L - j\frac{1}{\omega C})\dot{I}$$

在此电路中,$Z = R + j\omega L - j\frac{1}{\omega C} = R + j(X_L - X_C)$,设

$$X = X_L - X_C \tag{4-9}$$

X 称为电抗,等于感抗和容抗的代数和,又因为 $Z = |Z|\underline{/\varphi}$,则有

$$|Z| = \sqrt{R^2 + X^2} = \sqrt{R^2 + (X_L - X_C)^2}, \quad \varphi = \arctan\frac{X}{R} = \arctan\frac{X_L - X_C}{R}$$

当 $X_L > X_C$ 时,$\varphi > 0$,电路的电压超前于电流,此电路呈感性;当 $X_L < X_C$ 时,$\varphi < 0$,电压滞后于电流,此电路呈容性;当 $X_L = X_C$,$\varphi = 0$ 时,此电路的电压与电流同相,电路呈电阻性。如图 4-6(b)所示为 $X_L > X_C$ 时各电压与电流的相量关系。

例 4-2 在图 4-6(a)所示的 RLC 串联电路中,已知 $R = 10\ \Omega$,$C = 500\ \mu F$,$L = 100\ mH$,$i = 5\sqrt{2}\sin200t\ A$。求电流相量和各电压相量,并画出相量图。

解:由给出的电流,得 $\dot{I} = 5\underline{/0°}\ A$,则各电压相量为

$$\dot{U}_R = R\dot{I} = 50\underline{/0°}\ V$$

$$\dot{U}_L = j\omega L\dot{I} = j100\ V = 100\underline{/90°}\ V$$

$$\dot{U}_C = -j\frac{1}{\omega C}\dot{I} = -j50\ V = 50\underline{/-90°}\ V$$

所以总电压相量为

第4章 正弦交流电路的分析

$$\dot{U}=\dot{U}_R+\dot{U}_L+\dot{U}_C=50+\text{j}100-\text{j}50=50+\text{j}50=70.7\underline{/45°}\text{ V}$$

它们的相量图如图 4-7 所示。

(a)RLC串联电路　　(b)RLC串联电路的各相量关系

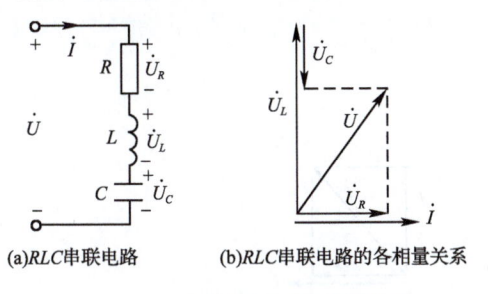

图 4-6　RLC 串联电路及其各相量关系

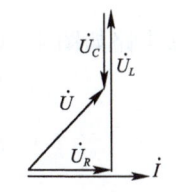

图 4-7　【例 4-2】相量图

4.3　RLC 并联电路

微课：RLC并联电路

在 RLC 并联电路中，加在各元件上的电压为同一电压，所以各元件中的电流相量可根据 $\dot{I}=\dot{U}/Z=\dot{U}Y$ 求得，总电流可由 $\sum \dot{I}=0$ 得到。

4.3.1　RL 并联电路

RL 并联电路如图 4-8(a)所示。

(a)RL并联电路　　(b)RL并联电路的各相量关系

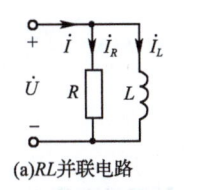

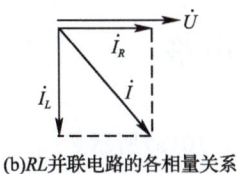

图 4-8　RL 并联电路及其各相量关系

设并联电路的电压为 $\dot{U}$（为分析方便，并联电路中以电压为参考相量 $\dot{U}=U\underline{/0°}$），则各支路电流为

$$\dot{I}_R=\frac{\dot{U}}{R},\quad \dot{I}_L=\frac{\dot{U}}{\text{j}\omega L}$$

总电流与总导纳（或总阻抗）为

$$\dot{I}=\dot{I}_R+\dot{I}_L=\frac{\dot{U}}{R}+\frac{\dot{U}}{\text{j}\omega L}=\left(\frac{1}{R}+\frac{1}{\text{j}\omega L}\right)\dot{U}$$

$$Y=\frac{\dot{I}}{\dot{U}}=\frac{1}{R}+\frac{1}{\text{j}\omega L}\ \left(\text{或 }Z=\frac{\dot{U}}{\dot{I}}=\frac{1}{\frac{1}{R}+\frac{1}{\text{j}\omega L}}=\frac{\text{j}\omega RL}{R+\text{j}\omega L}\right) \qquad (4\text{-}10)$$

RL 并联电路中以 $\dot{U}$ 为参考相量的各电流相量关系如图 4-8(b)所示。

4.3.2 RC 并联电路

RC 并联电路如图 4-9(a)所示。

(a)RC并联电路　　(b)RC并联电路的各相量关系

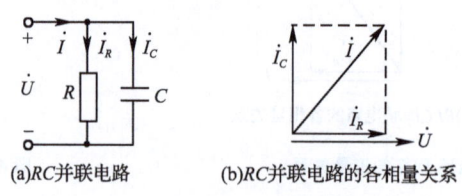

图 4-9　RC 并联电路及其各相量关系

设并联电路的电压为 $\dot{U}(\dot{U}=U\angle 0°)$，则电阻和电容支路的电流分别为

$$\dot{I}_R = \frac{\dot{U}}{R}, \quad \dot{I}_C = j\omega C \dot{U}$$

总电流与总复导纳（或总复阻抗）为

$$\dot{I} = \dot{I}_R + \dot{I}_C = \left(\frac{1}{R} + j\omega C\right)\dot{U}$$

$$Y = \frac{\dot{I}}{\dot{U}} = \frac{1}{R} + j\omega C = G + j\omega C \quad \left(\text{或 } Z = \frac{\dot{U}}{\dot{I}} = \frac{1}{\frac{1}{R} + j\omega C}\right)$$

RC 并联电路中，以 $\dot{U}$ 为参考相量的各电流相量关系如图 4-9(b)所示。

4.3.3 RLC 并联电路

RLC 并联电路如图 4-10(a)所示。

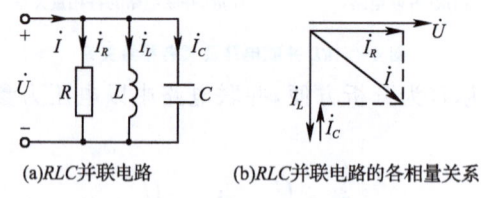

(a)RLC并联电路　　(b)RLC并联电路的各相量关系

图 4-10　RLC 并联电路及其各相量关系

设电压相量为 $\dot{U}(\dot{U}=U\angle 0°)$，则电流相量为

$$\dot{I} = \dot{I}_R + \dot{I}_L + \dot{I}_C = \frac{\dot{U}}{R} + \frac{\dot{U}}{j\omega L} + j\omega C \dot{U}$$

$$= \left(\frac{1}{R} - j\frac{1}{\omega L} + j\omega C\right)\dot{U}$$

这时的复导纳 $Y = G - j\frac{1}{\omega L} + j\omega C$，是三个支路复导纳的和。

RLC 并联电路中,以 $\dot{U}$ 为参考相量的各电流相量关系如图 4-10(b) 所示。

例 4-3 在图 4-10(a)中,已知 $R=50\ \Omega, \omega=100\ \text{rad/s}, L=10\ \text{mH}, C=0.01\ \text{F}, \dot{I}_R=200\underline{/0°}\ \text{mA}$。求电压相量和其他电流相量。

解:根据电阻的相量关系

$$\dot{U}=R\dot{I}_R=10\underline{/0°}\ \text{V}$$

其他电流为

$$\dot{I}_L=-j\frac{1}{\omega L}\dot{U}=10\underline{/-90°}\ \text{A}$$

$$\dot{I}_C=j\omega C\dot{U}=10\underline{/90°}\ \text{A}$$

4.4 正弦交流电路的相量图求解法

在正弦交流电路中,对于某些不太复杂的电路,相量图是一个十分有用的工具。例如 RLC 串联电路、RLC 并联电路等,这些电路中若采用相量图对其进行定性或定量的分析计算,通过电路中各电流相量图及各电压相量图直观地反映出相互之间的关系,可使电路的计算变得非常简便。

4.4.1 用相量图分析正弦交流电路的主要依据

1. 正弦量可以用相量图表示

在分析计算同频率的正弦量时,正弦量既可以在式子中表示为相量,也可以在相量图上表示,它们都反映了正弦量三要素中的有效值与初相位两个要素。但不同频率的正弦量,不能在同一个相量图中表示,当然也不能在相量图上进行各种运算。

2. 正弦交流电路中的欧姆定律可用相量形式表示

正弦交流电路中 R、L、C 这三种基本元件的电压与电流的关系都有相应的欧姆定律相量表示形式。在相量图中,应体现三种基本元件的电压与电流的相量关系,包括有效值关系和相位关系。特别是相位关系,在画相量图时需注意:对于电阻,电压与电流同相;对于电感,电压超前于电流 90°;对于电容,电流超前于电压 90°。

3. KCL 和 KVL 的相量形式

KCL 的相量形式 $\sum \dot{I}=0$ 和 KVL 的相量形式 $\sum \dot{U}=0$,反映在相量图上应为闭合的多边形。因为各相量的和为零,在相量图上相加的结果必然是回到相量的起点。

4.4.2 用相量图求解正弦交流电路的方法

1. 参考相量的选择

用相量图求解正弦交流电路时,首先应选定参考相量(参考相量的初相位为0°),同一电路中只可选择一个参考相量,其余相量都以参考相量为基准。参考相量的选择是否合适非常重要,应根据电路的具体结构合理选择才能使相量图变得简洁,否则会使电路的求解困难。

(1)对于串联电路,常选电流作为参考相量。

(2)对于并联电路,常选电压作为参考相量。

(3)对于混联电路,参考相量的选择比较灵活,可根据已知条件选定电路内部某串联部分电流或某并联部分电压作为参考相量。

(4)对于较复杂的混联电路,常选末端电压或电流作为参考相量。

2. 用相量图求解电路的方法

(1)根据电路结构及已知条件选择参考相量。

(2)以参考相量为基准,依据各元件或电路的电压与电流的相位关系画出其余的电压、电流相量图。

(3)运用电路的两个基本定律(相量形式的欧姆定律和 KCL、KVL 定律)及三角函数求解电路。

例 4-4 应用相量图求图 4-11(a)所示电路中电压表的读数。

解:图 4-11(a)所示电路为 RLC 串联电路,设参考相量为 $\dot{I}=I\underline{/0°}$,画出相量图如图 4-11(b)所示。在图中,先画出参考相量 $\dot{I}$,相量 $\dot{U}_R$ 与 $\dot{I}$ 同相,相量 $\dot{U}_L$ 超前 $\dot{I}$ 为 90°,相量 $\dot{U}_C$ 滞后 $\dot{I}$ 为 90°,而总电压为 $\dot{U}=\dot{U}_R+\dot{U}_L+\dot{U}_C$。

因此,可得到图 4-11(b)中所示的直角三角形关系,则

$$U=\sqrt{U_R^2+(U_L-U_C)^2}=\sqrt{4^2+(8-5)^2}\text{ V}=5\text{ V}$$

电压表读数为 5 V。此题的相量图也可按比例画出,用尺量得 U 的长度即电压表读数。

例 4-5 应用相量图求图 4-12(a)所示电路中 R 支路电流的有效值。

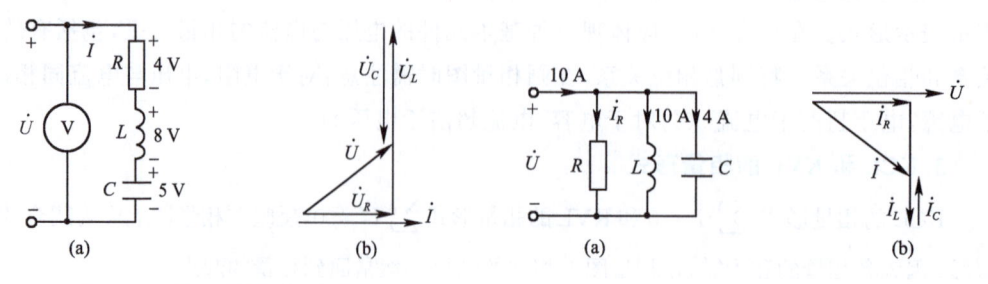

图 4-11 【例 4-4】的电路和相量图

图 4-12 【例 4-5】的电路和相量图

第 4 章 正弦交流电路的分析

解:图 4-12(a)所示电路为 RLC 并联电路,设参考相量为 $\dot{U}=U\underline{/0°}$,画出相量图如图 4-12(b) 所示。在图中,先画出参考相量 $\dot{U}$,相量 $\dot{I}_R$ 与 $\dot{U}$ 同相,相量 $\dot{I}_L$ 滞后 $\dot{U}$ 为 90°,相量 $\dot{I}_C$ 超前 $\dot{U}$ 为 90°,而总电流为 $\dot{I}=\dot{I}_R+\dot{I}_L+\dot{I}_C$。因此,可得到图 4-12(b)中所示的直角三角形关系,则

$$I_R=\sqrt{I^2-(I_L-I_C)^2}=\sqrt{10^2-(10-4)^2}\ \text{A}=8\ \text{A}$$

R 支路电流的有效值为 8 A。

例 4-6 RC 移相电路如图 4-13(a)所示,已知输入电压 $U_i=10$ V,$X_C=1$ kΩ。欲使 u_o 滞后 u_i 为 60°,R 值应为多少?此时的输出电压 U_o 又是多少?

解:以电流为参考相量(即 $\dot{I}=I\underline{/0°}$),画出电流和各电压的相量图如图 4-13(b)所示。

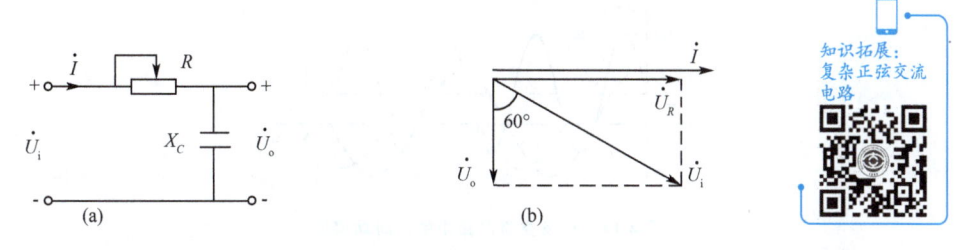

图 4-13 【例 4-6】的电路及相量图

根据相量图可知:$U_R=U_o\tan60°=\sqrt{3}U_o$,且因 $U_R=RI,U_o=X_CI$,故得 $R=\sqrt{3}X_C=1732$ Ω。$U_o=U_i\cos60°=0.5U_i=5$ V。

4.5 正弦交流电路中的功率

在正弦交流电路中,负载往往是由 R、L、C 元件组成的单口无源网络。在单口无源网络中,电阻 R 与 L、C 元件具有不同的特性,电阻 R 是将电能转变成热能而做功的耗能元件,L 和 C 是只进行磁场能与电场能相互转换而不消耗电能的储能元件。下面对单口无源网络的功率做一般性讨论。

4.5.1 瞬时功率

在第 3 章里,已经对电阻元件、电容元件和电感元件的瞬时功率和平均功率做了阐述。在正弦交流电路中,对任一单口无源网络,该网络的阻抗上的电流和电压瞬时值表达式分别为 $i=I_m\sin(\omega t+\psi_i)$ 和 $u=U_m\sin(\omega t+\psi_u)$,则它的瞬时功率为

$$\begin{aligned}
p &= ui = U_m \sin(\omega t + \psi_u) I_m \sin(\omega t + \psi_i) \\
&= \frac{1}{2} U_m I_m [\cos(\psi_u - \psi_i) - \cos(2\omega t + \psi_u + \psi_i)] \\
&= UI\cos\varphi - UI\cos(2\omega t + \psi_u + \psi_i) \quad\quad (4\text{-}11) \\
&= UI\cos\varphi - UI\cos(2\omega t + 2\psi_u - \varphi) \\
&= UI\cos\varphi - UI\cos\varphi\cos(2\omega t + 2\psi_u) - UI\sin\varphi\sin(2\omega t + 2\psi_u) \\
&= UI\cos\varphi[1 - \cos(2\omega t + 2\psi_u)] - UI\sin\varphi\sin(2\omega t + 2\psi_u) \quad (4\text{-}12)
\end{aligned}$$

式(4-12)表明，p 是一个角频率为 2ω 的函数，式中相位差 $\varphi = \psi_u - \psi_i$。在式(4-11)中，功率可分为两个分量，前者 $UI\cos\varphi$ 是不随时间变化的常量，后者 $-UI\cos(2\omega t + \psi_u + \psi_i)$ 是随时间按 $2\omega t$ 变化的变量。p、u、i 的波形如图 4-14 所示。在式(4-12)中，功率又可分为恒为正值的分量和交流变化的分量。

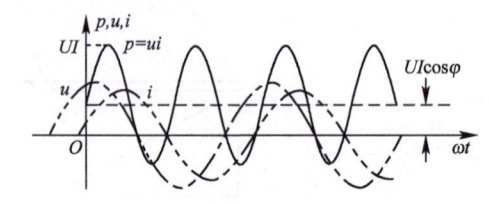

图 4-14 正弦交流电路中的瞬时功率波形

4.5.2 有功功率

现在讨论具有相量特点的几种功率形式，即有功功率、无功功率和视在功率。

有功功率又叫平均功率，对式(4-11)的瞬时功率 p 在一个周期内求平均值，就得出平均功率 P，其值为

$$P = \frac{1}{T}\int_0^T p\,dt = UI\cos\varphi \quad\quad (4\text{-}13)$$

在一个阻抗为 Z 的单口无源网络中，由于电感和电容都是储能元件，只进行能量的转换，不消耗功率，因而电感元件和电容元件的平均功率为 0。所以一个单口无源网络的平均功率就是电阻上实际消耗的功率，电阻将电能转换为其他形式的能量而做功，故平均功率又称为有功功率，单位为瓦(W)。

在式(4-13)中，$\cos\varphi$ 称为功率因数，用 λ 表示。由 $P = UI\cos\varphi$ 可以看出，有功功率的大小和电压与电流的相位差 φ 有关，如果阻抗为电阻元件，电流与电压同相，$\varphi = 0°$，$\cos\varphi = 1$，这时有功功率最大，$P = UI$；当阻抗为电容或电感元件时，电流与电压正交，$\varphi = \pm 90°$，$\cos\varphi = 0$，此时的有功功率 $P = 0$，元件不消耗功率。因此，$\cos\varphi$ 反映了正弦交流电路中有功功率与最大功率之间的关系，即

$$\cos\varphi = P/P_{max}$$

4.5.3 无功功率

由式(4-11)不难看出它的第二分量是随时间交变的,它是电路中电感元件或电容元件与电源进行能量交换的量值,把这部分的幅值称为无功功率。用 Q 表示,单位为乏(var)。

$$Q = UI\sin\varphi \tag{4-14}$$

由式(4-14)可见,无功功率也与电压、电流的相位差 φ 有关,当元件为电感 L 或电容 C 时,$\varphi = \pm 90°$,$\sin\varphi = \pm 1$,无功功率 Q 最大;当元件为电阻 R 时,$\varphi = 0°$,$\sin\varphi = 0$,无功功率 $Q = 0$。

4.5.4 视在功率

许多电力设备的容量是由它们的额定电流和额定电压的乘积决定的,为此引进了视在功率的概念,用 S 表示,单位是伏安(V·A),即

$$S = UI \tag{4-15}$$

有功功率、无功功率和视在功率三者之间显然有如下关系

$$\begin{cases} P = S\cos\varphi \\ Q = S\sin\varphi \end{cases} \tag{4-16}$$

$$\begin{cases} S = \sqrt{P^2 + Q^2} \\ \varphi = \arctan\dfrac{Q}{P} \end{cases} \tag{4-17}$$

知识拓展:
复功率

知识拓展:
功率因数的提高

4.6 串联谐振电路

谐振现象是指在含有 L 和 C 的单口网络中,当出现端口电压与电流同相,电路呈纯阻性时所发生的一种特殊现象。谐振现象的研究在电子技术领域有十分重要的实际意义,一方面,谐振有广泛的应用,另一方面,谐振也会破坏正常的工作。

4.6.1 谐振现象与谐振条件

RLC 串联谐振电路如图 4-15(a)所示。

在图 4-15(a)所示的 RLC 串联谐振电路中，复阻抗为

$$Z=R+\mathrm{j}\omega L-\mathrm{j}\frac{1}{\omega C}=R+\mathrm{j}(\omega L-\frac{1}{\omega C}) \tag{4-18}$$

当 ω 从低到高逐渐增大时，ωL 随之增大，而 $1/\omega C$ 随之减小，电抗随角频率的变化情况如图 4-15(c)所示。当 $\omega L=1/\omega C$ 时，$Z=R$，$\varphi=0$，这时电流与电压同相，这种情况称为谐振。

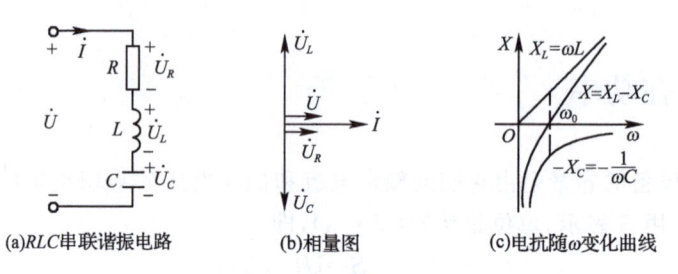

(a)RLC串联谐振电路　　　(b)相量图　　　(c)电抗随ω变化曲线

图 4-15 RLC 串联谐振电路、相量图和电抗随 ω 变化的曲线

谐振时的角频率用 ω_0 表示，称为谐振角频率。当 $\omega=\omega_0$ 时，有

$$\omega_0 L-\frac{1}{\omega_0 C}=0$$

$$\omega_0=\frac{1}{\sqrt{LC}} \quad \text{或} \quad f_0=\frac{1}{2\pi\sqrt{LC}} \tag{4-19}$$

由式(4-19)可见，谐振频率与电感和电容的大小有关，可以通过改变电感或电容的值来控制谐振的发生。

4.6.2 串联谐振时电路的特点

(1)串联谐振时，电路的总阻抗最小，且等于 R，电路为纯阻性。

因为谐振时 $X_L=X_C$，所以有

$$Z=R+\mathrm{j}(X_L-X_C)=R, \quad |Z|=R$$

(2)串联谐振时，在外加电压不变的情况下，电路的电流最大，且与总电压同相。

因为谐振时的阻抗最小，所以电流最大。电阻上的电压也最大，它等于外加电压。

$$\dot{I}=\frac{\dot{U}}{Z}=\frac{\dot{U}}{R}, \quad I=\frac{U}{|Z|}=\frac{U}{R}, \quad \dot{U}_R=\dot{U}$$

(3)串联谐振时，电感上的电压与电容上的电压大小相等、方向相反，且为电源电压的 Q 倍。

此时有 $\dot{U}_L+\dot{U}_C=0$，$\dot{U}=\dot{U}_R+\dot{U}_L+\dot{U}_C=\dot{U}_R$，且

$$\dot{U}_L = j\omega_0 L \dot{I} = j\omega_0 L \frac{\dot{U}}{R} = jQ\dot{U}, U_L = QU$$

$$\dot{U}_C = -j\frac{1}{\omega_0 C}\dot{I} = -j\frac{1}{\omega_0 C}\frac{\dot{U}}{R} = -jQ\dot{U}, U_C = QU$$

式中的 Q 称为串联谐振的品质因数,$Q=U_L/U$ 或 $Q=U_C/U$。当 Q 较大时,电感上的电压或电容上的电压会远远高于外加的电源电压,所以串联谐振又称为电压谐振。

谐振时的电流相量与各电压相量如图 4-15(b)所示。

(4)谐振时,电感与电容进行完全能量交换。

谐振时,无功功率 Q 为 0,阻抗角 φ 为 0,电路的功率因数 $\cos\varphi$ 为 1,整个电路的复功率就为电路的有功功率。电路不从外部吸收无功功率,电容和电感之间进行周期性的磁场能与电场能的相互转换。任一时刻的电场能与磁场能的总和为一常数,并等于电场能或磁场能的最大值,即

$$W(\omega_0) = \frac{1}{2}CU_{Cm}^2 = CU_C^2 \text{ 或 } W(\omega_0) = \frac{1}{2}LI_{Lm}^2 = LI_L^2$$

4.6.3 串联谐振电路的特性阻抗与品质因数

串联谐振电路的特性阻抗是指 RLC 电路谐振时的感抗或容抗,用符号 ρ 表示。在 RLC 串联谐振电路中,特性阻抗 ρ 的大小为

$$\rho = \omega_0 L = \frac{1}{\omega_0 C} = \sqrt{\frac{L}{C}} \tag{4-20}$$

谐振电路的品质因数,工程中简称为 Q 值,是反映谐振电路性能的一个重要物理量。Q 值的大小,用谐振电路中的储能元件(L 或 C)所存储的总能量与每周期中电阻 R 所消耗能量的比值来衡量。从能量角度给出的 Q 定义式为

$$Q = 2\pi \times \frac{\text{电路中一个周期内}L、C\text{存储的最大能量}}{\text{电路中一个周期内}R\text{所消耗的能量}} = \frac{\text{无功功率}}{\text{有功功率}} \tag{4-21}$$

根据 R、L、C 元件上的电压与电流的大小,可得 RLC 串联谐振电路的品质因数为

$$Q = \frac{Q_L}{P} = \frac{U_L I_L}{U_R I_R} = \frac{U_L}{U_R} = \frac{\omega_0 L I}{RI} = \frac{\omega_0 L}{R} \text{ 或 } Q = \frac{Q_C}{P} = \frac{U_C I_C}{U_R I_R} = \frac{U_C}{U_R} = \frac{1}{\omega_0 CR}$$

因此,RLC 串联谐振电路的品质因数又可表示为

$$Q = \frac{\omega_0 L}{R} = \frac{1}{\omega_0 CR} = \frac{1}{R}\sqrt{\frac{L}{C}} = \frac{\rho}{R} \tag{4-22}$$

式(4-22)表示了电路谐振时电感上的电压或电容上的电压是电源电压的多少倍,这个倍数就是 Q 值。在实际谐振电路中,电阻 R 往往是电感元件的内阻,阻值很小,所以 Q 值很大,这就表明谐振时,在电容和电感上会出现高于外加电压很多倍的谐振电压,称为过电压现象。过电压现象在电力系统中需要抑制,而在电子与通信领域却获得广泛应用。例如 $Q=100$,若电源电压 $U=220$ V,则谐振时 $U_L=U_C=QU=100\times 220$ V $=22000$ V $=22$ kV,这样高的电压很容易破坏电路的电气设备。但同样是 $Q=100$,若电源电压 $U=10$ mV,则谐振时 $U_L=U_C=QU=100\times 10$ mV $=1000$ mV $=1$ V。可见由于产生了谐振,

原来很微弱的信号增大了 Q 倍,在无线电与通信技术中,往往利用这一性质来选择有用的信号。

例 4-7 电路如图 4-15(a)所示,电路已处于谐振状态,已知 $U=10$ V, $L=1$ H, $C=25$ μF, $R=10$ Ω。(1)求电路的谐振角频率 ω_0;(2)求 I、U_L、U_C 和 U_R;(3)求品质因数 Q。

解:因电路已处于谐振状态,总电流与总电压同相,所以总阻抗的虚部为 0,即 $X=0$。

$$Z=R+j\omega L+\frac{1}{j\omega C}=R+j\left(\omega L-\frac{1}{\omega C}\right)=R+jX$$

由 $\omega_0 L-\dfrac{1}{\omega_0 C}=0$,得

$$\omega_0=\frac{1}{\sqrt{LC}}=\frac{1}{\sqrt{25\times 10^{-6}}} \text{ rad/s}=200 \text{ rad/s}$$

$$\dot{I}=\frac{\dot{U}}{Z}=\frac{10\angle 0°}{R}=\frac{10\angle 0°}{10} \text{ A}=1\angle 0° \text{ A}$$

$$\dot{U}_R=R\dot{I}=\dot{U}=10\angle 0° \text{ V}$$

$$\dot{U}_L=j\omega_0 L\dot{I}=j200 \text{ V}$$

$$\dot{U}_C=-\dot{U}_L=-j200 \text{ V}$$

$$Q=\frac{\rho}{R}=\frac{1}{R}\sqrt{\frac{L}{C}}=\frac{1}{10}\sqrt{\frac{1}{25\times 10^{-6}}}=\frac{200}{10}=20$$

$\omega_0=200$ rad/s, $I=1$ A, $U_L=200$ V, $U_C=200$ V, $U_R=10$ V, $Q=20$

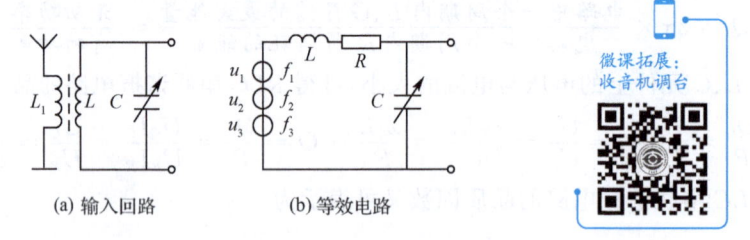

例 4-8 某收音机的输入回路如图 4-16(a)所示,可等效为一个 RLC 串联电路,如图 4-16(b)所示,已知线圈的电感量 $L=0.3$ mH,电阻 $R=16$ Ω,若欲收听 640 kHz 的电台广播信号,需使电路谐振于该频率。求此时可变电容器的容量 C 应为多少(pF)?如果该电台广播信号的感应电压为 $U=2$ μV,试求这时回路中该信号的电流 I_0 的大小,并计算在电容 C 两端得到的电压 U_C 有多大。

图 4-16 【例 4-8】收音机输入回路及等效电路

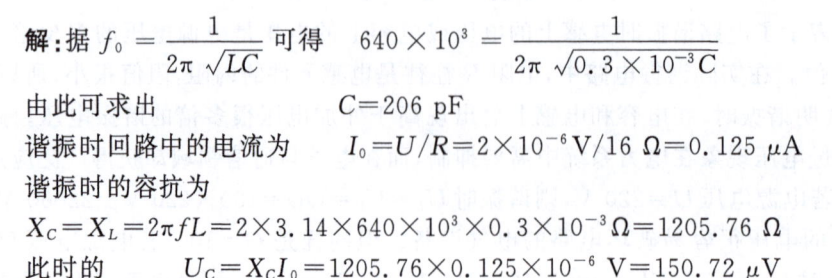

(a) 输入回路   (b) 等效电路

解:据 $f_0=\dfrac{1}{2\pi\sqrt{LC}}$ 可得 $640\times 10^3=\dfrac{1}{2\pi\sqrt{0.3\times 10^{-3}C}}$

由此可求出 $C=206$ pF

谐振时回路中的电流为 $I_0=U/R=2\times 10^{-6}\text{ V}/16\text{ Ω}=0.125$ μA

谐振时的容抗为

$$X_C=X_L=2\pi fL=2\times 3.14\times 640\times 10^3\times 0.3\times 10^{-3}\text{ Ω}=1205.76 \text{ Ω}$$

此时的 $U_C=X_C I_0=1205.76\times 0.125\times 10^{-6}$ V $=150.72$ μV

4.7 并联谐振电路

串联谐振电路适用于电源低内阻的情况,如果电源内阻很大,采用串联谐振电路将会严重地降低回路的品质因数,使电路的谐振特性变差。此时宜采用并联谐振电路,电源内阻越大,对并联谐振电路品质因数的影响越小。

4.7.1 谐振条件

RLC 并联谐振电路如图 4-17(a)所示。

在 RLC 并联谐振电路中,复导纳

$$Y = G - j\frac{1}{\omega L} + j\omega C$$

图 4-17 RLC 并联谐振电路及相量图

显然,当感纳与容纳相等($\frac{1}{\omega L} = \omega C$)时,电路中的导纳最小,即阻抗最大,电路呈纯阻性,这种情况称为并联谐振,并有

$$Y(\omega_0) = G + jB = G + j(B_C - B_L) = G + j(\omega_0 C - \frac{1}{\omega_0 L}) = G$$

$$\omega_0 C - \frac{1}{\omega_0 L} = 0$$

有

$$\omega_0 = \frac{1}{\sqrt{LC}} \quad 或 \quad f_0 = \frac{1}{2\pi\sqrt{LC}} \tag{4-23}$$

并联时谐振频率与串联时的谐振频率具有相同的表达式。

4.7.2 并联谐振时电路的特点

(1)并联谐振时,电路总导纳最小,也就是总阻抗最大。

$$Y(\omega_0)=G=\frac{1}{R},\text{即 }Z=\frac{1}{Y}=R$$

（2）在外加电流不变的情况下，电路的端电压最大，且与总电流同相。
$$U(\omega_0)=|Z|I=RI$$

（3）并联谐振时，电感中的电流与电容中的电流大小相等、方向相反，且为电源电流的 Q 倍。

此时有 $\dot{I}_L+\dot{I}_C=0,\dot{I}=\dot{I}_R+\dot{I}_L+\dot{I}_C=\dot{I}_R$，且

$$\dot{I}_L(\omega_0)=-\text{j}\frac{1}{\omega_0 L}\dot{U}=-\text{j}\frac{1}{\omega_0 L}\dot{I}R=-\text{j}Q\dot{I},I_L=QI$$

$$\dot{I}_C(\omega_0)=\text{j}\omega_0 C\dot{U}=\text{j}Q\dot{I},I_C=QI$$

式中的 Q 称为并联谐振电路的品质因数，$Q=I_L/I$ 或 $Q=I_C/I$。当 Q 较大时，电感中的电流或电容中的电流会远远大于电路中的总电流，所以并联谐振又称为电流谐振。

谐振时的电压相量与各电流相量如图 4-17(b) 所示。

（4）谐振时，电感与电容进行完全能量交换。

谐振时的无功功率为 0，电感与电容相互交换能量。LC 并联电路的电纳 $B=B_C-B_L=0$，电抗 $X=1/B\to\infty$，类似于开路状态。LC 中的电流由电容和电感之间进行周期性的磁场能与电场能的相互转换而形成。任一时刻的电场能与磁场能的总和为一常数，与 RLC 串联谐振电路相同，等于电场能或磁场能的最大值，即

$$W(\omega_0)=\frac{1}{2}CU_{Cm}^2=CU_C^2 \quad \text{或} \quad W(\omega_0)=\frac{1}{2}LI_{Lm}^2=LI_L^2$$

4.7.3　并联谐振电路的品质因数

并联谐振电路的 Q 是反映并联谐振电路性能的一个物理量。由 $Q=$ 无功功率/有功功率可得 $Q=I_L/I$ 或 $Q=I_C/I$，即

$$Q=\frac{I_L}{I}=\frac{UB_L}{UG}=\frac{1}{\omega_0 LG}=\frac{R}{\omega_0 L} \quad \text{或} \quad Q=\frac{I_C}{I}=\frac{UB_C}{UG}=\frac{\omega_0 C}{G}=\omega_0 CR$$

因为并联谐振时感纳与容纳相等，$1/(\omega_0 L)=\omega_0 C$，$\rho=\sqrt{\dfrac{L}{C}}$，故

$$Q=\frac{R}{\omega_0 L}=\omega_0 CR=\frac{R}{\rho}=R/\sqrt{\frac{L}{C}}=R\sqrt{\frac{C}{L}} \tag{4-24}$$

将式 (4-24) 与式 (4-20) 进行比较，可见 RLC 并联谐振电路的 Q 值计算式与 RLC 串联谐振电路的 Q 值计算式的分子、分母位置正好相反。

若直接根据 Q 值的能量定义式，也同样可以得到上述关系。因为在并联谐振电路中，L、C 存储的总能量为

$$W(\omega_0)=\frac{1}{2}CU_{Cm}^2=CU_C^2$$

第4章 正弦交流电路的分析

此时电路中 R 上一个周期内消耗的能量为

$$W_R(\omega_0) = T\frac{U^2}{R} = \frac{2\pi}{\omega_0} \times \frac{U^2}{R}$$

因此,由 Q 的一般定义式得到并联谐振电路的品质因数为

$$Q = \omega_0 CR = \frac{R}{\rho} = R/\sqrt{\frac{L}{C}} = R\sqrt{\frac{C}{L}}$$

而在串联谐振电路中,L、C 存储的总能量为

$$W(\omega_0) = \frac{1}{2}LI_{Lm}^2 = LI_L^2$$

此时电路中 R 上一个周期内消耗的能量为

$$W_R(\omega_0) = TRI^2 = \frac{2\pi}{\omega_0}RI^2$$

因此,由 Q 的一般定义式得到串联谐振电路的品质因数为

$$Q = \frac{\omega_0 L}{R} = \frac{\rho}{R} = \frac{1}{R}\sqrt{\frac{L}{C}}$$

例 4-9 电路如图 4-17(a)所示,电路已处于谐振状态,已知 $I=1$ mA,$L=10$ mH,$C=1$ μF,$R=10$ kΩ,(1)求电路的谐振角频率 ω_0;(2)求 U、I_L、I_C 和 I_R;(3)求品质因数 Q。

解:因电路已处于谐振状态,总电流与总电压同相,所以总复导纳的虚部为 0,即 $B=0$。

$$Y = \frac{1}{R} + j\omega_0 C + \frac{1}{j\omega_0 L} = \frac{1}{R} + j(\omega_0 C - \frac{1}{\omega_0 L}) = R + jB$$

由谐振条件 $\omega_0 C - \frac{1}{\omega_0 L} = 0$,得

$$\omega_0 = \frac{1}{\sqrt{LC}} = \frac{1}{\sqrt{10^{-2} \times 10^{-6}}} = 10^4 \text{ rad/s}$$

$$\dot{U} = \frac{\dot{I}}{Y} = \frac{\dot{I}}{G} = R\dot{I} = 10\underline{/0°} \text{ V}$$

$$\dot{I}_R = G\dot{U} = \dot{I} = 1\underline{/0°} \text{ mA}$$

$$\dot{I}_C = jB_C\dot{U} = j\omega_0 C\dot{U} = j100 \text{ mA}$$

$$\dot{I}_L = -\dot{I}_C = -j100 \text{ mA}$$

$$Q = \frac{R}{\rho} = R\sqrt{\frac{C}{L}} = R\omega_0 C = 100$$

$\omega_0 = 10^4$ rad/s,$U=10$ V,$I_L=100$ mA,$I_C=100$ mA,$I_R=1$ mA,$Q=100$

> 知识拓展:
> 电感线圈与电容器
> 并联谐振电路

仿真训练

正弦交流电路中的电压、电流、功率等参数,除了用相量法进行计算外,也可以用仿真方法进行测试,并且可以直接观察到有关电压的波形。

仿真训练 1　正弦交流串联电路仿真

一、仿真目的

(1) 学会 Multisim 中正弦交流电路的交流电压测量方法。

(2) 通过仿真训练,进一步理解正弦交流电路中 R、L、C 元件的性质,电压与电流的大小关系及相位关系。

(3) 通过仿真训练,进一步了解正弦交流电路中阻抗串联时,总电压等于各阻抗上分电压的相量和。

二、仿真原理

(1) 正弦交流电路的主要电路元件有 R、L、C。电压与电流之间的关系由复数形式的欧姆定律来表示,表达形式为 $\dot{U}=Z\dot{I}$,其中 Z 称为复阻抗。对于 R、L、C 元件,复阻抗分别为 $Z_R=R$,$Z_L=\mathrm{j}\omega L$,$Z_C=1/(\mathrm{j}\omega C)$,由此得到 R、L、C 元件上电压与电流的相量关系分别为: $\dot{U}_R=R\dot{I}_R$,$\dot{U}_L=\mathrm{j}\omega L\dot{I}_L$,$\dot{I}_C=\mathrm{j}\omega C\dot{U}_C$。

(2) 在 R、L、C 元件的电压与电流相量关系中,反映了各元件电压与电流的大小关系(有效值关系)和相位关系。

对于电阻元件,电压与电流的大小关系为 $U_R=RI_R$,相位关系为 $\varphi_u=\varphi_i$,即电阻元件的电压与电流同相。

对于电感元件,电压与电流的大小关系为 $U_L=\omega LI_L$,相位关系为 $\varphi_u=\varphi_i+90°$,即电感元件的电压超前电流 90°。

对于电容元件,电压与电流的大小关系为 $U_C=1/(\omega C)I_C$,相位关系为 $\varphi_u=\varphi_i-90°$,即电容元件的电压滞后电流 90°。

(3) 正弦交流电路的分析计算,依据复数形式的欧姆定律($\dot{U}=Z\dot{I}$)和相量形式的基尔霍夫定律($\sum \dot{U}=0$,$\sum \dot{I}=0$)进行,电路分析的方法与直流电路的分析类似。

(4) 在 RLC 串联电路中,总电压相量等于各元件上分电压的相量和,总电压的大小与各元件上的分电压大小满足电压三角形关系。

三、仿真内容与步骤

1. 两只纯电阻的串联电路仿真

(1) 在 Multisim 11.0 软件窗口中建立如图 4-18 所示两只纯电阻串联的仿真电路。双击正弦交流电源,在打开的窗口中设置正弦交流电源的有效值为 5 V,频率设置为 $f=$ 159.15 Hz(使 $\omega=2\pi f=1000$ rad/s),两只电阻分别设置为 300 Ω 和 400 Ω。

(2) 从仪器库中选取数字万用表,分别接在电路中各元件的两端,双击各数字万用表,弹出其面板,选择测试项目为交流电压,测量各元件上电压的有效值。

(3) 单击仿真运行开关,显示测量结果,将测量值填入表 4-1 中,根据 $\dot{U}=\dot{U}_{R1}+\dot{U}_{R2}$ 画出各电压的相量图(以电流为参考相量),并验证纯电阻串联电路的电压有效值关系 $U=U_{R1}+U_{R2}$。

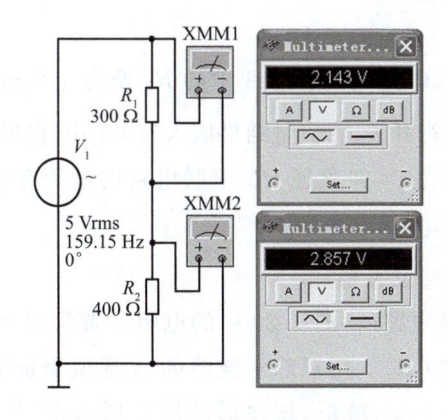

图 4-18　两只纯电阻串联的仿真电路

表 4-1　　　　　　　　　正弦交流串联电路的仿真数据记录

两只纯电阻串联电路					RC 串联电路					RL 串联电路			
电压	U_{R1}/V	U_{R2}/V	U/V	$U_{R1}+U_{R2}$/V	电压	U_R/V	U_C/V	U/V	$\sqrt{U_R^2+U_C^2}$/V	电压	U_R/V	U_L/V	U/V	$\sqrt{U_R^2+U_L^2}$/V
相量图					相量图					相量图			

2. 电阻与电容的串联电路仿真

建立如图 4-19 所示 RC 串联电路(将图 4-33 中的 R_2 换为 2.5 μF 电容,使容抗为 $X_{C1}=1/\omega C_1=400\ \Omega$)。单击仿真运行开关,将测量结果填入仿真数据记录表 4-2 中,根据 $\dot{U}=\dot{U}_R+\dot{U}_C$ 画出各电压的相量图(以电流为参考相量),并验证 RC 串联电路的电压有效值的三角形关系 $U=\sqrt{U_R^2+U_C^2}$。

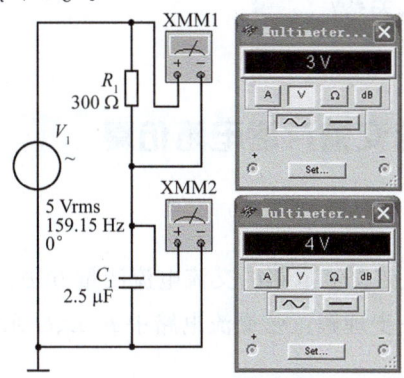

图 4-19　RC 串联仿真电路

3. 电阻与电感的串联电路仿真

建立如图 4-20 所示 RL 串联仿真电路(将图 4-18 中的 R_2 换为 400 mH 电感,使感抗为 $X_{L1}=\omega L_1=400\ \Omega$)。单击仿真运行开关,将测量结果填入表 4-1 中,根据 $\dot{U}=\dot{U}_R+\dot{U}_L$ 画出各电压的相量图(以电流为参考相量),并验证 RL 串联电路的电压有效值的三角形关系 $U=\sqrt{U_R^2+U_L^2}$。

4. 用示波器测量正弦交流电路的相位关系

建立如图 4-21 所示 RL 串联仿真电路(将图 4-20 中的电阻设置为 $R_1=400\ \Omega$,使电阻与感抗相等,即 $R_1=X_{L1}=\omega L_1=400\ \Omega$)。用双踪示波器的 A 通道测量电阻两端的电压 u_{R1} 波形,B 通道测量电感两端的电压 u_{L1} 波形,该波形已用△形做标记。单击仿真开关,观察各波形显示结果。由于本电路中电阻与感抗相等,且电阻上的电压与电流同相位,而电感上的电压超前电流 90°,所以本电路中的 u_L 超前 u_R 45°,且大小相等,$U_R=U_L$。

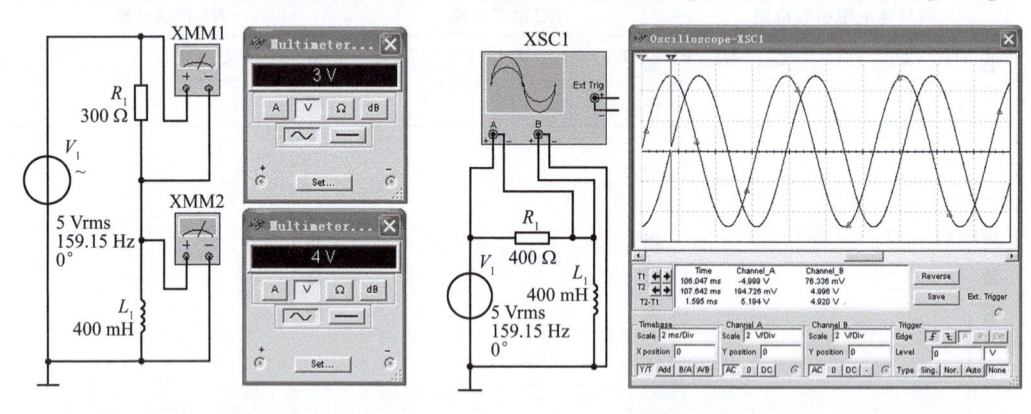

图 4-20 RL 串联仿真电路

图 4-21 RL 串联仿真电路及其波形与相位测量

四、思考题

(1)仿真电路中数字万用表的交流电压显示的是什么值?最大值与有效值之间是什么关系?

(2)在 RC 串联电路与 RL 串联电路中,各分电压有效值之和为什么不等于电源电压的有效值?它们之间是什么关系?

仿真训练 2　正弦交流并联电路仿真

一、仿真目的

(1)学会 Multisim 中正弦交流电路的交流电流测量方法。

(2)通过仿真训练,进一步理解正弦交流电路中 R、L、C 元件的性质,电压与电流的大小关系与相位关系。

第4章　正弦交流电路的分析

(3)通过仿真训练,进一步了解正弦交流电路中阻抗并联时,总电流等于各阻抗中分电流的相量和。

二、仿真原理

正弦交流电路的分析计算,依据复数形式的欧姆定律($\dot{U} = Z\dot{I}$)和相量形式的基尔霍夫定律($\sum \dot{U} = 0, \sum \dot{I} = 0$)进行。在RLC并联电路中,总电流相量等于各元件中分电流的相量和,总电流的大小与各元件中的分电流大小满足电流三角形关系 $I = \sqrt{I_R^2 + I_X^2}$。

三、仿真内容与步骤

1.电阻与电容的并联电路仿真

(1)在 Multisim 11.0 软件窗口中建立如图 4-22 所示 RC 并联仿真电路。正弦交流电源的有效值设置为 100 V,频率设置为 $f=159.15$ Hz(使 $\omega=2\pi f=1000$ rad/s),设置电阻 $R_1=1$ kΩ,电容 $C_1=1$ μF,使容抗与电阻相等($X_{C1}=1/\omega C_1=1$ kΩ$=R_1$)。

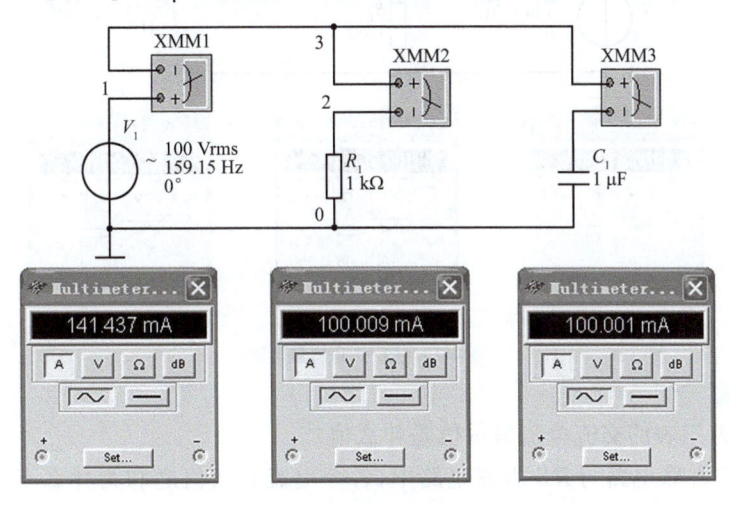

图 4-22　RC 并联仿真电路

(2)从仪器库中选取数字万用表,分别串接在各支路中,双击各数字万用表,弹出其面板,选择测试项目为交流电流,测量各支路中的电流有效值。

(3)单击仿真运行开关显示测量结果,填入表 4-2 中,根据 $\dot{I} = \dot{I}_R + \dot{I}_C$ 画出各电流的相量图(以电压为参考相量),并验证电流有效值的三角形关系 $I = \sqrt{I_R^2 + I_C^2}$。

2.电阻与电感的并联电路仿真

(1)建立如图 4-23 所示的 RL 并联仿真电路(将图 4-22 中的 C_1 换为 1 H 电感 L_1,使感抗与电阻相等,即 $X_{L1}=\omega L_1=1$ kΩ$=R_1$)。

(2)单击仿真运行开关,将测量结果填入表 4-2 中,根据 $\dot{U} = \dot{U}_R + \dot{U}_L$ 画出各电流的相量图(以电压为参考相量),并验证电流有效值的三角形关系 $I = \sqrt{I_R^2 + I_L^2}$。

电路分析基础

表 4-2　　　　正弦交流并联电路的仿真数据记录表

RC 并联电路					RL 并联电路				
电流	I_R/mA	I_C/mA	I/mA	$\sqrt{I_R^2+I_C^2}$/mA	电流	I_R/mA	I_L/mA	I/mA	$\sqrt{I_R^2+I_L^2}$/mA
相量图					相量图				

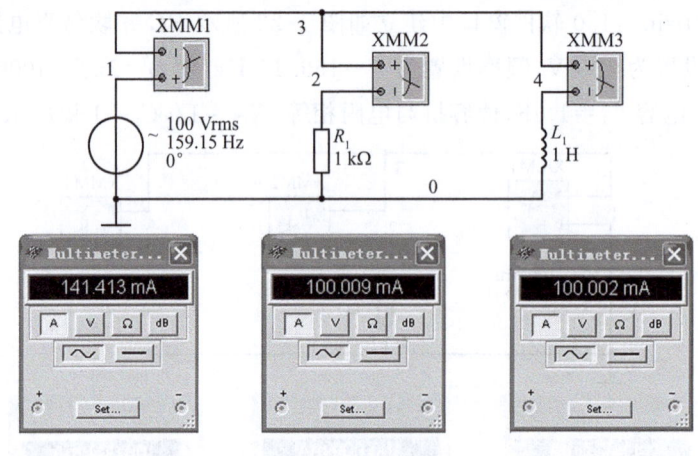

图 4-23　RL 并联仿真电路

四、思考题

(1)数字万用表的交流电流显示值是什么值？

(2)在 RC 并联电路与 RL 并联电路中,各分电流有效值之和为什么不等于电源电流有效值？它们之间是什么关系？

仿真拓展：
功率与功率因数的提高仿真

仿真训练 3　　RLC 串联谐振和并联谐振电路仿真

一、仿真目的

(1)进一步学会 Multisim 中正弦交流电路的电压与电流的测量方法及波形与频率特性曲线的测量方法。

(2)通过仿真训练,进一步理解 RLC 谐振电路的谐振频率 f_0 与 Q 值的概念。

(3)通过仿真训练,掌握 RLC 串联谐振电路的特点,特别是串联谐振时电路中的电流 I 最大,L 与 C 上的电压大小相等、方向相反、是电源电压 Q 倍的特点。

(4)通过仿真训练,掌握 RLC 并联谐振电路的特点,特别是并联谐振时电路两端的电压 U 最大,L 与 C 中的电流大小相等、方向相反、是电源电流 Q 倍的特点。

第4章 正弦交流电路的分析

二、仿真原理

(1) 谐振现象是指在 RLC 电路中,当电路的总电压与总电流相位相同时所发生的一种特殊现象。

(2) 要使电路的总电压与总电流同相,其条件是电路总阻抗的虚部为 0,即谐振的条件是感抗等于容抗 ($\omega L=1/\omega C$),由此可得谐振频率为 $f_0=1/(2\pi\sqrt{LC})$。

(3) RLC 串联谐振也称为电压谐振,谐振时电路的阻抗呈纯阻性,$Z=R$,感抗等于容抗,电路中的电流最大 $I=U/R$,$U_R=U$,电感上的电压与电容上的电压大小相等、相位相反、互相抵消,且为电源电压 Q 倍 ($U_L=U_C=QU$)。

(4) RLC 并联谐振也称为电流谐振,谐振时电路两端的电压最大,导纳最小 (阻抗最大),电感中的电流与电容中的电流大小相等、相位相反、互相抵消,且为总电流的 Q 倍 ($I_L=I_C=QI$)。

(5) 品质因数 Q 是反映谐振电路特性的一个物理量。RLC 串联谐振电路的品质因数为 $Q=\sqrt{L/C}/R$;RLC 并联谐振电路的品质因数为 $Q=R/\sqrt{L/C}$。

三、仿真内容及步骤

1. 用示波器测量 RLC 串联电路的谐振频率 f_0 与品质因数 Q

(1) 在 Multisim 11.0 软件窗口中建立如图 4-24 所示的 RLC 串联电路。取电源电压有效值为 1 V,并设置 $R=1\ \Omega$,$L=10\ \text{mH}$,$C=1\ \mu\text{F}$ (使谐振频率为 $f_0=1/2\pi\sqrt{LC}=1591\ \text{Hz}$,品质因数为 $Q=\sqrt{L/C}/R=100$)。接入双踪示波器测量电路中的总电压与总电流的相位。示波器的 B 通道输入端与 A 通道输入端分别用来测量 RLC 电路两端的总电压 u 和电路中的电流 i (电路中的电流 i 可通过电阻 R 上的电压间接测量,电流 i 的相位与 u_R 同相)。示波器的面板设置可参考图 4-24 所示。

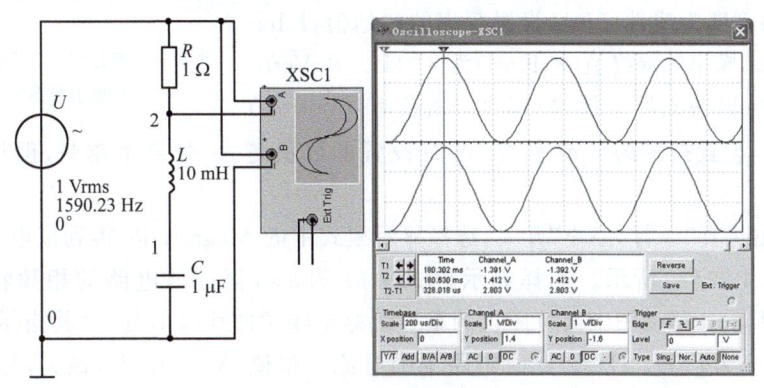

图 4-24 RLC 串联电路的谐振频率测量

(2) 双击正弦交流电源,设置电源的频率在 1.5~1.7 kHz 的某一值,然后单击仿真"运行/停止"开关,观察电路中电流波形与电压波形的相位是否一致,不一致则重新设置某一频率测试,逐次逼近,当电流与电压的相位同相时,对应的电源频率即电路的谐振频率 f_0,经反复测试可使 f_0 在 1.59 kHz 左右,如图 4-24 所示,图中右侧示波器显示面板的上部波形为 R 上的电压 (u_R 与 i_R 波形相同),下部波形为 RLC 电路两端的电压 (亦即电源电压 u)。此时电阻上的电压与电源电压大小相等,相位相同,$u_R=u$,$U_R=U=1$ V,

$U_L=U_C=100$ V, $Q=U_L/U=100$, u_L 与 u_C 的波形如图 4-25 中右侧示波器显示面板所示,两者相位相反,$u_L+u_C=0$。

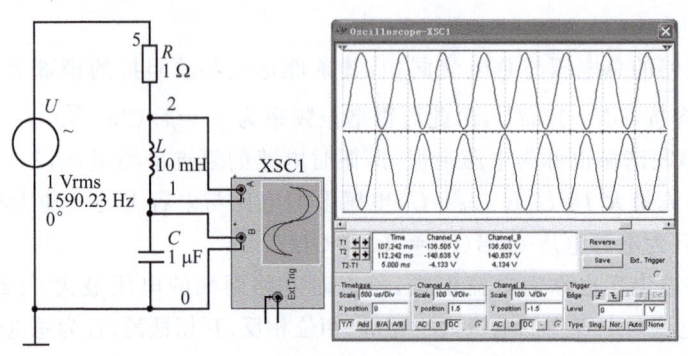

图 4-25　RLC 串联谐振电路中 u_L 与 u_C 的波形测量

2. 用波特图仪测量 RLC 串联谐振电路的频率特性

波特图仪(Bode Plotter)是一种测量和显示电路的幅频特性和相频特性的仪器,它能够产生一个频率范围很宽的扫频信号,用来分析电路的频率特性。波特图仪有输入和输出两组端口,它的输入端接被测电路的输入端,输出端接被测电路的输出端。

(1)从仪器库中选取波特图仪,输入端接在 RLC 电路的两端,输出端接在电阻 R 两端,用于测量 RLC 电路中的电流($i=u_R/R$),电路如图 4-26 所示。

(2)双击波特图仪,打开设置面板。在显示模式(Mode)区,Magnitude 用来显示被测电路的幅频特性,Phase 用来显示被测电路的相频特性。在 Horizontal 区,设置 X 轴的刻度为线性(Lin),设置频率的初始值(I,Initial)为 1 kHz,频率的最终值(F,Final)为 2 kHz。在 Vertical 区,设置纵轴的刻度为线性(Lin)。在控制(Controls)

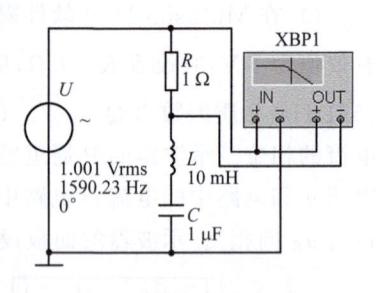

图 4-26　用波特图仪测量串联谐振电路的频率特性

区,单击 Set,设置扫描的分辨率为 1000(设置的数值越大,分辨率越高,但运行时间越长)。

(3)单击仿真"运行/停止"开关,选择显示模式中的 Magnitude,得到该电路的幅频特性曲线如图 4-27(a)所示。选择显示模式中的 Phase,得到该电路的相频特性曲线如图 4-27(b)所示。移动图中波特图仪的垂直游标至幅频曲线峰值处,由其指示值可见,电路的谐振频率为 1.591 kHz。此时电路中的电流 I 幅值(Magnitude)最大,相位(Phase)为 0°。

3. 用交流分析法分析 RLC 串联谐振电路的谐振频率 f_0

除了通过测量电路的总电压 u 与总电流 i 的波形是否同相来确定谐振频率 f_0 外,也可以通过对电路中总电流 i 的交流分析(AC Analysis)来确定其谐振频率 f_0,电流 i 的交流分析有大小分析与相位分析两种。电路中的电流 i 在不同的频率时有不同的幅值和不同的相位。在谐振时,电路中电流 i 的幅值最大,电流 i 的相位与电源电压的相位相同都为 0°。图 4-28 是对本仿真电路中电流 i 的交流分析的结果,上部图形为电流的幅度

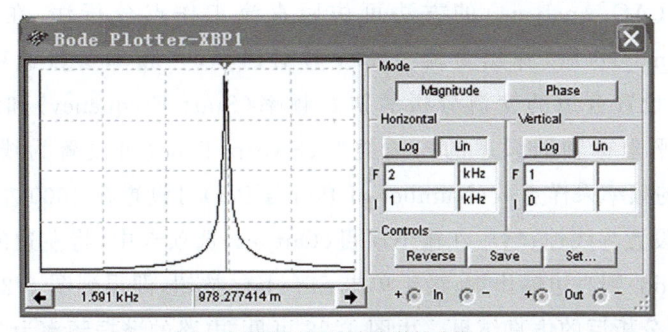

(a) 串联谐振电路的幅频特性曲线

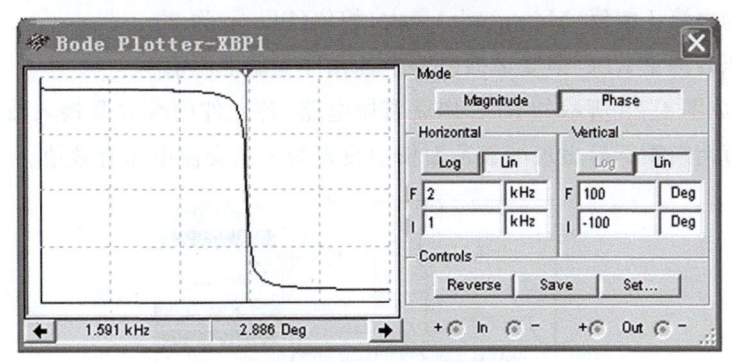

(b) 串联谐振电路的相频特性曲线

图 4-27　串联谐振电路的频率特性测量

(Magnitude)随频率变化的曲线,下部图形为电流的相位(Phase)随频率变化的曲线,在电流最大或相位为 0°时所对应的频率就是谐振频率 f_0,该频率也可经交流分析后通过 Excel 表格输出具体的数值。

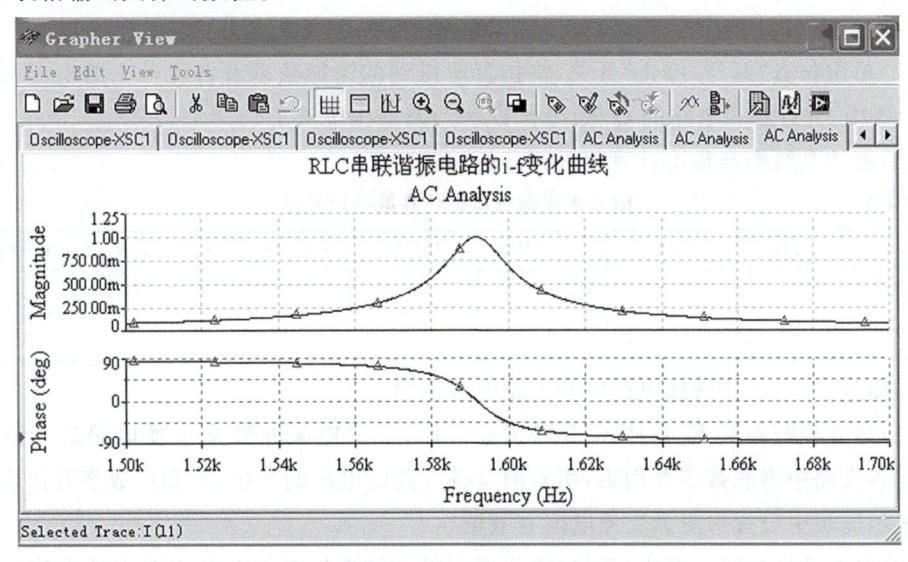

图 4-28　电流 i 的交流分析结果(i 的幅值与相位随频率 f 的变化情况)

交流分析(AC Analysis)的方法可仿照直流工作点分析法,在单击 Simulate/Analysis/AC Analysis 后,弹出交流分析设置对话框,在频率参数选项卡(Frequency Parameters)中,设置合适的交流分析的初始频率(Start Frequency)和终止频率(Stop Frequency),水平坐标轴的频率的扫描类型(Sweep Type)可设置为线性(Linear),每 10 倍频率之间的频率采样点数(Number of Points Per)可设置在 1000 左右,纵坐标的刻度(Vertical)可设置为线性;然后在输出项目(Output)选项卡中,将左边的电路参数中的电流(I)添加(Add)到右边输出端;最后单击 Simulate 按钮,即得到图 4-26 所示的电路中的电流 i 经交流分析后的仿真结果。由图 4-28 可见,电路的谐振频率为 1.59 kHz 左右。此时电路中的电流 I 幅值(Magnitude)最大,相位(Phase)为 0°。

4. 用电压表测量 RLC 串联谐振电路中各元件上的电压值

(1)创建如图 4-29 所示的 RLC 串联谐振电路,各元件两端并联接入数字万用表,并在双击数字万用表图标后出现的显示面板中设置为测量交流电压有效值。

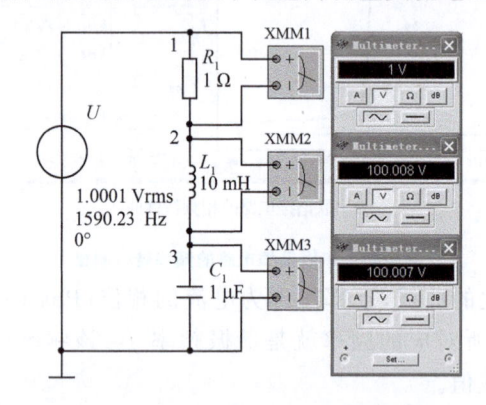

图 4-29 RLC 串联谐振电路的电压测量

(2)单击仿真"运行/停止"开关,将仿真所得到的谐振频率及各元件上的电压值记录在表 4-3 中,并计算该电路的 Q 值($Q=U_L/U$)及谐振电流 I_0($I_0=U_R/R$)。

(3)将仿真数据与理论计算值进行分析比较。

表 4-3   RLC 串联谐振电路仿真数据记录表

参数	f_0/kHz	U/V	U_R/V	U_L/V	U_C/V	$I_0(=U_R/R)$/A	$Q=U_L/U$
测量值							
计算值							

5. 测量 RLC 并联谐振电路中各支路的电流值

(1)建立如图 4-30 所示 RLC 并联谐振电路,设置电源的频率 f 使电路处于谐振状态。在各支路中串联数字万用表,用来测量各支路的电流的大小,在双击数字万用表图标后的显示面板中设置为测量交流电流有效值。

(2)单击仿真"运行/停止"开关,将仿真所得到的谐振频率及各支路中的电流值记录在表 4-4 中,并计算该电路的 Q 值($Q=I_L/I$)及谐振电压 U_0($U_0=I_R R$)。

(3)将仿真数据与理论计算值进行分析比较。

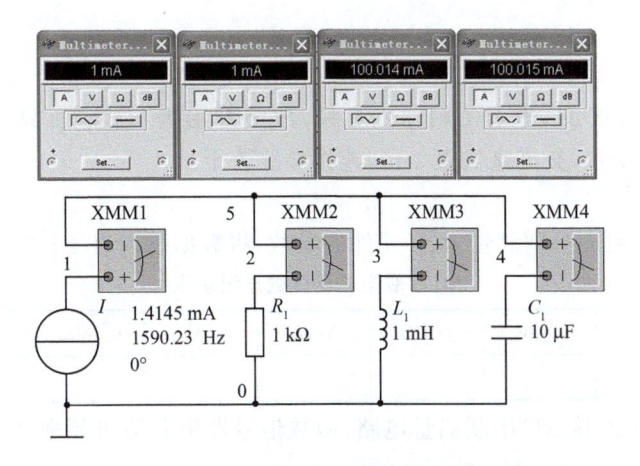

第 4 章 正弦交流电路的分析　117

图 4-30 *RLC* 并联谐振电路的电流测量

表 4-4　　　　　　　　　*RLC* 并联谐振电路仿真数据记录表

参数	f_0/kHz	I/mA	I_R/mA	I_L/A	I_C/A	$U_0(=I_R R)$/V	$Q=I_L/I$
测量值							
计算值							

四、思考题

(1) 在 *RLC* 串联谐振电路中,若将 R 值取为 1 kΩ,则表 4-5 中各项的值应为多少?

(2) 在 *RLC* 串联谐振电路中,若将 L 值取为 10 mH,C 值取为 100 pF,则谐振频率和 Q 值分别为多少?

(3) 在 *RLC* 并联谐振电路中,若将 R 值取为 1 Ω,则表 4-4 中各项的值如何变化?

技能训练

技能训练 1　RC 串联的正弦交流电路测量

一、训练目的

(1) 验证 RC 串联正弦交流电路中的总电压 u 与 R、C 元件电压 u_R、u_C 之间的关系,加深理解 RC 串联容性电路中电压滞后电流的相位特性。

(2) 进一步熟悉示波器与信号发生器的操作使用方法,正确识读被测信号波形的频率与幅度。

二、训练说明

在 RC 串联正弦交流电路中,总电压等于各元件上电压的相量和,即 $\dot{U} = \dot{U}_R + \dot{U}_C$。总电压的有效值为 $U = \sqrt{U_R^2 + U_C^2}$,其值可用毫伏表测量或通过示波器的波形读出;总电压 u 滞后电流 i 的相位差为 φ,$\varphi = \arctan\dfrac{X_C}{R}$,电压与电流的相位差可通过示波器观察。

三、训练器材

电阻 $R(100\ \Omega)$ 1 只,电容 $C(1\ \mu F)$ 1 只,数字万用表(自备)1 只,函数信号发生器 1 台,双踪示波器 1 台,交流毫伏表 1 台,连接导线若干。

四、测试步骤

(1)用数字万用表分别测量 R、C 元件的参数,将数据填入表 4-5 中。

表 4-5　　　　　　　　　　　　RC 串联电路测试数据记录表

测量项目	R/Ω	$C/\mu F$	f/kHz	X_C/Ω	u_R/V_{P-P}	u_C/V_{P-P}	u/V_{P-P}	$\varphi=\psi_u-\psi_i$
测量值								

(2)按图 4-31 连接 RC 串联测量电路,函数信号发生器输出频率 f 约为 1.6 kHz,幅度(u_s 的峰-峰值)约为 2.5 V_{P-P} 的正弦波。

(3)用双踪示波器测量 u_R 和 u_C 波形(两个输入通道连接线的黑线接 R、C 元件的中点),微调信号发生器的频率,使 u_R 与 u_C 的幅度相等(此时有 $X_C=R$),将其频率 f 的数值记入表 4-5 中,并计算 $X_C=\dfrac{1}{2\pi fC}$ 的值。

(4)调节信号发生器输出正弦波的幅度,使 u_R 与 u_C 的幅度为 1 V_{P-P} 左右,然后再测量 RC 串联电路的总电压 u,将这三个电压的幅值记入表中。

(5)根据 $\dot{U}=\dot{U}_R+\dot{U}_C$,分析是否有 $U=\sqrt{U_R^2+U_C^2}$ 关系。

(6)观察电路总电压与电流的相位差 φ。用示波器的输入 1 采样电路中电流的波形(通过测量电阻两端的电压 u_R 而得,电流的相位与 u_R 相位相同),输入 2 测量信号源两端电压 u_s 的波形,观察两者之间相位的超前与滞后关系,将两个波形之间的相位差 φ 记录在表 4-5 中。

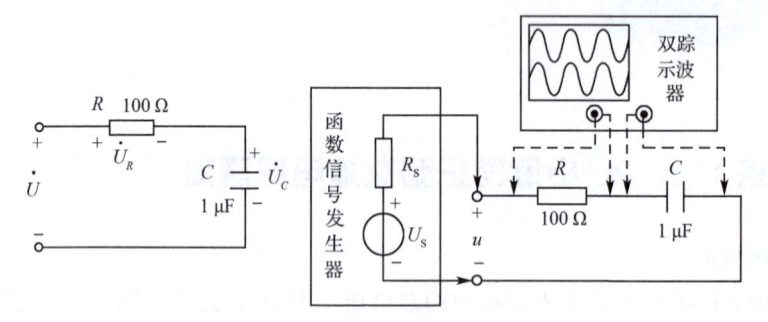

图 4-31　RC 串联测量电路

五、思考题

(1)数字万用表测量交流电压的最高频率是多少?能否用数字万用表来测量该电路中的电压及电流?

(2)以电流为参考相量($\dot{I}=I\angle 0°$ A),画出 $\dot{U}_R$、$\dot{U}_C$、$\dot{U}$ 的相量图。

(3)若将 C 换成 100 Ω 的电阻,使电路变为两只 100 Ω 电阻串联的电路,则总电压 U 与 U_{R1}、U_{R2} 的关系如何?写出 U 与 U_{R1}、U_{R2} 的关系式。

技能训练 2　日光灯电路的安装与功率的测量

一、训练目的
(1) 了解日光灯电路的工作原理,学会安装日光灯电路。
(2) 了解交流电路中视在功率和有功功率的概念,进一步理解有功功率的含义。

二、训练说明
日光灯电路由灯管、镇流器、启辉器三部分组成,如图4-32所示。当电路开关刚接通时,电源电压全加在启辉器两端,此时启辉器产生辉光放电,使双金属片受热膨胀而接通,电源经镇流器、灯管的两极灯丝及启辉器形成通路,灯管的灯丝受到预热,经1～3 s后,启辉器因触点接通(阻值可视为0)、温度下降而自动开路,于是镇流器两端瞬间产生较高的自感电压(400～600 V),该电压与电源电压叠加后加在灯管两端,将管内气体击穿而产生弧光放电,从而使日光灯点亮。日光灯点亮后,相当于一个纯电阻,镇流器的阻抗则起到限流降压的作用,使灯管两端的电压比电源低得多(根据不同的灯管功率该电压可在50～100 V,且该电压不足以使启辉器放电,其触点不再闭合),从而维持日光灯正常工作。

在日光灯电路中,视在功率是电路两端的总电压与总电流的乘积,有功功率是电路的总电阻(主要是日光灯灯管的等效电阻 R,另外还包括镇流器的电阻 R_L)上所消耗的功率,无功功率是镇流器的电感 L 上的功率。三者之间为功率三角形的关系:$S^2=P^2+Q^2$。

三、训练器材
灯管、镇流器、启辉器、开关各1只,功率表1只,数字万用表1只,连接导线若干。

四、测试步骤
(1) 按图4-32连接好电路。

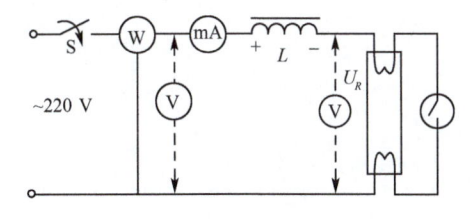

图4-32　日光灯电路

(2) 检查电路正确无误后,接通开关S,点亮日光灯的灯管。
(3) 按表4-6要求,分别测量有关数据,将结果填入表4-6中。其中 U 为电源供电电压,U_L 为镇流器两端电压,U_R 为灯管两端电压,I_L 为电路中的交流电流,P 为功率表的指示值。
(4) 切断开关S,用万用表测量镇流器的电阻值 R_L,填入表4-6中。
(5) 计算灯管的等效电阻:$R=U_R/I_L$,填入表4-6中。
(6) 计算灯管的有功功率:$P_R=U_R \cdot I_L$,填入表4-6中。

(7)计算镇流器电阻上消耗的功率：$P_{RL}=I_L^2 \cdot R_L$，填入表 4-6 中。

(8)计算电路的视在功率：$S=U \cdot I_L$，填入表 4-6 中。

(9)计算电路的无功功率：$Q=\sqrt{S^2-P^2}$，填入表 4-6 中。

(10)比较功率表的读数值 P 与电路测量值 P' 之间的误差：$\Delta P=P-P'$，其中 $P'=P_R+P_{RL}$。

表 4-6 日光灯电路测试数据记录表

测量值							计算值					
U/V	U_L/V	U_R/V	I_L/mA	P/W	R_L/Ω	R/Ω	P_R/W	P_{RL}/W	S/VA	Q/var	$\Delta P/P-P'$

五、注意事项

(1)认真检查实验电路,特别注意接线时别把镇流器短路,以免烧坏日光灯。

(2)日光灯启动时的电流较正常工作时的电流大,用数字万用表串联接入电路中测其电流时,应选用 10 A 交流电流挡。

(3)安全用电,注意人身安全,以防触电。

六、思考题

(1)为什么镇流器的功率应与灯管相匹配?

(2)比较功率表读数与灯管消耗功率的大小,并说明产生误差的主要原因。

自主技能训练：
RLC 串联谐振电路的测量

讨论笔记

1. 阻抗、导纳的定义？

2. RLC 串联电路有哪些特点？

3. RLC 并联电路有哪些特点？

4. 正弦交流电路中有哪些功率？之间有什么关系？

5. 谐振的定义？RLC 串联谐振、并联谐振分别有哪些特点？

第4章 习题

（学号：_____ 班级：_____ 姓名：_____）

4-1 求如图 4-34 所示电路的等效阻抗和导纳。

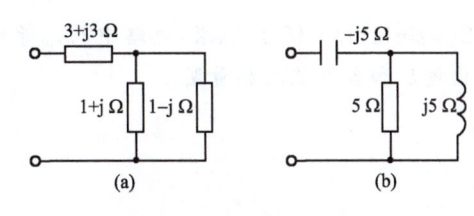

图 4-34 习题 4-1 图

4-2 RL 串联电路如图 4-35(a)所示,试用阻抗与导纳的等效变换将其变换为如图 4-35(b)所示的 RL 并联电路,已知电路频率为 $f=50$ Hz,求出 Y、G、B_L 的大小。

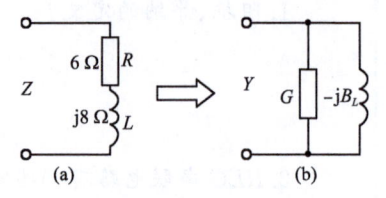

图 4-35 习题 4-2 图

4-3 RL 串联电路如图 4-36 所示,$R=30$ Ω,$jX_L=j40$ Ω,$\dot{I}=2.4\underline{/0°}$ A,求 $\dot{U}_S$。

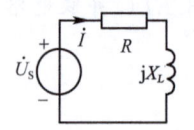

图 4-36 习题 4-3 图

4-4 RC 并联电路如图 4-37 所示,$G=0.32$ S,$jB_C=j0.24$ S,$\dot{U}_S=50\underline{/0°}$ V,求 $\dot{I}$。

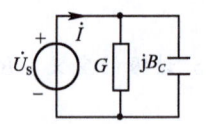

图 4-37 习题 4-4 图

4-5 在 RLC 串联电路中,已知 $R=100$ Ω,$L=25$ mH,$C=8$ μF,端电压为 $u=200\sqrt{2}\sin(5\times10^3 t+45°)$ V,求:电路中的总阻抗 Z,总电流 $\dot{I}$,各元件上的电压 $\dot{U}_R$、$\dot{U}_L$、$\dot{U}_C$,并画出电流和各电压的相量图。

4-6 在 RLC 并联电路中,已知 $R=4$ Ω,$L=20$ μH,$C=0.3$ μF,电路总电流为 $i=2\sqrt{2}\sin(10^6 t+45°)$ A,求:电路中的总导纳 Y,总电压 $\dot{U}$,各元件中的电流 $\dot{I}_R$、$\dot{I}_L$、$\dot{I}_C$,并画出电压和各电流的相量图。

第 4 章 正弦交流电路的分析　123

4-7　用相量图求解法计算图 4-38 所示各电路中电表的读数，并画出有关电流、电压的相量图。

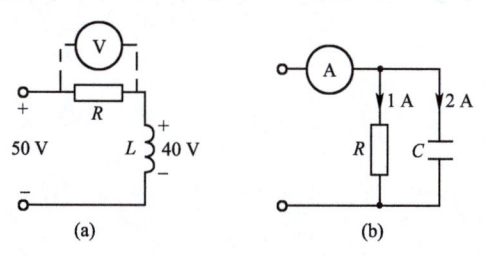

图 4-38　习题 4-7 图

4-8　用相量图求解法计算图 4-39 所示各电路中电表的读数，并画出有关电流、电压的相量图。

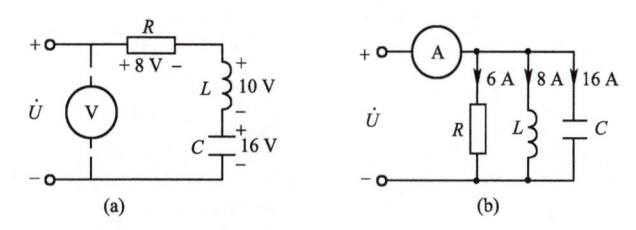

图 4-39　习题 4-8 图

4-9　电路如图 4-40 所示，已知 $R_1=4\ \Omega$，$R_2=3\ \Omega$，R_1L_1 两端电压有效值为 $U_1=17\ \text{V}$，R_2C_2 两端电压有效值为 $U_2=10\ \text{V}$，电路总电流为 $I=2\ \text{A}$，试计算 U_{L1}、U_{C2} 及总电压 U_S 的大小。

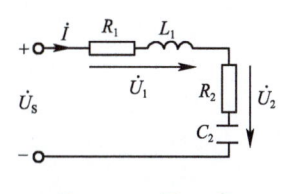

图 4-40　习题 4-9 图

4-10　电路如图 4-41 所示，已知电压有效值 $U_1=100\sqrt{2}\ \text{V}$，$U=500\sqrt{2}\ \text{V}$，电流有效值 $I_2=30\ \text{A}$，$I_3=20\ \text{A}$，电阻 $R_1=10\ \Omega$，求电压 U_{X1}、U_2 及电抗 X_1、X_2 和 X_3。

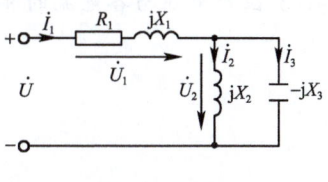

图 4-41　习题 4-10 图

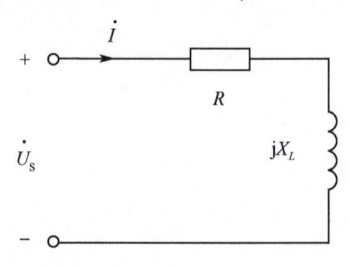

4-11 有一感性负载 $Z=40+\mathrm{j}30$ Ω，接在 $\dot{U}_\mathrm{S}=220\underline{/0°}$ V 的正弦交流电源上，电路如图 4-42 所示。求电路的有功功率 P、无功功率 Q、视在功率 S、功率因数 $\cos\varphi$。

图 4-42 习题 4-11 图

4-12 电路如图 4-43 所示，已知 $\dot{U}$ 与 $\dot{I}$ 同相，$I=3$ A，电路吸收的有功功率为 $P=34$ W，试求 I_1、I_2。

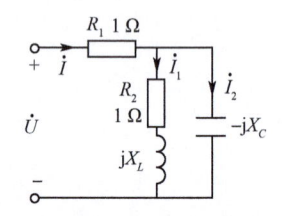

图 4-43 习题 4-12 图

4-13 在如图 4-44 所示的 RLC 串联谐振电路中，求：(1) 谐振角频率 ω_0、特性阻抗 ρ、品质因数 Q；(2) 谐振时的电路总电流 I、电阻电压 U_R、电感电压 U_L、电容电压 U_C；(3) 画出电流与各电压的相量图。

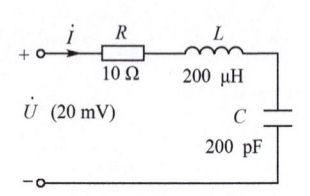

图 4-44 习题 4-13 图

4-14 在图 4-45 所示的 RLC 并联谐振电路中，求：(1) 电路的谐振角频率 ω_0、特性阻抗 ρ、品质因数 Q；(2) 谐振时的电压 U、电阻中的电流 I_R、电感中的电流 I_L、电容中的电流 I_C；(3) 画出电压与各电流的相量图。

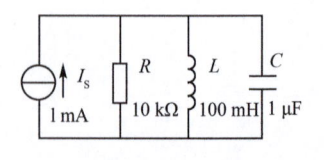

图 4-45 习题 4-14 图

第 5 章

互感电路

☑ 学习目标：

- ◆ 了解互感现象的基本概念，互感系数与耦合系数的定义；
- ◆ 掌握互感元件同名端的概念，互感电压极性的判别方法；
- ◆ 掌握互感元件的等效受控源模型和互感电路的分析方法；
- ◆ 学会互感串联电路和并联电路的互感消去法；
- ◆ 掌握理想变压器的条件及电压、电流、阻抗变换的特性；
- ◆ 了解一般变压器和特殊变压器的分析方法与实际应用；
- ◆ 了解互感元件及变压器在工农业生产中的应用实例。

☑ 学习重点：

- ◆ 互感元件同名端的概念，互感电压极性的判别方法；
- ◆ 互感元件的等效受控源模型与互感电路的 KCL、KVL 方程；
- ◆ 互感串联电路和并联电路的互感消去法；
- ◆ 理想变压器的条件及电压、电流、阻抗变换的特性。

☑ 学习难点：

- ◆ 互感元件同名端的判别，互感电压极性的判别；
- ◆ 互感电路的 KCL、KVL 方程；
- ◆ 互感消去法的灵活应用；
- ◆ 一般变压器的分析方法；
- ◆ 理想变压器的条件及阻抗变换特性。

☑ 参考学时：

6~8 学时

学习导航

5.1 互感元件

5.1.1 互感元件基本概念

互感在工程上应用广泛,变压器就是典型的互感元件。我们知道,只要穿过线圈的磁通发生变化,线圈中就会感应出电压。当一个线圈中电流变化而引起磁通变化时,不仅在本线圈中产生感应电压,在邻近的其他线圈中也会产生感应电压。如图 5-1 所示是两个位置较近线圈的互感现象。

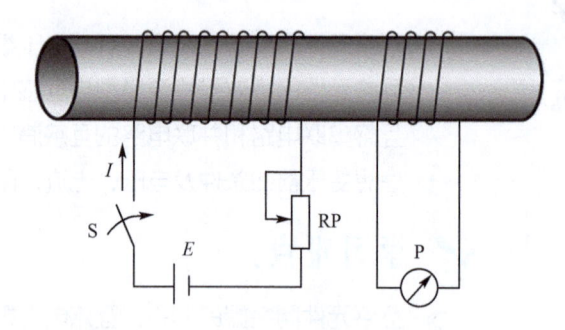

图 5-1 两个位置较近线圈的互感现象

在开关 S 闭合或断开瞬间以及改变 RP 的阻值时,检流计 P 的指针都会发生偏转。

我们把由于一个线圈中的电流发生变化而在另一线圈中产生电磁感应的现象称为互感现象,简称互感。由互感产生的感应电压称为互感电压,用 u_M 表示。利用互感现象可以把能量从一个线圈传递到另一个线圈,因此在电工技术和电子技术中有广泛的应用。变压器就是互感现象应用的一个典型实例,它能把加在变压器原边线圈上的某种电压等级的电压通过互感现象传递到变压器副边线圈变成另一种(或多种)电压等级的电压输出。

下面了解一下互感现象产生的原因。如图 5-2 所示的两个位置较近的线圈 1 和线圈 2,

第 5 章 互感电路

当线圈 1 中电流 i_1 流动时,在线圈 1 中会有它所产生的磁通 Φ_{11},同时在线圈 1 中会有感应电压产生。(注:本节中磁通、电压等量采用双下标的含义是,第一个下标表示该量所在线圈的编号,第二个下标表示产生该量的原因所在线圈的编号。)从图中可以看出磁通 Φ_{11} 的一部分还穿过线圈 2,设这部分磁通为 Φ_{21},当 i_1 变化时,Φ_{21} 将随之变化,这样在线圈 2 中同样会产生感应电压。我们就说这两个线圈间有磁耦合存在。这种由于邻近线圈中的电流变化而在此线圈中产生感应电压的现象称为互感现象,这种电压称为互感电动势或互感电压,Φ_{21} 称为互感磁通。

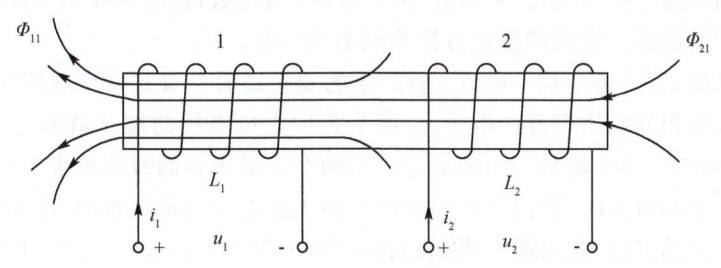

图 5-2 两个线圈的互感

当线圈附近没有铁磁材料时,两线圈间的互感是一个与各线圈中所通过的电流无关的常量,它只与两线圈的几何尺寸、匝数、相互位置和线圈附近媒质的磁导率有关。如果把两个线圈一同绕在一个用铁磁物质制成的铁芯上,例如电力变压器,那么情况就不同了。这时,磁通链将是电流的非线性函数。在本书中我们认为互感是与电流大小无关的常量,这样互感电压可以写为

$$\left.\begin{array}{l} e_{21} = -\dfrac{\mathrm{d}\Psi_{21}}{\mathrm{d}t} = -M_{21}\dfrac{\mathrm{d}i_1}{\mathrm{d}t} \quad u_{21} = M_{21}\dfrac{\mathrm{d}i_1}{\mathrm{d}t} \\[2mm] e_{12} = -\dfrac{\mathrm{d}\Psi_{12}}{\mathrm{d}t} = -M_{12}\dfrac{\mathrm{d}i_2}{\mathrm{d}t} \quad u_{12} = M_{12}\dfrac{\mathrm{d}i_2}{\mathrm{d}t} \end{array}\right\} \tag{5-1}$$

可以证明互感系数 M_{12} 和 M_{21} 是相等的(证明从略)。因此今后当只有两个互相耦合的线圈存在时,可以略去下标而直接以 M 表示,这样上列公式可写为

$$\left.\begin{array}{l} e_{21} = -M\dfrac{\mathrm{d}i_1}{\mathrm{d}t} \quad u_{21} = M\dfrac{\mathrm{d}i_1}{\mathrm{d}t} \\[2mm] e_{12} = -M\dfrac{\mathrm{d}i_2}{\mathrm{d}t} \quad u_{12} = M\dfrac{\mathrm{d}i_2}{\mathrm{d}t} \end{array}\right\} \tag{5-2}$$

式中 M 为互感系数,简称互感,单位和自感一样,也是亨(H)。在正弦电流的情况下,互感电动势和互感电压可用相量表示为

$$\left.\begin{array}{l} \dot{E}_{21} = -\mathrm{j}\omega M \dot{I}_1 \quad \dot{U}_{21} = \mathrm{j}\omega M \dot{I}_1 \\[2mm] \dot{E}_{12} = -\mathrm{j}\omega M \dot{I}_2 \quad \dot{U}_{12} = \mathrm{j}\omega M \dot{I}_2 \end{array}\right\} \tag{5-3}$$

互感电压与产生它的电流之间存在着相位正交的关系。仿照自感电抗的概念,令 $X_M = \omega M$,X_M 称为互感电抗,这样

$$\left.\begin{array}{l} \dot{E}_{21} = -\mathrm{j}X_M \dot{I}_1 \quad \dot{U}_{21} = \mathrm{j}X_M \dot{I}_1 \\[2mm] \dot{E}_{12} = -\mathrm{j}X_M \dot{I}_2 \quad \dot{U}_{12} = \mathrm{j}X_M \dot{I}_2 \end{array}\right\} \tag{5-4}$$

顺便在这里指出一个值得注意的问题,那就是对两个具有互感的线圈来说,如果一个线圈中流的是直流,由于直流电流产生的磁通是不变化的,在另一线圈中不能感应出互感电压,也就是说互感对直流不起作用。

5.1.2 互感元件的同名端

在电路图中为了作图简便,常常并不画出线圈的绕法,这就需要用一种标记来表示出它们绕向之间的关系。常用的标记方法为同名端方法。

所谓同名端,就是指当某一电流 i 所产生的变化磁通 Φ 穿过两个线圈时,在这两个线圈上能够感应出相同电压极性的端子,这两个相同电压极性的端子就称为互感耦合线圈的同名端,用圆点(·)或星号(*)来标记。对两个有磁耦合的线圈来说,当有一电流从这两个线圈的同名端流入时,这两个线圈所产生的磁通的方向是一致的,即互相增强。

同名端标记的方法:先对第一线圈的任一端钮用圆点来标记,并假想有电流 i_1 流入该端钮;然后用圆点标记第二线圈的一个端钮,并假想有电流 i_2 流入该端钮,这时要求电流 i_2 产生的磁通与电流 i_1 所产生的磁通方向一致、相互增强。这两个带圆点的端钮称为同名端,而不带圆点的两个端钮当然也互为同名端。同名端就是对应端。图 5-3 中给出了几种绕法不同且相对位置也有所不同的互感线圈,并标出了它们的同名端(为了便于看出线圈的实际绕向,图中画出了线圈的框架)。例如,对于图 5-3(a)所示的互感线圈,不难看出当同时有电流流入带圆点的端钮时,它们所产生的磁通方向相同,因此它们是相互增强的。同时还可以注意到,对两个绕向相同的线圈来说,如果它们的相对位置不同,其同名端就可能有所不同,这是由于互感磁通的方向随线圈的相对位置不同而有所不同。比较图 5-3(a)和图 5-3(c)就不难看出这一点。可见同名端只取决于两线圈的实际绕向以及相对位置。

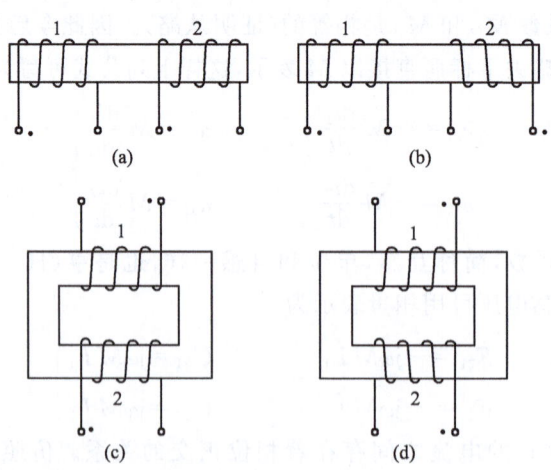

图 5-3 互感线圈的同名端

另外,当两个以上的线圈彼此之间存在磁耦合时,在一般情况下,每一对耦合线圈的同名端必须用不同的符号来标记。例如在图 5-4 中,线圈 1、2 的同名端用圆点(·)表示,线圈 2、3 的同名端用星号(＊)表示,线圈 3、1 的同名端则用三角形(△)表示。

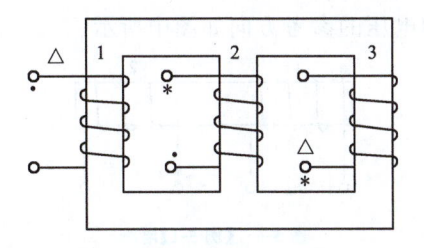

图 5-4　三个线圈同名端的标记方法

有时会遇到两个有磁耦合线圈的绕向无法判别的情况,例如线圈被封装在不易打开的壳子中,如电动机绕组、变压器等。在这种情况下,可用实验方法来判别两线圈的同名端,下面是一种常用的方法:把一个线圈通过开关 S 接到直流电压电源(例如干电池)的一端,把直流电压表(或毫伏表)接在另一线圈上,如图 5-5 所示。

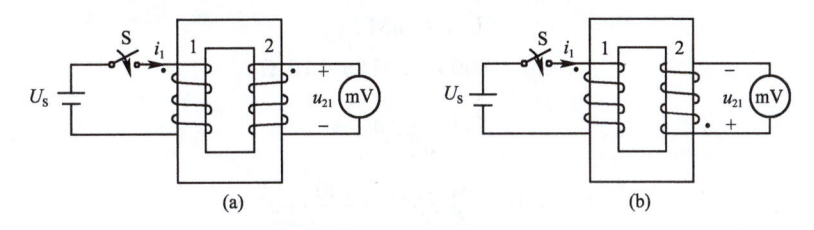

图 5-5　同名端的实验确定法

当开关 S 迅速地闭合时,就有随时间增大的电流 i_1(即 $\dfrac{di_1}{dt}>0$)从电源正极流入线圈 1。如果直流电压表(或毫伏表)指针向正刻度偏转,与电源正极相连的线圈 1 的端钮和与直流电压表正极连接的线圈 2 的端钮就是同名端。原因在于,如果假设线圈 1、2 的同名端及电流 i_1 和互感电压 u_{21} 的参考方向如图 5-5 所示,则应当有 $u_{21}=M\dfrac{di_1}{dt}$。现在 $\dfrac{di_1}{dt}>0$,所以 $u_{21}>0$,即电压的实际方向与参考方向一致,线圈 2 的带圆点的端钮的电位应高于另一端钮,因此如图 5-5 所示直流电压表指针做正偏转,所以上述判断是正确的。从这个实例,还可以得出关于互感线圈同名端的一个重要特性,就是当有随时间增大的电流从任一端流入一个线圈时,将会引起另一线圈相应同名端的电位升高。此特性也可以作为标记同名端的依据。

判别互感线圈的同名端不仅在理论分析中很有必要,在实际问题中也是很重要的。例如电力变压器往往采用一种特定的字母标记法来标出原、副绕组之间的绕向关系。在电子技术中广泛应用的互感线圈,在很多情况下,将线圈接入电路时必须考虑互感线圈的同名端,不能把端钮接错。例如在晶体管收音机中,磁性天线上的两个线圈的连接,必须保证所产生的互感电压是相互增强的(在正弦电流情况下,就是要求两者为同相),如果其中一个线圈接反,则不但不能增强信号电压,反而会使信号电压受到削弱。碰到这种情况,只要调换磁性天线线圈的两个接头就行了。在振荡器中也有类似情况,如果把互感线圈接错,则不能起振。

130　电路分析基础

例 5-1　在图 5-6 所示电路中，两线圈之间互感 $M=0.0125$ H，$i_2=10\sin 800t$ A，试求互感电压 u_{12}。电流和电压的参考方向如图中所示。

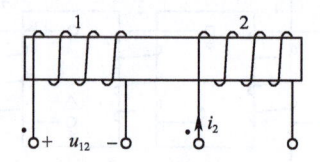

图 5-6　【例 5-1】电路

解：先确定同名端如图 5-6 所示。按所选的参考方向，电流 i_2 从同名端流入，而电压也从同名端指向另一端钮，因此

$$u_{12}=M\frac{di_2}{dt}$$

用相量表示时，有

$$\dot{U}_{12}=j\omega M \dot{I}_2$$

$$\omega M=800\times 0.0125=10 \ \Omega$$

$$\dot{I}_2=\frac{10}{\sqrt{2}}\underline{/0°} \text{ A}$$

故

$$\dot{U}_{12}=10\times\frac{10}{\sqrt{2}}\underline{/90°}=\frac{100}{\sqrt{2}}\underline{/90°} \text{ V}$$

$$u_{12}=100\sin(800t+\frac{\pi}{2}) \text{ V}$$

下面再介绍一下耦合系数的概念。一个线圈中的电流所产生的磁通一般不可能全部与另一线圈交链，与第二线圈不交链的磁通称为第一线圈的漏磁通。漏磁通的大小表征了两个线圈之间耦合的紧密程度。通常用耦合系数来表示这种耦合的紧密程度。其定义为两线圈间互感 M 与 $\sqrt{L_1L_2}$ 的比值，即

$$k=\frac{M}{\sqrt{L_1L_2}} \tag{5-5}$$

假定线圈 1 的电流 i_1 产生的磁通为 Φ_{11}，其中一部分 Φ_{21} 与线圈 2 交链；同样设线圈 2 的电流 i_2 产生的磁通为 Φ_{22}，其中一部分 Φ_{12} 与线圈 1 交链，并设线圈 1、2 的匝数分别为 N_1、N_2。根据定义

$$\left.\begin{array}{ll} L_1=\dfrac{N_1\Phi_{11}}{i_1} & L_2=\dfrac{N_2\Phi_{22}}{i_2} \\ M_{21}=\dfrac{N_2\Phi_{21}}{i_1} & M_{12}=\dfrac{N_1\Phi_{12}}{i_2} \end{array}\right\} \tag{5-6}$$

由于 $M_{21}=M_{12}=M$，故

$$k^2=\frac{M^2}{L_1L_2}=\frac{M_{21}M_{12}}{L_1L_2}=\frac{N_2\Phi_{21}}{i_1}\cdot\frac{N_1\Phi_{12}}{i_2}\Big/\Big(\frac{N_1\Phi_{11}}{i_1}\cdot\frac{N_2\Phi_{22}}{i_2}\Big)=\frac{\Phi_{21}\Phi_{12}}{\Phi_{11}\Phi_{22}}$$

即

$$k=\sqrt{\frac{\Phi_{21}\Phi_{12}}{\Phi_{11}\Phi_{22}}} \tag{5-7}$$

一般说来，Φ_{21} 总是小于 Φ_{11}，Φ_{12} 总是小于 Φ_{22}，故 $k<1$；只有在 $\Phi_{21}=\Phi_{11}$，$\Phi_{12}=\Phi_{22}$ 的

第 5 章 互感电路

特殊情况下,$k=1$。因此耦合系数 k 的最大值不超过 1,一般 k 总是小于 1。k 值越大表示漏磁通越小,即两个线圈之间耦合得越紧密。

两个线圈之间的耦合程度或耦合系数的大小与它们的相互位置有关。如果两个线圈靠得很近而且相互平行,如图 5-7(a)所示,k 值就较大;如果两个线圈紧密绕在一起如图 5-7(b)所示,k 值就接近 1;反之,如果它们相隔很远,或者它们沿轴线相互垂直放置,如图 5-7(c)所示,k 值就很小,甚至有可能接近零。对两个几何尺寸及匝数均为固定值的线圈来讲,其电感 L_1 和 L_2 已为固定值,而它们之间的互感 M 就决定了 k 的大小。改变或调整它们的相互位置就可以相应地改变互感 M 的大小。

在电力变压器中为了更有效地传输功率,总是采用极紧密的耦合,使 k 值尽可能接近于 1,为达到这个目的,一般铁芯都是采用铁磁材料制成的。

但与此相反,在有些情况下却应当尽量减少互感作用,以避免某些线圈之间发生相互干扰。在这方面,除了采用屏蔽的手段外,一个有效的方法就是合理布置这些线圈的相互位置,如图 5-7(c)所示,把两个线圈放在相互垂直的方向上,就可以有效地减少它们的互感作用。

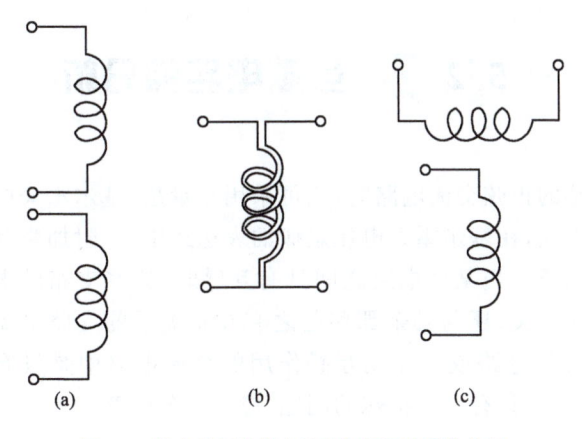

图 5-7 耦合线圈的耦合系数与相互位置的关系

5.1.3 互感元件的等效受控电源模型

图 5-8(a)是对应于图 5-2 中具有互感的两个耦合线圈的电路模型。通过前面的介绍可知,在正弦电流的情况下,两个耦合线圈中除了有自感电压外,还会在相邻线圈上产生互感电压。这两个线圈互感电压的大小是受相邻线圈中的电流控制的,式(5-4)可以说明这一问题。从式(5-4)可知:线圈 2 中的互感电压 $\dot{U}_{21}$ 是由线圈 1 中的电流 $\dot{I}_1$ 感应产生的;线圈 1 中的互感电压 $\dot{U}_{12}$ 是由线圈 2 中的电流 $\dot{I}_2$ 感应产生的。互感电路实质上也是一种受电流控制的电压源(CCVS)的实例。

我们再看图 5-8(a),实际上也是一种二端口网络电路,如图所示的两个具有互感的电感线圈,对正弦电流来说,有下列电流、电压关系式

电路分析基础

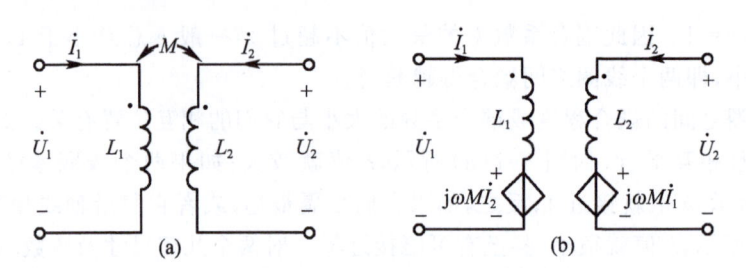

图 5-8　互感线圈的等效受控电源模型

$$\left.\begin{array}{l}\dot{U}_1 = j\omega L_1 \dot{I}_1 + j\omega M \dot{I}_2 \\ \dot{U}_2 = j\omega L_2 \dot{I}_2 + j\omega M \dot{I}_1\end{array}\right\} \quad (5\text{-}8)$$

根据上述关系式,可以得出如图 5-8(b)所示的等效电路,其中引入了 $\dot{U}_{12} = j\omega M \dot{I}_2$ 及 $\dot{U}_{21} = j\omega M \dot{I}_1$ 两个电压源,这两个电压源都是受电流控制的,称为流控电压源(CCVS)。这就是典型互感元件的等效受控电源电路模型的一个例子。

5.2　互感电路的分析

在计算具有互感的正弦交流电路时,仍可采用相量法,基尔霍夫电流定律的形式仍然不变,在基尔霍夫电压定律的表达式中,应附加由互感作用引起的互感电压。当某些电路之间具有互感时,这些支路的电压不仅与本支路电流有关,还与其余那些与之有互感关系的支路电流有关。这种情况在直流电路或是在无互感作用的交流电路中是没有的。因此,有互感的电路具有一些特殊的问题,应当充分注意。

微课：
互感电路的分析

5.2.1　互感串联电路

首先,我们来分析具有互感的两线圈串联电路,如图 5-9 所示。这时就存在着所谓的"极性"问题,也就是说存在两种可能的接法。一种接法是把线圈的异名端相连,如图 5-9(a)所示,这时电流将从两线圈的同名端流进或流出(注意串联时流过两线圈的为同一电流),因此,磁场总是相互增强的。这种串联接法称为顺接(正向串联)。另一种接法是把两线圈的同名端相连,如图 5-9(b)所示,这时电流总是从一个线圈的同名端流进,而从另一个线圈的同名端流出,磁场总是互相减弱的,这种接法称为反接(反向串联)。

设互感线圈 1 和 2 之间具有互感 M,其本身的电感分别为 L_1 和 L_2,线圈 1 和 2 两端的电压为 $\dot{U}_1$ 和 $\dot{U}_2$,它们串联后的总电压为 $\dot{U}$。电流、电压及互感电压的参考方向如图 5-9 所示。

对于图 5-9(a)所示的顺接法,其等效受控电源模型如图 5-9(c)所示。在正弦电流情况下,把各电压、电流用相量表示后,可得

第 5 章 互感电路

(a) 两线圈顺接电路　　　　　　　　(b) 两线圈反接电路

(c) 顺接互感线圈的等效受控电源模型　　　　(d) 反接互感线圈的等效受控电源模型

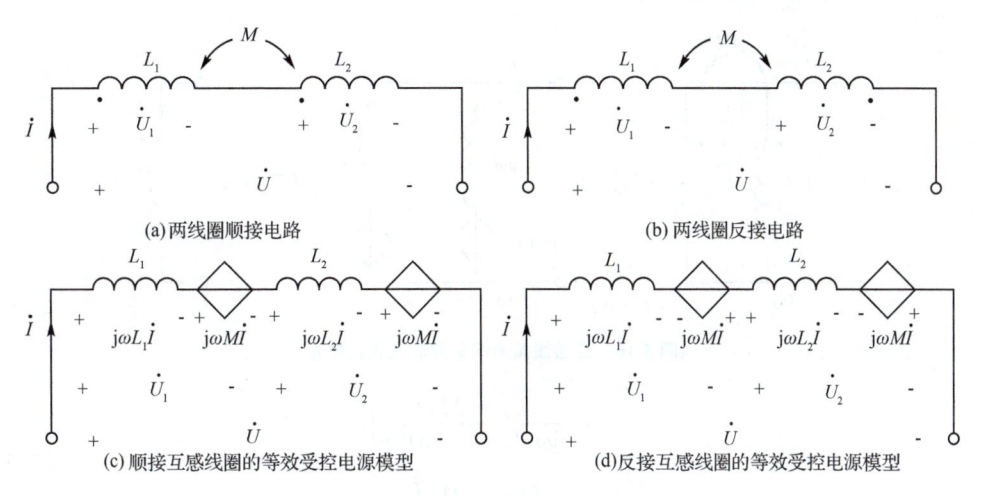

图 5-9　互感串联电路以及等效受控电源模型

$$\left.\begin{aligned}\dot{U}_1 &= j\omega(L_1+M)\dot{I} \\ \dot{U}_2 &= j\omega(L_2+M)\dot{I} \\ \dot{U} &= j\omega(L_1+L_2+2M)\dot{I} = j\omega L \dot{I}\end{aligned}\right\} \quad (5\text{-}9)$$

对于图 5-9(b) 所示的反接法，其等效受控电源模型如图 5-9(d) 所示。用相量表示时，有

$$\left.\begin{aligned}\dot{U}_1 &= j\omega(L_1-M)\dot{I} \\ \dot{U}_2 &= j\omega(L_2-M)\dot{I} \\ \dot{U} &= j\omega(L_1+L_2-2M)\dot{I} = j\omega L \dot{I}\end{aligned}\right\} \quad (5\text{-}10)$$

由以上各式可见，图 5-9(a)、(b) 所示的电路与电感 $L=L_1+L_2\pm2M$ 的电路等效，这种等效不论电流变化的规律如何，总是成立的。等效电感 L 的公式中 M 前面的正号对应于顺接，负号对应于反接，所以具有互感的两线圈，顺接时等效电感增加，反接时等效电感减少(如果不存在互感作用，即 $M=0$，则等效电感将是 L_1+L_2)。利用这个结论，可以用实验方法来判别两线圈的同名端。

5.2.2　互感并联电路

现在来研究两个具有互感的线圈并联的情况。这时也有两种接法：一种是同名端在同侧，称同侧并联；另一种是同名端在异侧，称异侧并联。互感线圈的同侧并联及等效电路如图 5-10 所示。

对于同侧并联，在指定电流、电压的参考方向且在正弦电流情况下，可列出下列电压和电流方程

$$\left.\begin{aligned}\dot{U} &= j\omega L_1 \dot{I}_1 + j\omega M \dot{I}_2 \\ \dot{U} &= j\omega L_2 \dot{I}_2 + j\omega M \dot{I}_1\end{aligned}\right\} \quad (5\text{-}11)$$

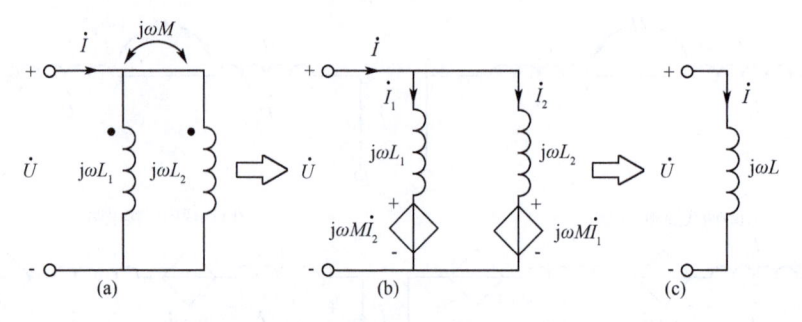

图 5-10 互感线圈的同侧并联及等效电路

$$\left.\begin{array}{l}\dot{I}_1 = \dfrac{(L_2 - M)\dot{U}}{j\omega(L_1 L_2 - M^2)} \\[2mm] \dot{I}_2 = \dfrac{(L_1 - M)\dot{U}}{j\omega(L_1 L_2 - M^2)}\end{array}\right\} \quad (5\text{-}12)$$

以 $\dot{I} = \dot{I}_1 + \dot{I}_2$ 代入上列方程，可得

$$\left.\begin{array}{l}\dot{I} = \dot{I}_1 + \dot{I}_2 = \dfrac{(L_1 + L_2 - 2M)\dot{U}}{j\omega(L_1 L_2 - M^2)} \\[2mm] \dot{U} = j\omega \dfrac{L_1 L_2 - M^2}{L_1 + L_2 - 2M}\dot{I} = j\omega L \dot{I}\end{array}\right\} \quad (5\text{-}13)$$

由上式可得

$$L = \frac{L_1 L_2 - M^2}{L_1 + L_2 - 2M} \quad (5\text{-}14)$$

此式就是两个具有互感的线圈在并联(同侧情况)时的等效电感。

互感线圈的异侧并联及等效电路如图 5-11 所示。

如果同名端在异侧，即异侧并联，不难证明，只要把图 5-10(b)中的 $j\omega M \dot{I}_1$ 和 $j\omega M \dot{I}_2$ 的极性改变一下，见图 5-11(b)。它就是消去互感后的等效电路；而等效电感的公式则为

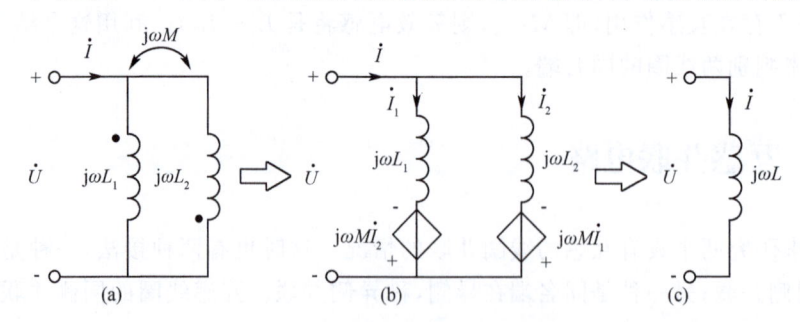

图 5-11 互感线圈的异侧并联及等效电路

$$L = \frac{L_1 L_2 - M^2}{L_1 + L_2 + 2M} \quad (5\text{-}15)$$

上面讨论了线圈的串联和并联以及一端相连的互感线圈的互感消去法。下面通过两个具体例子来说明具有互感的电路计算。

第 5 章 互感电路

例 5-2 求图 5-12 所示一端口网络的开路电压,其中 $\omega L_1 = \omega L_2 = 10\ \Omega$, $\omega M = 5\ \Omega$, $R_1 = R_2 = 6\ \Omega$, $U_1 = 6$ V。

解: 1、2 两端的电压 $\dot{U}_\circ$ 就是一端口网络的开路电压,它应当包括两部分:一部分是电流 $\dot{I}_1$ 在 R_2 上产生的电压,另一部分则是由电流 $\dot{I}_1$ 在 L_2 中产生的互感电压 $\dot{U}_{21}$。因此

$$\dot{U}_\circ = R_2 \dot{I}_1 + \mathrm{j}\omega M \dot{I}_1$$

而

$$\dot{I}_1 = \frac{\dot{U}_1}{R_1 + R_2 + \mathrm{j}\omega L_1}$$

由此可得

$$\dot{U}_\circ = \frac{R_2 + \mathrm{j}\omega M}{R_1 + R_2 + \mathrm{j}\omega L_1} \dot{U}_1$$

代入数据后得

$$U_\circ = 3\ \mathrm{V}$$

如果要求这个一端口网络的输入阻抗,那么比无互感作用时要复杂一些。这时根据输入阻抗的定义,应将电压源短路,并从 1、2 端计算输入阻抗,在计算时必须考虑互感 M 的作用(图 5-13)。可假设在 1、2 端外加一正弦电压 $\dot{U}$,然后算出在 $\dot{U}$ 的作用下所产生的电流 $\dot{I}$。算出 $\dot{I}$ 后,输入阻抗 $Z_\mathrm{in} = \dot{U}/\dot{I}$。当然,也可以用互感消去法,把互感消去后,再求输入阻抗。

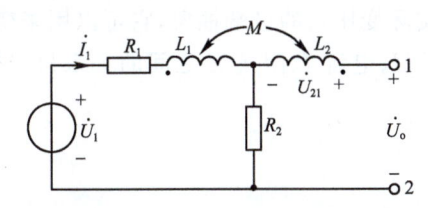

图 5-12 【例 5-2】具有互感的一端口网络

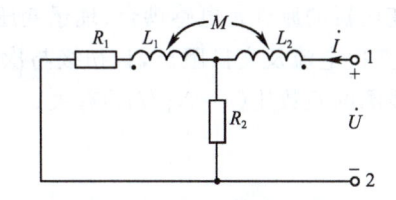

图 5-13 【例 5-2】一端口网络输入阻抗的求法

例 5-3 如图 5-14 所示电路,已知 $R_1 = 3\ \Omega$, $R_2 = 5\ \Omega$, $\omega L_1 = 7.5\ \Omega$, $\omega L_2 = 12.5\ \Omega$, $\omega M = 6\ \Omega$, $U = 50$ V。问当开关 S 断开和闭合时,电流 $\dot{I}$ 分别为多大?

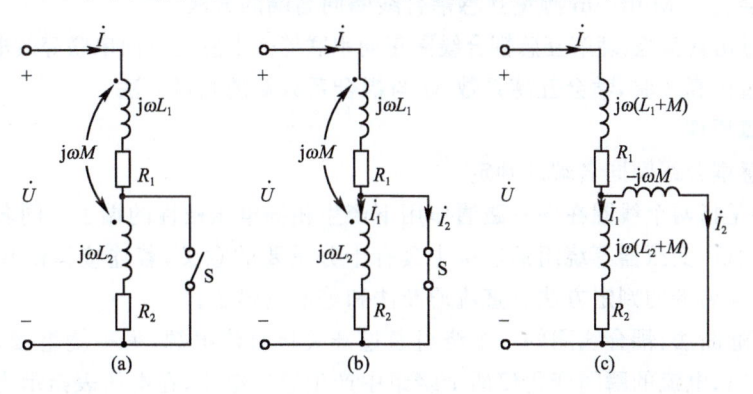

图 5-14 【例 5-3】电路

解: S 断开时电路如图 5-14(a)所示,相当于两个串联线圈顺接,等效的感抗为

$$\omega L = \omega(L_1 + L_2 + 2M) = 7.5 + 12.5 + 2 \times 6 = 32\ \Omega$$

所以
$$Z=\sqrt{(R_1+R_2)^2+(\omega L)^2}=\sqrt{(3+5)^2+32^2}=33\ \Omega$$
$$I=\frac{U}{|Z|}=\frac{50}{33}=1.52\ \text{A}$$

S 闭合时电路如图 5-14(b)所示,有
$$\dot{U}=(R_1+j\omega L_1)\dot{I}+j\omega M\dot{I}_1$$
$$j\omega M\dot{I}+(R_2+j\omega L_2)\dot{I}_1=0$$

从以上两式可解出
$$\dot{I}=\frac{\dot{U}}{(R_1+j\omega L_1)-\dfrac{(j\omega M)^2}{R_2+j\omega L_2}}$$

代入数据后求得
$$I=\frac{50}{\sqrt{4^2+(5.02)^2}}=7.79\ \text{A}$$

知识拓展：
变压器电路

仿真训练

Multisim 11.0 的基本元件(Basic)库中带有丰富的耦合电感与变压器(Transformer)模型。变压器的原理是电感耦合,理想变压器则是实际变压器的极端抽象,它可以用来变换电压、变换电流及变换阻抗,且初级与次级的电压 U、电流 I、阻抗 Z 之间的关系只与初、次级线圈的匝数比($n=N_1/N_2$)有关。

仿真训练　互感电路的测量仿真

一、仿真目的
(1)学会利用 Multisim 测量互感耦合线圈同名端的方法。
(2)通过仿真实验,理解互感耦合线圈正向串联等效电感与反向串联等效电感的不同。
(3)通过仿真实验,学会互感系数 M 与耦合系数 k 的测量方法。

二、仿真原理
(1)互感耦合线圈同名端的判定

同名端是指两个线圈在同一磁通作用下产生相同电压极性的端子。同名端的判定在发电机、电动机、变压器等绕组的连接中具有十分重要的意义,若连接错误甚至会烧毁绕组。常用的同名端的判定方法有直流通断法和等值电感法。

①直流通断法:耦合线圈的一个绕组通过开关接直流电源,另一绕组接直流电压表,当开关接通时,电流的瞬间变化使两个绕组中产生感应电压,在电压表指示为正值的情况下,电压表的正极所对应的绕组端子与电源正极所对应的绕组端子为同名端。

②等值电感法:根据耦合线圈正向串联和反向串联时的等效电感不同而使感抗不同的关系,可以在同一电压作用下测量两个线圈正向串联与反向串联时的电流大小,通过比

较电流的大小来判定两线圈的同名端。电流小者为正向串联,电流大者为反向串联。

(2)互感系数 M 与耦合系数 k 的测量方法

①两个线圈正向串联时的等效电感为 $L_正=L_1+L_2+2M$。两个线圈反向串联时的等效电感为 $L_反=L_1+L_2-2M$。将两式相减可得 $L_正-L_反=4M$,由此可计算出互感系数 $M=(L_正-L_反)/4$。

②正向串联时的等效感抗为 $\omega L_正=U/I_正$,反向串联时的等效感抗为 $\omega L_反=U/I_反$。

③测得互感系数 M 后,可由式 $k=M/\sqrt{L_1L_2}$ 计算耦合系数 k。

三、仿真内容与步骤

1. 判定互感线圈的同名端

(1)采用直流通断法判定互感线圈的同名端

①在 Multisim 11.0 软件窗口中建立如图 5-15 所示的同名端检测电路,互感线圈的一侧绕组通过开关接直流电源,另一侧绕组接到直流电压表上。

②单击仿真"运行/停止"开关,并按下 A 键使电路开关瞬间闭合。此时,如果电压表指示为正值,则在图 5-15(a)所示互感线圈的 4 个接线端中 2 脚(电压表正极与 2 脚相连)与 1 脚(电源正极与 1 脚相连)为同名端;如果电压表指示为负值,如图 5-15(b)所示,则说明电压表的极性接反,可调换电压表的两个接线端使指示电压为正值后再确定其同名端。

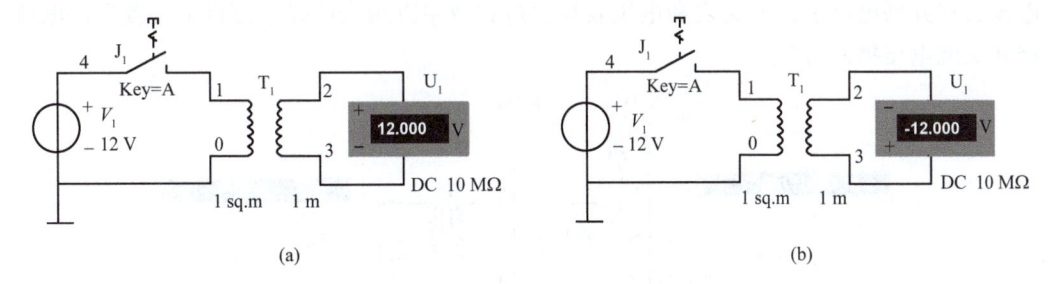

图 5-15 用直流通断法判定互感线圈的同名端

(2)采用等值电感法判定互感线圈的同名端

①在 Multisim 11.0 软件窗口中建立如图 5-16 所示的电路,电源采用交流电源(双击其图标可设置交流电源的电压和频率),电路中串联接入数字万用表,用来测量电路中交流电流的大小(双击其图标在显示面板中设置为交流电流挡)。

②将互感线圈的两个绕组分别正向串联和反向串联。单击仿真"运行/停止"开关,观察电路中电流的大小。电流小者为两个绕组正向串联,正向串联的两个绕组的等效感抗较大($L=L_1+L_2+2M$);电流大者为两个绕组反向串联,反向串联的两个绕组的等效感抗较小($L=L_1+L_2-2M$)。由图 5-16 中电表的读数可见:图 5-16(a)所示电路为两个绕组正向串联,互感线圈的 7 脚和 1 脚为同名端;图 5-16(b)所示电路为两个绕组反向串联,互感线圈的 8 脚和 5 脚为同名端。

2. 测量互感线圈的互感系数 M

例 5-6 利用仿真软件测量两个具有互感的耦合线圈的互感系数 M。

(1)在 Multisim 11.0 软件窗口中建立如图 5-17 所示电路。互感线圈可从单击菜单

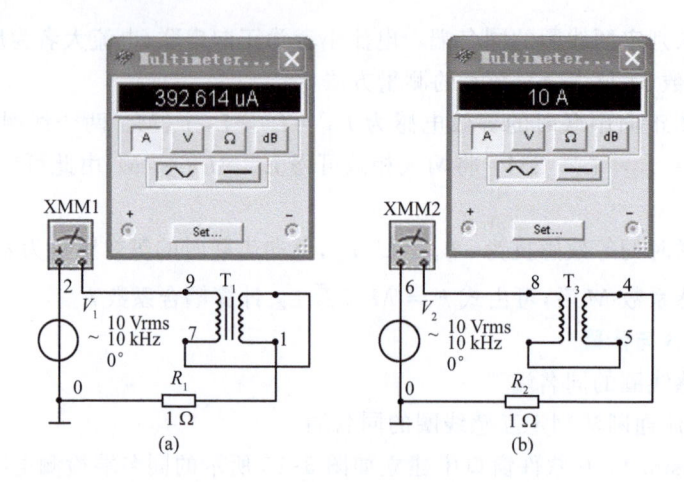

图 5-16 用等值电感法判定互感线圈的同名端

Place/Component 所出现对话框的 Basic 库中选择 Transformer 的 TS_IDEAL 得到,并双击其图标设置参数为:初级线圈电感(Primary Coil Inductance)$L_1=1$ mH,次级线圈电感(Secondary Coil Inductance)$L_2=1$ mH,耦合系数(Coefficient of Coupling)$k=0.5$。

(2)互感线圈的两个绕组分别构成正向串联电路(图 5-17)和反向串联电路(图 5-18)。电源的幅度(有效值)和频率设置可参考图 5-17 中所示。在电路中分别串联电流表和并联电压表。电流表和电压表均通过在数字万用表的显示面板中设置交流电流挡和交流电压挡而得到。

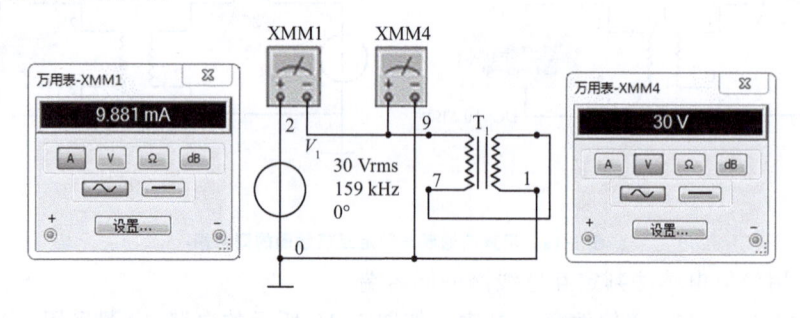

图 5-17 互感线圈正向串联电路的测量

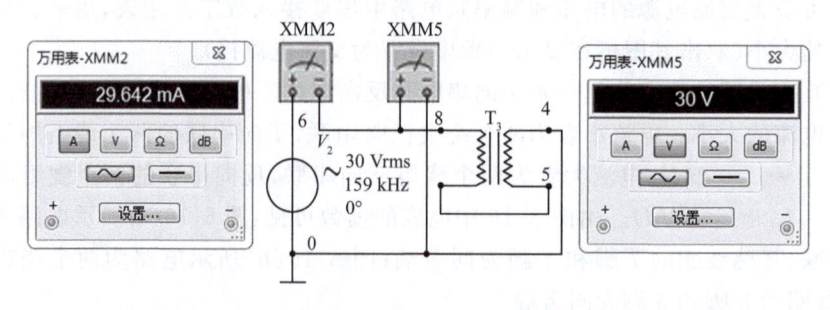

图 5-18 互感线圈反向串联电路的测量

(3)单击仿真"运行/停止"开关,分别将互感线圈的正向串联与反向串联电路的电压值和电流值记录在表 5-1 中。

(4)根据步骤(3)的电压 U 与电流 I，计算正向串联电路的等效感抗($\omega L_{正}=U/I_{正}$)和反向串联电路的等效感抗($\omega L_{反}=U/I_{反}$)。

表 5-1　　　　　　　　　　互感线圈测量数据记录表

电源电压 U/V	电源频率 f/kHz	电感设置 L_1	电感设置 L_2	互感耦合系数(k)	正串电流 $I_{正}$/mA	反串电流 $I_{反}$/mA	正串等效感抗 $\omega L_{正}/\Omega$	反串等效感抗 $\omega L_{反}/\Omega$	互感抗 $\omega M/\Omega$	互感系数 M/mH	耦合系数验证 $M/\sqrt{L_1 L_2}$
30	159	1 mH	1 mH	0.5							
30	159	1 H	10 mH	1							

(5)由 $\omega M=(\omega L_{正}-\omega L_{反})/4$ 可求得互感抗，再求得互感系数 M 值，将 M 值记录在表 5-1 中。

(6)由 $k=M/\sqrt{L_1 L_2}$ 求出耦合系数 k 的值，并与 k 的设置值($k=0.5$)进行比较，看是否一致。

(7)将互感耦合线圈设置为 $L_1=1$ H，$L_2=10$ mH，$k=1$。重复上述步骤(2)~(6)，将仿真数据记录在表 5-1 中。

四、思考题

(1)判断互感线圈的同名端有何作用？

(2)根据仿真数据，两个线圈之间的互感系数 M 的大小与哪些因素有关？

技能训练

技能训练　单相变压器特性的测量

一、训练目的

(1)掌握变压器的工作原理。

(2)掌握单相变压器的输出特性。

二、训练原理

单相变压器通常都可近似为理想变压器，理想变压器的参数只有一个，即匝数比 n ($n=N_1/N_2$)。理想变压器不会消耗能量，它的输入功率等于输出功率。理想变压器可以用来变换电压、电流和阻抗，其特性为：$u_1/u_2=N_1/N_2=n$，$i_1/i_2=N_2/N_1=1/n$，$Z_1/Z_2=N_1^2/N_2^2=n^2$。

三、训练器材

单相交流电源变压器(220 V / 10 V)1 只，数字万用表(或交流电压表、交流电流表)1 只，1 kΩ 电位器 1 只，导线若干。

四、测试步骤

(1) 观察并记录变压器铭牌上的各项额定数据:输入电压、输出电压、额定功率。

(2) 测量空载电流。按图 5-19(a) 连接电路,次级不接负载,初级接上交流电源,测量变压器初级绕组的空载电流 I_0。

(3) 测量变压比 n。在空载情况下,测变压器的次级绕组的开路电压 U_2,初级绕组的电压 U_1,则该变压器的变压比 $n = U_1/U_2$。

(4) 测量变压器的输出特性。次级接入可变负载 R_L,改变负载的大小,测量初级、次级输出的电压与电流的大小,将所测数据填入表 5-2 中。

(5) 根据所测变压器的输出电压与输出电流,在图 5-19(b) 中画出表明 I_2 与 U_2 关系的输出特性曲线。

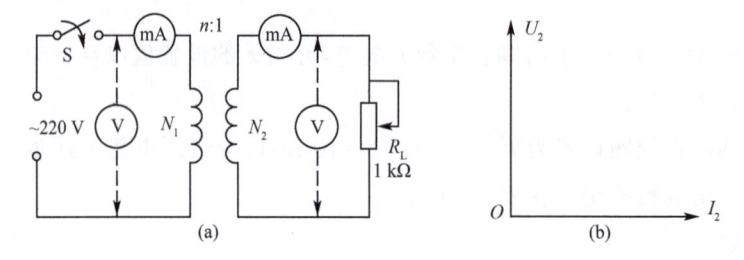

图 5-19 单相变压器特性测量电路

表 5-2　　　　　　　　单相变压器特性测量数据表

测量参数	$R_L \to \infty$(开路)	$R_L = 1\ \text{k}\Omega$	$R_L = 500\ \Omega$	$R_L = 200\ \Omega$	$R_L = 100\ \Omega$
初级电压 U_1 / V					
初级电流 I_1 / mA					
次级电压 U_2 / V					
次级电流 I_2 / mA					

五、注意事项

(1) 测量变压器的初级电压与初级电流时,应遵守安全用电操作规程,防止触电事故的发生。

(2) 变压器接入负载时,负载不可调得太小,否则次级电流会超过变压器的额定值,过大的电流会导致变压器和负载 R_L 烧毁。

六、思考题

(1) 根据空载时所测数据,计算该变压器的变压比 n。

(2) 根据额定负载时的所测数据,计算电流比,看它是否等于 $1/n$。产生误差的原因是什么?

讨论笔记

1. 如何理解互感、耦合系数、同名端、互感电压？

2. 含有耦合电感电路的分析计算及相关公式？

3. 理想变压器初次级的电压、电流及阻抗关系？

第5章小结

第5章 习题

（学号：_____ 班级：_____ 姓名：_____）

5-1 如图 5-20 所示为半导体收音机磁性天线线圈 L_1、L_2 和线圈 L_3。试根据图示线圈的绕法标出它们的同名端。

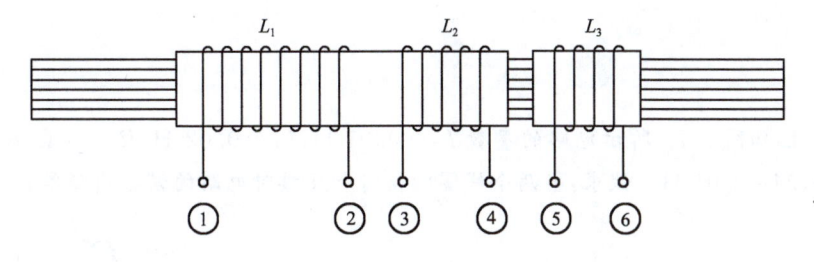

图 5-20 习题 5-1 图

5-2 如图 5-21 所示为两只相同的单相变压器,线圈 1 和 3 并联后接到同一交流电源上,线圈 2 和 4 有两种不同的串联接法,如图 5-21(a)、图 5-21(b)所示。试分析在这两种接法下输出电压 u_2 有什么不同?线圈 2、4 还有两种不同的并联接法,如图 5-21(c)、图 5-21(d) 所示。试分析哪一种接法是正确的,为什么?

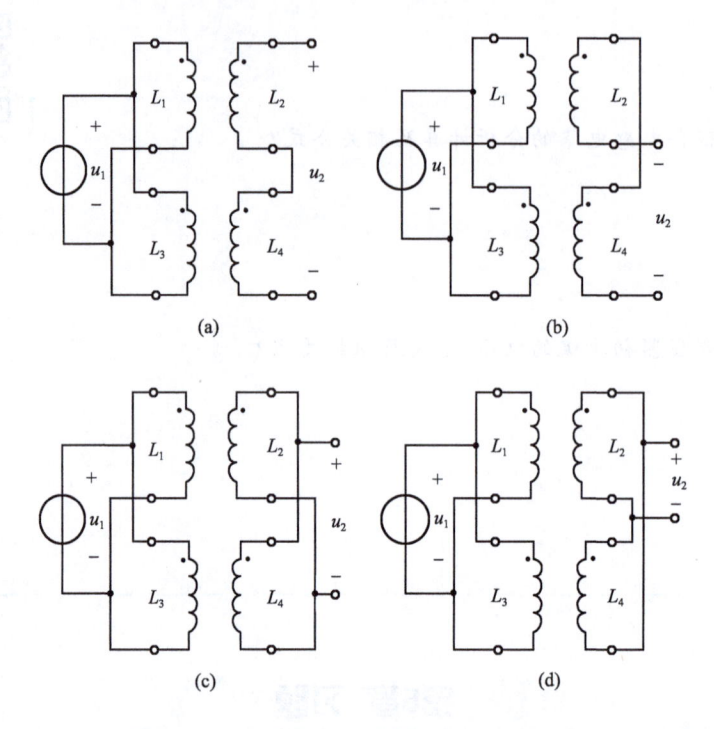

图 5-21 习题 5-2 图

5-3 通过测量流入有互感的两串联线圈的电流、功率和外加电压,能够确定两个线圈之间的互感。现在用 $U=220$ V、$f=50$ Hz 的电源进行测量。当顺接时,测得 $I=2.5$ A,$P=62.5$ W;当反接时,测得 $P=250$ W,试求互感 M。

5-4 已知图 5-22 所示电路的参数 $L_1=0.01$ H,$L_2=0.02$ H,$R_1=5$ Ω,$R_2=10$ Ω,$C=20$ μF,$M=0.01$ H。试求:当两个线圈顺接时和反接时电路的谐振角频率 ω_0。

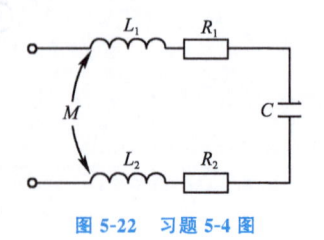

图 5-22 习题 5-4 图

第5章 互感电路

5-5 在图5-23所示电路中,已知 $L_1=0.1\text{ H},L_2=0.2\text{ H},M=0.1\text{ H}$,电源频率为 50 Hz,电压有效值为 31.4 V。试求图5-23(a)、图5-23(b)两种不同并联接法的各支路电流,以及电路的等效阻抗各为多少。

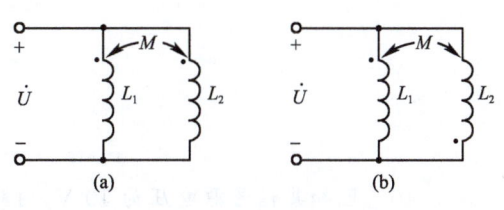

图 5-23 习题 5-5 图

5-6 两个线圈的电感值一样,顺接时电感为 626.5 mH,反接时电感为 106.5 mH,问互感值为多少?

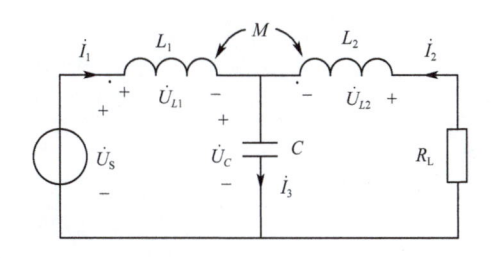

5-7 在图5-24所示具有互感的正弦电路中,已知 $X_{L1}=10\ \Omega,X_{L2}=20\ \Omega,X_C=5\ \Omega$,耦合线圈互感抗 $X_M=10\ \Omega,R_L=30\ \Omega$,电源电压 $\dot{U}_S=20\underline{/0°}$ V,用支路电流法求 $\dot{I}_2$。

图 5-24 习题 5-7 图

5-8 一台单相变压器的原边电压 $U_1=3300$ V,副边电流 $I_2=60$ A,其匝数比 $n=15$。试求:(1)副边电压 U_2;(2)原边电流 I_1。

5-9 在电子线路中,输出变压器带有一个负载电阻 $R=8\ \Omega$ 的扬声器。为了在输出变压器的原边获得一个 $29\ \Omega$ 的等效电阻,试求输出变压器的匝数比 n。

5-10 已知某信号源电压为 $10\ \text{V}$,内阻为 $800\ \Omega$,负载电阻 $R_L=8\ \Omega$,为使负载获得最大输出功率,阻抗需要匹配,今在信号源和负载间接入一只变压器,试求该变压器的匝数比 n 和负载获取的功率。

第 6 章

三相电路

☑ 学习目标：

- ◆ 了解三相交流电在实际生活中的应用；
- ◆ 掌握三相电路的基本概念与基本分析方法；
- ◆ 熟悉三相电源与三相负载的 Y 形接法与△形接法的特点；
- ◆ 掌握对称三相电路中线与相之间的电压、电流关系；
- ◆ 掌握对称三相电路中电压、电流、功率的分析与计算；
- ◆ 掌握三相电路功率的概念及应用；
- ◆ 理解负载星形连接时中线的作用；
- ◆ 了解不对称三相电路的特点与分析方法；
- ◆ 结合中国电力发展及现状，提升学生国家荣誉感，增强爱国主义情怀。

☑ 学习重点：

- ◆ 三相电源与负载的星形连接与三角形连接的特点；
- ◆ 对称三相电路中线与相之间的电压、电流关系；
- ◆ 对称三相电路归结为一相的计算方法；
- ◆ 对称三相电路中电流、电压与功率的计算；
- ◆ 三相电路的功率及应用。

☑ 学习难点：

- ◆ 三相电路的基本分析方法；
- ◆ 三相电路的功率及应用；
- ◆ 不对称三相电路的特点与分析方法。

☑ 参考学时：

6~8 学时

6.1 三相电源

6.1.1 三相电源的基本概念

目前,电力系统所采用的供电方式,几乎都是三相制的。工业用的交流电动机大都是三相交流电动机。三相交流电在国民经济中获得了广泛的应用,这是因为三相交流电比单相交流电在电能的产生、输送和应用上具有显著的优点。例如,在发电机尺寸相同的条件下,三相发电机的输出功率比单相发电机高 50% 左右;输送距离和输送功率一定时,采用三相制比单相制要节省大量的有色金属;三相用电设备(如三相交流电动机等)具有结构简单、运行可靠、维护方便等良好性能。

三相电源由三相交流发电机产生,三相交流发电机结构原理如图 6-1(a)所示,它主要由定子和转子两大部分组成。定子由铁磁材料构成,其中还有绕组;转子做成可旋转的磁极。从图中可以看出,在定子铁芯上均匀嵌入三个绕组 A-X、B-Y、C-Z(图 6-1(b)中画出了一相绕组元件 A-X 的一匝示意图),三个绕组平面在空间的位置彼此相隔 120°,绕组几何结构、绕向、匝数完全相同,构成了三相绕组。工程上绕组的始端习惯用 A、B 和 C 表示,绕组的末端则用 X、Y 和 Z 表示,这三个绕组与单相发电机的绕组一样。当转子 N、S 磁极绕转轴旋转时,由于穿过三个绕组的磁通发生变化,且定子与转子间的空气隙中的磁感应强度按正弦规律分布,三个绕组中都有按正弦规律变化的交流电压产生。

当转子以角速度 ω 匀速转动时,在定子三个绕组中将产生三个振幅、频率完全相同,相位上依次相差 120° 的正弦感应电压。

若用三个电压源 u_A、u_B、u_C 分别表示三相交流发电机三个绕组的电压,并设其方向由始端指向末端,如图 6-2 所示,并以 u_A 为参考正弦量,则有

$$\left.\begin{array}{l} u_A = U_m \sin\omega t \\ u_B = U_m \sin(\omega t - 120°) \\ u_C = U_m \sin(\omega t + 120°) \end{array}\right\} \quad (6-1)$$

这组电压称为对称三相电源,每个电压就是一相,并依次称为 A 相、B 相和 C 相。它们的相量表达式为

$$\left.\begin{array}{l} \dot{U}_A = U\underline{/0°} \\ \dot{U}_B = U\underline{/-120°} \\ \dot{U}_C = U\underline{/120°} \end{array}\right\} \quad (6-2)$$

第 6 章 三相电路

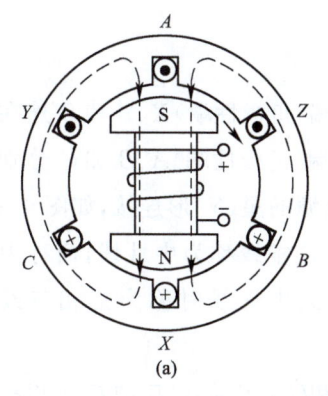

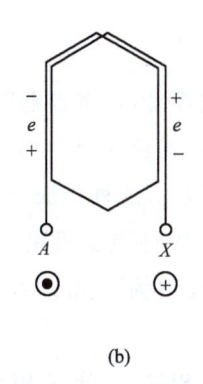

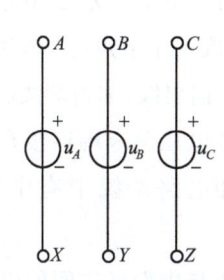

图 6-1 三相交流发电机模型

图 6-2 三相电源电路模型

对称三相电源的波形及相量图分别如图 6-3(a)和图 6-3(b)所示。

从波形和相量图都很容易得出，对称三相电源的特点是

$$u_A + u_B + u_C = 0 \quad \text{或} \quad \dot{U}_A + \dot{U}_B + \dot{U}_C = 0 \tag{6-3}$$

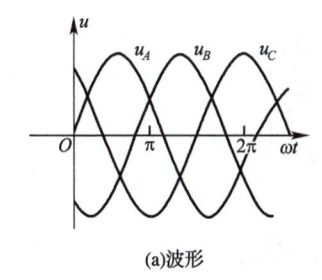

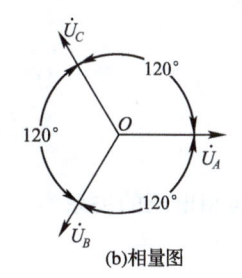

图 6-3 对称三相电源的波形及相量图

在图 6-3(a)所示波形上，三相电源中每相电压依次达到同一值(例如正的最大值)的次序称为三相电源的相序。图 6-3(a)中这种相序为 A-B-C-A，称为顺序或正序，即此处 A 相电压超前 B 相电压 120°，B 相电压超前 C 相电压 120°。与正序相反，若 C 相电压超前 B 相电压 120°，B 相电压超前 A 相电压 120°，即 C-B-A-C 的这种相序，称为逆序或负序。工程上通常用的是正序。

A 相可以任意指定，但 A 相一经确定，那么比 A 相滞后 120°的就是 B 相，比 A 相超前 120°的就是 C 相，这是不可混淆的。工业上通常在交流发电机引出线及配电装置的三相母线上涂以黄、绿和红三色区分 A、B 和 C 三相。

图 6-3(b)便是三相电源电压相量图，它可以说明三相电源中每相感应电压最大值相等，都是 U_m，而三个感应电压之间在相位上互差 120°。

6.1.2 三相电源的 Y、△形连接

三相电源有星(Y)形和三角(△)形两种连接方式，以其构成一定的供电体系向负载

供电。

三相电源的星(Y)形连接

考虑图 6-2 所示三相电源电路模型,若将各电压源的末端(负极性端)X、Y 和 Z 连在一起,形成一个节点 N,称为中性点,简称中点。再从三个始端(正极性端)A、B 和 C 分别引出三根输出线,称为端线(俗称火线)。这种接法叫作三相电源的星(Y)形连接,如图 6-4 所示。各电压源末端连接在一起的中性点也可引出一根线,这根线称为中性线,简称中线。三相电路系统中有中性线时,称为三相四线制电路,无中性线时称为三相三线制电路。

端线与中性点之间的电压称为相电压,分别用 $\dot{U}_{AN}$、$\dot{U}_{BN}$ 和 $\dot{U}_{CN}$ 表示 A、B 和 C 三相相电压,双下标表示了它们的参考方向,即从端线指向中性点。

每两根端线之间的电压称为线电压,方向也用双下标表示,如线电压 $\dot{U}_{AB}$ 表示其参考方向从端线 A 指向端线 B。

由图 6-4 可见

$$\left.\begin{aligned} \dot{U}_{AN} &= \dot{U}_A \\ \dot{U}_{BN} &= \dot{U}_B \\ \dot{U}_{CN} &= \dot{U}_C \end{aligned}\right\}$$

而且线电压与相电压的关系为

$$\left.\begin{aligned} \dot{U}_{AB} &= \dot{U}_A - \dot{U}_B \\ \dot{U}_{BC} &= \dot{U}_B - \dot{U}_C \\ \dot{U}_{CA} &= \dot{U}_C - \dot{U}_A \end{aligned}\right\} \quad (6\text{-}4)$$

若三相电源相电压是对称的,并设 $\dot{U}_A = U_P \angle 0°$,则 $\dot{U}_B = U_P \angle -120°$,$\dot{U}_C = U_P \angle 120°$,画相量图如图 6-5 所示,由相量图可得

$$\left.\begin{aligned} \dot{U}_{AB} &= U_P \angle 0° - U_P \angle -120° = \sqrt{3} U_P \angle 30° \\ \dot{U}_{BC} &= U_P \angle -120° - U_P \angle 120° = \sqrt{3} U_P \angle -90° \\ \dot{U}_{CA} &= U_P \angle 120° - U_P \angle 0° = \sqrt{3} U_P \angle 150° \end{aligned}\right\} \quad (6\text{-}5)$$

式(6-5)也可表示为

$$\left.\begin{aligned} \dot{U}_{AB} &= \sqrt{3}\dot{U}_A \angle 30° \\ \dot{U}_{BC} &= \sqrt{3}\dot{U}_B \angle 30° \\ \dot{U}_{CA} &= \sqrt{3}\dot{U}_C \angle 30° \end{aligned}\right\} \quad (6\text{-}6)$$

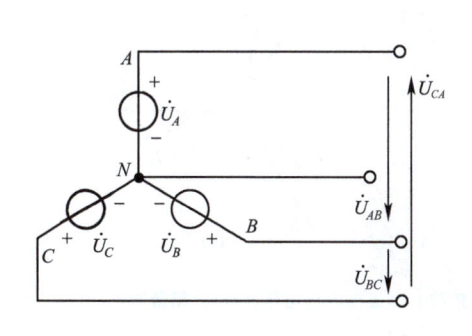

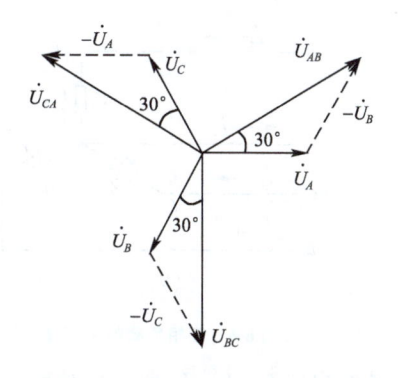

图 6-4　三相电源的 Y 形连接　　　　图 6-5　三相电源 Y 形连接时的相量图

由式(6-6)可得出如下结论：三相电源做星形连接时，若相电压是对称的，那么线电压也一定是对称的，并且线电压有效值(幅值)是相电压有效值(幅值)的$\sqrt{3}$倍，记作$U_L=\sqrt{3}U_P$，在相位上线电压超前于相应两个相电压中的先行相 30°，如$\dot{U}_{AB}$超前$\dot{U}_A$ 30°，$\dot{U}_{BC}$超前$\dot{U}_B$ 30°。

6.2　三相负载

三相负载是指使用交流电源的所有用电器。在有中性线的情况下构成三相四线制，没中性线时构成三相三线制。

三相负载的连接方式也有星形和三角形两种。

6.2.1　三相负载的星(Y)形连接

如图 6-6(a)所示，三相负载 Z_A、Z_B 和 Z_C 的连接方式为星(Y)形连接。图中 N' 为负载中性点，从 A'、B'、C' 引出三根端线与三相电源相连，在三相四线制系统中，负载中性点 N' 与电源中性点 N 相连的线称为中性线，简称中线。

三相负载星形连接时，流经各相负载的电流称为相电流，分别用 $\dot{I}_{A'}$、$\dot{I}_{B'}$、$\dot{I}_{C'}$ 表示；而流经端线的电流称为线电流，分别用 $\dot{I}_A$、$\dot{I}_B$、$\dot{I}_C$ 表示，方向如图 6-6(a)所示。显然，三相负载星形连接时，线电流与相应相电流相等，即 $\dot{I}_A=\dot{I}_{A'}$；$\dot{I}_B=\dot{I}_{B'}$；$\dot{I}_C=\dot{I}_{C'}$。

由此可见，在星形连接的对称三相负载中，相电流与线电流对应相等，且相电流也是对称的。相电压与相电流的相量图如图 6-6(b)所示。

流过中性线的电流称为中性线电流，用 $\dot{I}_N$ 表示。在图 6-6(a)所示的电流方向下，中性线电流 $\dot{I}_N$ 为

$$\dot{I}_N=\dot{I}_A+\dot{I}_B+\dot{I}_C \tag{6-7}$$

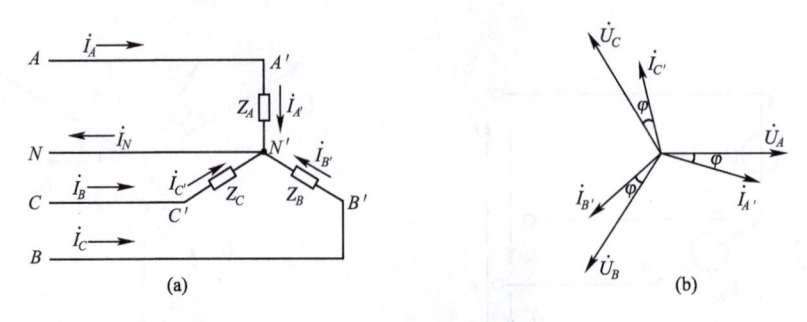

图 6-6 三相负载的Y形连接及对称三相负载Y形连接的相电压、相电流相量图

若线电流 $\dot{I}_A$、$\dot{I}_B$、$\dot{I}_C$ 为一组对称三相正弦量，则 $\dot{I}_N=0$，即 $\dot{I}_A+\dot{I}_B+\dot{I}_C=0$，此时中性线形同虚设，即使断开，对电路也没有影响。中性线断开后电源中性点 N 与负载中性点 N′ 仍是等位点。因此可把中性线省掉，成为星形连接的三相三线制，如图 6-7 所示。对称负载的三相三线制星形连接同三相四线制一样，各相负载所承受的电压仍为对称的相电压，且相电压、线电压关系仍满足 $U_L=\sqrt{3}U_P$。

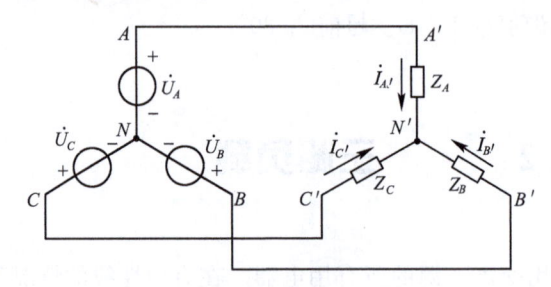

图 6-7 对称负载三相三线制供电

6.2.2 三相负载的三角(△)形连接

将三相负载 Z_A、Z_B 和 Z_C 接成三角形后与电源相连，如图 6-8(a)所示，这就是负载的 △形连接(负载符号改为 Z_{AB}、Z_{BC} 和 Z_{CA})。负载做三角形连接时只能是三相三线制。

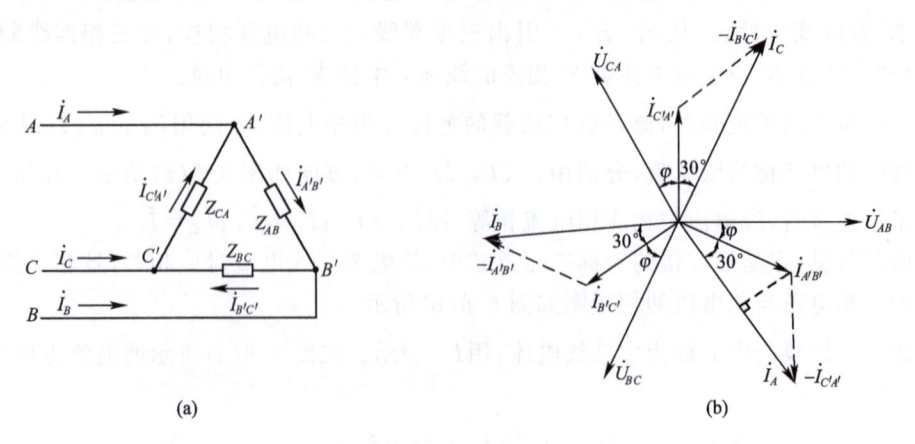

图 6-8 三相负载的△形连接及对称三相负载△形连接的电压、电流相量图

此时,每相负载的相电压都等于线电压。每相负载流过的电流为相电流,分别用 $\dot{I}_{A'B'}$、$\dot{I}_{B'C'}$ 和 $\dot{I}_{C'A'}$ 表示,线电流为 $\dot{I}_A$、$\dot{I}_B$ 和 $\dot{I}_C$。在图 6-8(a)所标注的参考方向下,根据 KCL 有

$$\left.\begin{array}{l}\dot{I}_A=\dot{I}_{A'B'}-\dot{I}_{C'A'}\\ \dot{I}_B=\dot{I}_{B'C'}-\dot{I}_{A'B'}\\ \dot{I}_C=\dot{I}_{C'A'}-\dot{I}_{B'C'}\end{array}\right\} \tag{6-8}$$

若三相负载相电流是对称的,并设 $\dot{I}_{A'B'}=\dot{I}_P\underline{/0°}$,则 $\dot{I}_{B'C'}=\dot{I}_P\underline{/-120°}$,$\dot{I}_{C'A'}=\dot{I}_P\underline{/120°}$,代入式(6-8)可得

$$\left.\begin{array}{l}\dot{I}_A=\sqrt{3}\,I_P\underline{/-30°}=\sqrt{3}\,\dot{I}_{A'B'}\underline{/-30°}\\ \dot{I}_B=\sqrt{3}\,I_P\underline{/-150°}=\sqrt{3}\,\dot{I}_{B'C'}\underline{/-30°}\\ \dot{I}_C=\sqrt{3}\,I_P\underline{/90°}=\sqrt{3}\,\dot{I}_{C'A'}\underline{/-30°}\end{array}\right\} \tag{6-9}$$

上式表明:三相负载△形连接时,若相电流是一组对称三相电流,那么线电流也是一组对称三相电流,且线电流是相电流的 $\sqrt{3}$ 倍,记为

$$I_L=\sqrt{3}\,I_P \tag{6-10}$$

并且线电流滞后于相应的相电流 30°。相量图如图 6-8(b)所示。

将三角形连接的三相负载看成一个广义节点,由 KCL 知,$\dot{I}_A+\dot{I}_B+\dot{I}_C=0$ 恒成立,与电流的对称与否无关。

三相负载的相电压、线电压的概念与上节介绍的三相电源中的有关概念相同,这里不再讨论。

若三相负载的复阻抗相等,即 $Z_A=Z_B=Z_C$,则称为对称三相负载,三相电动机就是一组对称负载。将对称负载接到对称三相电源上,就构成了对称三相电路。三相负载的复阻抗不相等时,称为不对称负载,由它们构成的电路就是不对称三相电路,三相照明电路一般是不对称的。

三相电源和三相负载通过输电线(端线)相连构成了三相电路。工程上根据实际需要,可以组成多种类型的三相电路,如星形(电源)-星形(负载),简称 Y-Y,还有 Y-△、△-Y 和 △-△ 等。

另外,对称三相负载无论是做星形连接还是做三角形连接,必须根据每相负载的额定电压与电源线电压的大小而定,而与电源本身连接方式无关。当各相负载的额定电压等于电源线电压的 $1/\sqrt{3}$ 时,负载应做星形连接;如果各相负载的额定电压等于电源线电压,则负载必须做三角形连接。例如我国低压三相配电系统中,线电压大多为 380 V。如果三相异步电动机的铭牌上标明连接方式是 220 V/380 V-△/Y,当电源的线电压为 380 V 时,电动机的三相绕组必须接成星(Y)形;当电源的线电压为 220 V 时,电动机的三相绕组必须接成三角(△)形。否则会使负载因电压过高而烧毁或因电压过低而不能正常工作。此外,若有许多单相负载接到三相电源上,应尽可能把这些负载平均地分配到每一相上,以使电路尽可能对称。

6.3 三相电路的功率

6.3.1 三相电路的平均功率(有功功率)

三相电源发出的有功功率或者三相负载吸收的有功功率都等于它们各相的有功功率之和,即

$$P = P_A + P_B + P_C$$
$$= U_{AP}I_{AP}\cos\varphi_A + U_{BP}I_{BP}\cos\varphi_B + U_{CP}I_{CP}\cos\varphi_C \tag{6-11}$$

式中,φ_A、φ_B、φ_C 分别是 A 相、B 相、C 相的相电压和相电流之间的相位差。

在对称三相电路中,各相电压和各相电流的有效值均分别相等,而且各相电压、相电流之间的相位差也相等,功率因数也一样,因而各相的有功功率相等,这时式(6-11)三相电路的有功功率可表示为

$$P = 3U_P I_P \cos\varphi \tag{6-12}$$

若它们做星形连接,则 $U_P = \dfrac{U_L}{\sqrt{3}}$,$I_P = I_L$;

若它们做三角形连接,则 $U_P = U_L$,$I_P = \dfrac{I_L}{\sqrt{3}}$。

因而不论做哪种连接,都有 $3U_P I_P = \sqrt{3} U_L I_L$,故式(6-12)可写成

$$P = \sqrt{3} U_L I_L \cos\varphi \tag{6-13}$$

这里必须注意,此式中 φ 仍然是相电压和相电流之间的相位差,它取决于负载的阻抗,而与负载的连接方式无关。

同样,三相电路的无功功率等于各相无功功率之和,即

$$Q = Q_A + Q_B + Q_C$$
$$= U_{AP}I_{AP}\sin\varphi_A + U_{BP}I_{BP}\sin\varphi_B + U_{CP}I_{CP}\sin\varphi_C \tag{6-14}$$

而视在功率应为

$$S = \sqrt{P^2 + Q^2} \tag{6-15}$$

在对称三相电路中,上面的两个公式就变化为

$$Q = 3U_P I_P \sin\varphi = \sqrt{3} U_L I_L \sin\varphi \tag{6-16}$$

$$S = 3U_P I_P = \sqrt{3} U_L I_L \tag{6-17}$$

三相电源或三相负载的功率因数定义为

$$\cos\varphi' = \frac{P}{S} \tag{6-18}$$

在不对称三相电路中,φ' 没有实际意义。在对称三相电路中,三相电路的功率因数同时也是其中每相的功率因数,这里的 φ' 就是式(6-13)中的 φ。

6.3.2 对称三相电路的瞬时功率

在第 4 章中已学过，正弦电流电路中瞬时功率的表达式为

$$p = ui = [\sqrt{2}U\sin\omega t] \times [\sqrt{2}I\sin(\omega t - \varphi)]$$
$$= UI\cos\varphi - UI\cos(2\omega t - \varphi)$$

其中前面一项是平均功率，后面一项是以两倍于电源频率而交变着的功率。对于对称三相电路来说，每相的瞬时功率应为

$$p_A = u_{AP}i_{AP}$$
$$= \sqrt{2}U_P\sin\omega t \times \sqrt{2}I_P\sin(\omega t - \varphi)$$
$$= U_P I_P [\cos\varphi - \cos(2\omega t - \varphi)]$$

$$p_B = u_{BP}i_{BP}$$
$$= \sqrt{2}U_P\sin(\omega t - 120°) \times \sqrt{2}I_P\sin(\omega t - 120° - \varphi)$$
$$= U_P I_P [\cos\varphi - \cos(2\omega t - 240° - \varphi)]$$

$$p_C = u_{CP}i_{CP}$$
$$= \sqrt{2}U_P\sin(\omega t + 120°) \times \sqrt{2}I_P\sin(\omega t + 120° - \varphi)$$
$$= U_P I_P [\cos\varphi - \cos(2\omega t + 240° - \varphi)]$$

上面三个式子中的后面一项，由于对称关系其和为零，所以对称三相电路的瞬时功率为

$$p = p_A + p_B + p_C = 3U_P I_P \cos\varphi \tag{6-19}$$

式(6-19)表明，对称三相电路的瞬时功率是一个与时间无关的常量，其值等于有功功率(平均功率)。这是对称三相电路的一种很好的性质，若负载是三相电动机，那么由于瞬时功率是恒定的，对应电动机转轴所受到的瞬时转矩也是恒定的，不会引起机械振动，因此，其运行情况比单相电动机稳定。这是对称三相电路的一个优越性能。显然，对单相电动机来说，情况就不是这样了，由于它的瞬时功率以两倍电源频率而交变着，所以会有不良的振动。

例 6-1 额定电压为 380 V 的中小型三相异步电动机的功率因数 $\cos\varphi$ 一般为 0.85~0.9，效率 η 一般为 0.85~0.9。如某一台电动机 $\cos\varphi=0.86$，$\eta=0.88$，在电动机输出功率为 2.2 kW 时，电动机从电源获取多大电流？

解：电动机输出功率 P_2 与输入功率 P_1 的关系为

$$P_2 = \eta P_1$$

电动机从电源获得的功率

$$P_1 = \sqrt{3} U_L I_L \cos\varphi$$

所以有

$$I_L = \frac{P_1}{\sqrt{3}U_L\cos\varphi} = \frac{P_2}{\sqrt{3}U_L\eta\cos\varphi} = \frac{2200}{\sqrt{3}\times 380\times 0.88\times 0.86}\text{ A} = 4.42\text{ A}$$

例 6-2 工业上用的三相电阻炉，常常利用改变热电阻丝的接法来控制功率，达到调节炉内温度的目的。今有一台三相电阻炉，其每相电阻 $R=8.68\ \Omega$，试问：(1)在 380 V 线电压下，接成三角形和星形连接时各从电网取用多少功率？(2)在 220 V 线电压下，三

角形接法的功率是多少？

解：(1)做三角形连接时，相电流

$$I_P = \frac{U_L}{R} = \frac{380}{8.68} \text{ A} = 43.8 \text{ A}$$

线电流 $\qquad I_L = \sqrt{3} I_P = 75.9 \text{ A}$

这时 $\qquad P = \sqrt{3} U_L I_L \cos\varphi = \sqrt{3} \times 380 \times 75.9 \times 1 \text{ W} = 50 \text{ kW}$

做星形连接时，线电流

$$I_L = I_P = \frac{U_P}{R} = \frac{380/\sqrt{3}}{8.68} \text{ A} = 25.3 \text{ A}$$

这时 $\qquad P = \sqrt{3} U_L I_L \cos\varphi = \sqrt{3} \times 380 \times 25.3 \times 1 \text{ W} = 16.7 \text{ kW}$

(2)线电压 220 V 时，三角形负载中的相电流

$$I_P = \frac{U_L}{R} = \frac{220}{8.68} \text{ A} = 25.3 \text{ A}$$

线电流 $\qquad I_L = \sqrt{3} I_P = 43.8 \text{ A}$

这时 $\qquad P = \sqrt{3} U_L I_L \cos\varphi = \sqrt{3} \times 220 \times 43.8 \times 1 \text{ W} = 16.7 \text{ kW}$

由本例可见：

(1)在线电压不变时，一个负载由三角形连接改成星形连接，相电压和相电流都为原来的 $1/\sqrt{3}$ 倍，所以功率就减少为原来的 1/3。

(2)只要每相负载所承受的相电压相同，那么不管这个负载接成星形还是三角形，其相电流和功率均相等。在实际中，有些三相用电器的铭牌上写着 220 V/380 V-△/Y，就是指这个用电器可在线电压 220 V 下做三角形连接，或者在线电压 380 V 下做星形连接，两者功率相等。

6.4 对称三相电路的分析

三相电路实质上是一种特殊的复杂正弦电路，前面讨论过的正弦稳态电路的分析方法对三相电路也完全适用，但由于三相电路结构上的特点，尤其是对称三相电路的分析计算又有其自身特点，利用这些特点，可以大大简化计算，因此可以用以前讨论过的复杂电路的各种计算方法去解决。我们要分析的对称三相电路，就是由对称三相电源和对称三相负载所组成的三相电路(如果线路的阻抗不能忽略，还要求线路的三个复阻抗相等)。所谓对称三相电源，是指电源的三相电动势是对称的，而且内阻抗也相等。所谓对称三相负载，是指负载的每相复阻抗都相等；一般三相电动机、三相变压器都可看成对称三相负载。在本节中，着重研究对称三相电路究竟有什么特点，以便利用这些特点来简化计算。但要注意，三相电路中只要有任一部分不对称，它就是不对称三相电路，本节的方法也就不适用了。

6.4.1　负载 Y 形连接的三相电路

三相电源一般为星形连接，因此，负载也为星形连接时，三相电路为 Y-Y 的对称三相电路，一般采用三相四线制系统，在考虑了传输线的阻抗 Z_L 及中线阻抗 Z_N 后，则得到图 6-9(a)所示的最简单的对称 Y-Y 三相电路。

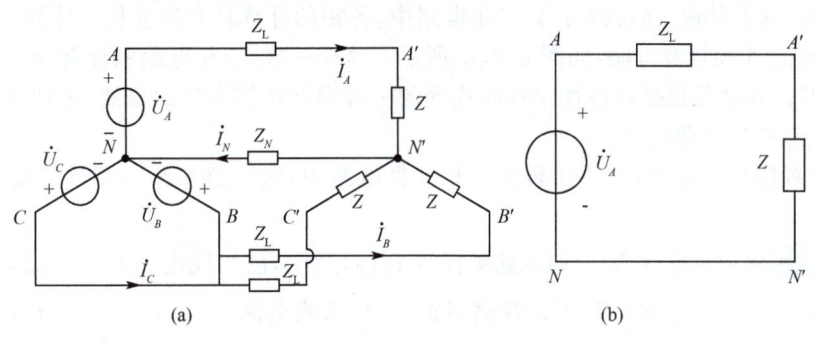

图 6-9　对称 Y-Y 三相电路以及一相(A 相)计算电路

由于独立节点数少于独立回路数，故可采用节点分析法先求出中性点 N'、N 之间的电压。若设 N 点为参考节点来列独立节点方程，则根据节点电压法，可得

$$\dot{U}_{N'N} = \frac{(\dot{U}_A + \dot{U}_B + \dot{U}_C)\dfrac{1}{Z + Z_L}}{\dfrac{3}{Z + Z_L} + \dfrac{1}{Z_N}}$$

因为三相电源对称，即 $\dot{U}_A + \dot{U}_B + \dot{U}_C = 0$，所以上式中的分子项为 0，故 $\dot{U}_{N'N} = 0$，即 N 点和 N' 点电位相等。

根据基尔霍夫电压定律，对 A 相来说(即回路 $AA'N'NA$)，下式成立

$$\dot{U}_A = \dot{U}_{AA'} + \dot{U}_{A'N'} + \dot{U}_{N'N}$$

因为 $\dot{U}_{N'N} = 0$，而 $\dot{U}_{AA'} + \dot{U}_{A'N'} = \dot{I}_A(Z_L + Z)$，所以有

同理，有

$$\left. \begin{array}{l} \dot{I}_A = \dfrac{\dot{U}_A}{Z_L + Z} \\[2mm] \dot{I}_B = \dfrac{\dot{U}_B}{Z_L + Z} = \dfrac{\dot{U}_A \angle -120°}{Z_L + Z} = \dot{I}_A \angle -120° \\[2mm] \dot{I}_C = \dfrac{\dot{U}_C}{Z_L + Z} = \dfrac{\dot{U}_A \angle 120°}{Z_L + Z} = \dot{I}_A \angle 120° \end{array} \right\} \qquad (6\text{-}20)$$

可见相电流是对称的，中线电流为零，即

$$\dot{I}_N = \dot{I}_A + \dot{I}_B + \dot{I}_C = 0$$

各相电流是对称的，则负载端的相电压也是对称的，即

$$\dot{U}_{A'N'} = \dot{I}_A Z$$
$$\dot{U}_{B'N'} = \dot{I}_B Z = \dot{I}_A Z \angle -120° = \dot{U}_{A'N'} \angle -120°$$
$$\dot{U}_{C'N'} = \dot{I}_C Z = \dot{I}_A Z \angle 120° = \dot{U}_{A'N'} \angle 120°$$

同理,可以求得各线电压也是对称的。

从上面讨论中可以得出:

(1)对称 Y-Y 连接中,由于三相电动势和负载是对称的,各组的电压或电流也都是对称的。所以,只要求得其中一相电压和电流(比如 A 相),则其他两相(比如 B 相、C 相)就可以根据其对称关系直接写出。

(2)由 $\dot{U}_{N'N}=0$ 导出的式(6-20)可知,各相电流仅由各相的电动势和阻抗决定,各相之间互不相关,这就是说,在对称 Y-Y 三相电路中,各相的计算具有独立性。比如计算 A 相,可画出单独的 A 相计算电路,如图 6-9(b)所示。这样一来,三相电路的计算就可以归结为一相来计算。这就是根据对称性特点而找到的一种简便计算方法。显然,这种计算方法的前提是 N 点和 N' 点等电位。

(3)中线阻抗不起作用,不出现在一相计算电路中,这一点在画一相计算电路时应特别注意。

例 6-3 对称 Y-Y 三相电路如图 6-10(a)所示,已知线电压 $U_L = 220\sqrt{3}$ V,每相负载阻抗为 $Z = 10\underline{/60°}$ Ω,不计线路阻抗。(1)求线电流 $\dot{I}_A$,$\dot{I}_B$,$\dot{I}_C$;并作出电压、电流的相量图;(2)求三相负载总的有功功率。

解: 本例因忽略了传输线的阻抗 Z_L 及中线阻抗 Z_N,原电路可简化成图 6-10(a),又考虑对称性,可以先求得其中一相电压、电流(比如 A 相)值,然后,根据其对称关系,再写出其他两相(B 相、C 相)的值。图 6-10(b)就是 A 相的计算电路。

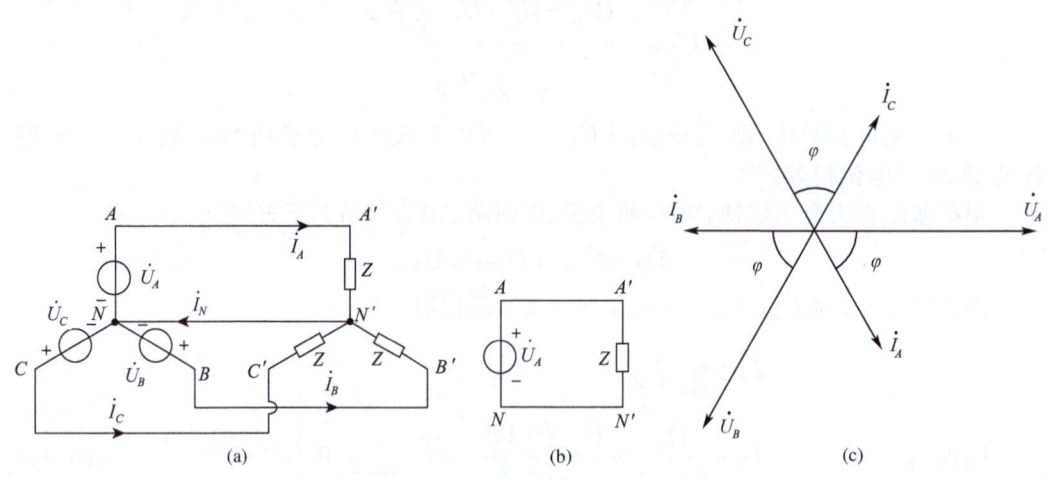

图 6-10 【例 6-3】对称 Y-Y 三相电路、计算电路与电压、电流的相量图

(1)负载做星形连接时,一相电压的有效值为:

$$U_P = \frac{U_L}{\sqrt{3}} = 220 \text{ V}$$

设 $\dot{U}_A = 220\underline{/0°}$ V,则 $\dot{U}_B = 220\underline{/-120°}$ V,$\dot{U}_C = 220\underline{/120°}$ V,因负载为星形连接,所以线电流等于相电流,有

$$\dot{I}_A = \frac{\dot{U}_A}{Z} = \frac{220\ \underline{/0°}}{10\ \underline{/60°}}\ \text{A} = 22\ \underline{/-60°}\ \text{A}$$

$$\dot{I}_B = \frac{\dot{U}_B}{Z} = \frac{220\ \underline{/-120°}}{10\ \underline{/60°}}\ \text{A} = 22\ \underline{/-180°}\ \text{A}$$

$$\dot{I}_C = \frac{\dot{U}_C}{Z} = \frac{220\ \underline{/120°}}{10\ \underline{/60°}}\ \text{A} = 22\ \underline{/60°}\ \text{A}$$

电压、电流的相量图如图 6-10(c)所示。

(2) 三相负载总的有功功率为：

$$P = \sqrt{3}U_L I_L \cos\varphi = \sqrt{3}\times 220\sqrt{3}\times 22\times \cos 60°\ \text{W} = 7260\ \text{W}$$

6.4.2 负载△形连接的三相电路

对于负载三角形连接的三相电路，如图 6-11 所示的对称 Y-△三相电路和如图 6-12 所示的对称△-△三相电路，就不能直接应用上述归结为一相的计算方法。但是，如果把三角形负载用一个等效的星(Y)形连接负载来代替，那么对于三相电源，不论做何种连接，当已知对称三相线电压时，根据△形连接或 Y 形连接时线电压与相电压的关系，总可以用一个对称三相 Y 形连接的电压源代替。因此任何连接形式的对称三相电路总可以转换为 Y-Y 连接的对称三相电路，则图 6-11、图 6-12 所示的三相电路系统就可以化成图 6-13(a)所示的 Y-Y 三相电路。这样一来，就仍然可以应用归结为一相的计算方法[图 6-13(b)]来进行计算。当求得等效星形负载[图 6-13(a)]中的电流、电压后，就可以应用三角形连接中电流和电压的相值与线值之间的关系，反过来求得原三角形连接中的电流和电压(参看【例 6-4】)。

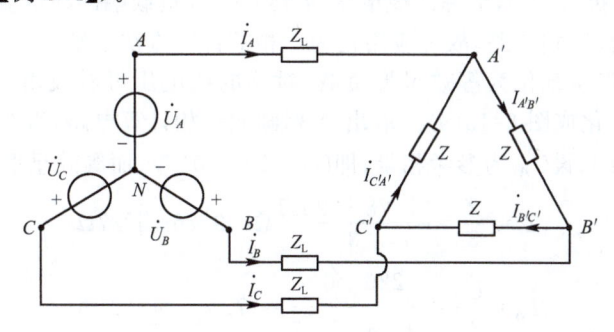

图 6-11 对称 Y-△三相电路

用在第 2 章中学过的 Y-△网络的等效变换公式，把一个对称的△形连接阻抗等效变换为 Y 形连接阻抗时，有

$$Z_Y = \frac{1}{3}Z_\triangle$$

故图 6-11 和图 6-12 中的△形阻抗 Z 和等效 Y 形阻抗 Z' 的关系为

$$Z' = \frac{1}{3}Z$$

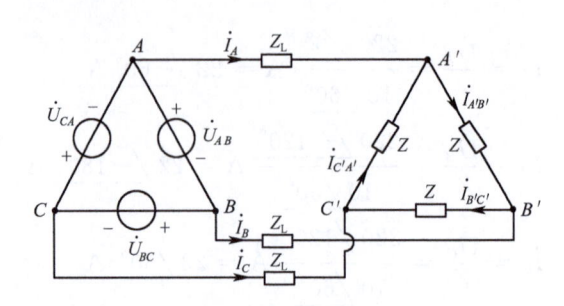

图 6-12 对称 △-△ 三相电路

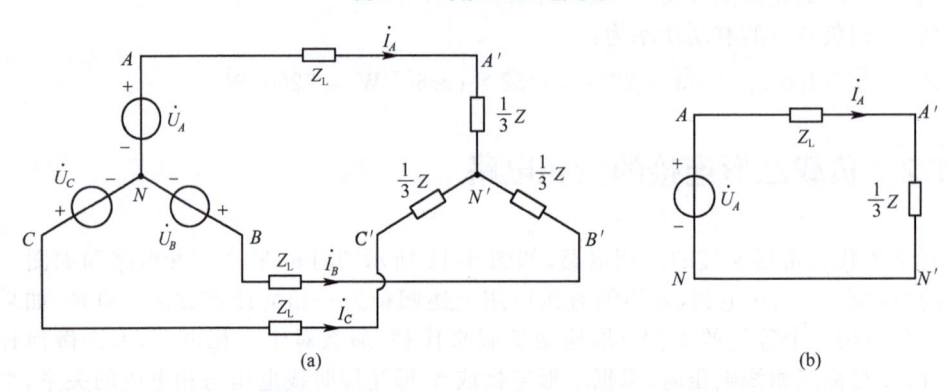

图 6-13 对称 Y-△、△-△ 三相电路的 Y-Y 等效三相电路及一相计算电路

将图 6-12 所示△形连接的三相电源改为 Y 形连接时,满足式(6-6),那么线电压仍然是相电压的 $\sqrt{3}$ 倍,记作

$$U_L = \sqrt{3} U_P$$

例 6-4 电路如图 6-12 所示,对称三角形负载的每相复阻抗为 $Z = 27.78 + j26.1\ \Omega$,线路的阻抗 $Z_L = 0$,电源的线电压为 380 V,求负载端的线电流和相电流。

解:因为是对称三相电路,故可应用化为一相的计算方法求解。

首先,把三角形负载化为等效星形负载,对称的线电压可看成由一对称星形电源供给,则图 6-12 即可化成图 6-13(a)。取出 A 相画成一相计算电路,得图 6-13(b)。

根据图 6-14(b),设 $\dot{U}_A$ 为参考相量,即 $\dot{U}_A = 220\ \underline{/0°}$ V;而等效星形负载为

$$Z' = \frac{Z}{3} = \frac{27.78 + j26.1}{3}\ \Omega = 9.26 + j8.7\ \Omega$$

所以

$$\dot{I}_A = \frac{\dot{U}_A}{Z'} = \frac{220\ \underline{/0°}}{9.26 + j8.7} = 17.3\ \underline{/-43.2°}\ A$$

根据对称性可直接写出其他两个线电流

$$\dot{I}_B = \dot{I}_A\ \underline{/-120°} = 17.3\ \underline{/-163.2°}\ A$$
$$\dot{I}_C = \dot{I}_A\ \underline{/120°} = 17.3\ \underline{/76.8°}\ A$$

线电流既已求得,那么,根据对称三角形连接中的线电流和相电流的关系[参看式(6-9)],可得原三角形负载中的相电流

$$\dot{I}_{A'B'} = \frac{\dot{I}_A}{\sqrt{3}}\ \underline{/30°} = 10\ \underline{/-13.2°}\ A$$

第 6 章 三相电路 159

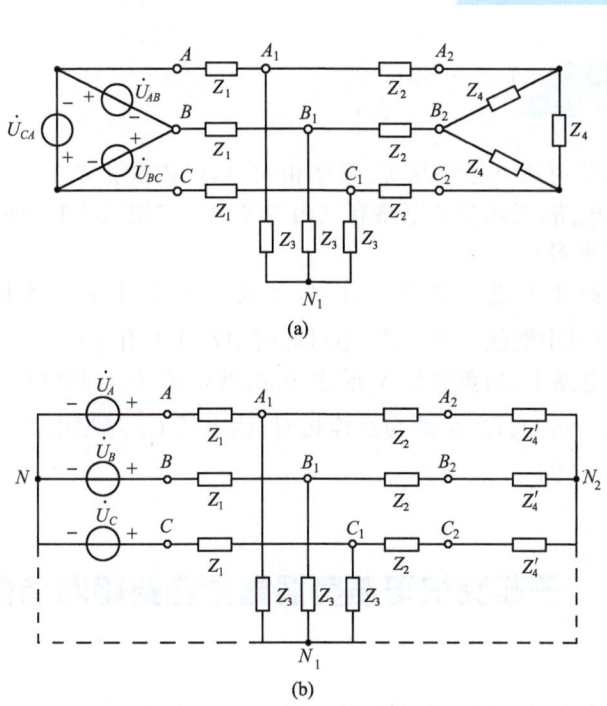

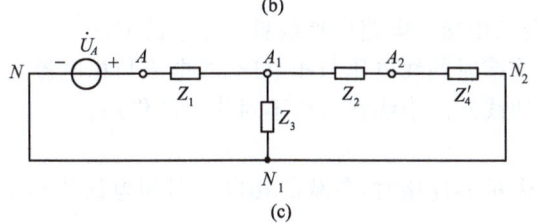

图 6-14 复杂对称三相电路及其一相计算电路

$$\dot{I}_{B'C'} = \dot{I}_{A'B'} \underline{/-120°} = 10 \underline{/-133.2°} \text{ A}$$

$$\dot{I}_{C'A'} = \dot{I}_{A'B'} \underline{/120°} = 10 \underline{/106.8°} \text{ A}$$

对于比较复杂的对称三相电路，利用 Y-△ 的等效变换，最终仍能归结为一相来计算。设有图 6-14(a) 所示的对称三相电路，其中电源和负载都为三角形连接，经过一定的等效变换，仍能把这种电路归结为一相来计算。首先，将三角形电源和三角形负载都化成等效的星形连接，如图 6-14(b) 所示。在电源方面，按对称星形连接的线电压和相电压之间关系，参见式(6-6)，可得 $\dot{U}_A = \dfrac{\dot{U}_{AB}}{\sqrt{3} \underline{/30°}}$（设电源的每相内阻抗为零）。而负载方面，$Z'_4 = Z_4/3$。根据电路对称性的特点，$N$、$N_1$ 和 N_2 点的电位相同，当用一根导线[如图 6-14(b) 中的虚线]把它们连起来时，这根中线是没有电流的，也就是说，不改变电路的电流、电压分布情况。这样一来，就可以取出一相，例如 A 相，单独画出一相计算电路，如图 6-14(c) 所示。A 相的电流、电压算出后，则其他两相的电流、电压就可以求得了。

知识拓展：
不对称三相电路
的概念

仿真训练

三相交流电路是由三个振幅相等、频率相同、相位依次相差120°的正弦电压源按一定连接方式组成的电路,三相交流电路有三相四线制和三相三线制两种结构,负载的连接方式有 Y 形和△形两种。

三相四线制电路中不论负载是否对称,负载均可采用 Y 形连接方式,并有 $U_l = \sqrt{3} U_p$, $I_l = I_p$。对称时中性线上无电流,不对称时中性线上有电流。

在三相三线制电路中,当负载为 Y 形连接时,线电流 I_l 与相电流 I_p 相等,线电压与相电压的关系为 $U_l = \sqrt{3} U_p$;当负载为△连接时,线电压 U_l 与相电压 U_p 相等,线电流与相电流的关系为 $I_l = \sqrt{3} I_p$。

仿真训练1　三相交流电路负载星形连接电路仿真

一、仿真目的

(1)通过仿真,学会三相交流电路中负载星形连接的方法。
(2)测量负载星形连接时的线电压与相电压、线电流与相电流之间的关系。
(3)加深理解三相四线制的中线在负载不对称时的作用。

二、仿真原理

(1)三相对称负载做星形连接时,负载的相电压与相电流均对称,负载的线电压是相电压的 $\sqrt{3}$ 倍,负载的线电流与相电流相等,中线电流为0,可以采用三相三线制连接。

(2)三相不对称负载做星形连接时,若有中线,则各相上的电压对称,相电压大小相等,各相电流不对称,中线电流不等于0;若无中线,则各相电压与电流均不对称,从而导致负载不能正常工作,所以不对称负载做星形连接时一定要有中线,必须采用三相四线制连接,以保持各相负载上的相电压对称,而且中线不允许接保险丝和开关。

三、仿真内容与步骤

(1)在 Multisim 11.0 软件窗口中创建如图 6-15 所示电路,对称三相电源分别设置有效值 220 V/50 Hz,相位 0°/−120°/+120°。

(2)在电路中接入两只开关,S_1 用来控制三相电路的中线通断,使电路切换为三相三线制和三相四线制连接方式;S_2 用来控制 A 相负载的切换,使电路切换为对称负载与不对称负载连接电路。

(3)接入 4 个测量探针,探测三相负载的相电压和相电流以及中线电压与中线电流。接入 3 只数字万用表,测量 3 根火线之间的线电压。

(4)单击仿真"运行/停止"开关,分别操作 A 键和 B 键(S_1 和 S_2 分别接通与断开),使电路成为三相三线制与三相四线制电路,以及成为负载对称与负载不对称电路。

根据各测量探针的指示值和数字万用表的读数,可见对称负载时的中线电流为 0,各线电流相等;线电压 $U_L = \sqrt{3} U_P = \sqrt{3} \times 220$ V $= 381$ V。当接通开关 S_2 使负载不对称时,中线电流不为 0,各线电流不相等。

第 6 章 三相电路

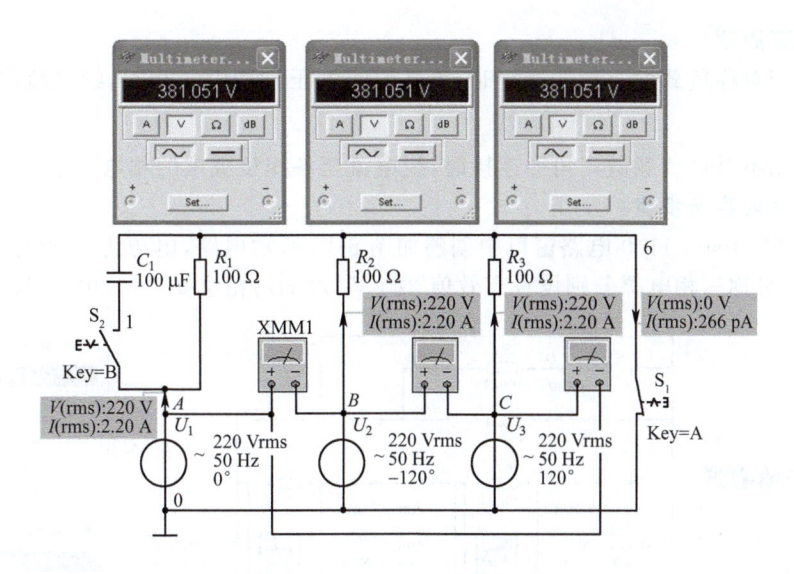

图 6-15 三相交流电路负载星形连接

将所得数据记录在表 6-1 中。

表 6-1　　　　　　　　负载星形连接电路仿真数据记录表

三相负载	中线有无	线电压/V U_{AB}	U_{BC}	U_{CA}	相电压/V U_A	U_B	U_C	线、相电流/mA I_A	I_B	I_C	中线电流/mA I_0
对称负载（S₂开）	有(S₁合)										
	无(S₁开)										
不对称负载(S₂合)	有(S₁合)										
	无(S₁开)										

(5)根据仿真测量的数据,分析电路中对称负载时的线电压与相电压的关系,以及线电流与相电流的关系。分析不对称负载时的中线电流大小及中线的作用。

四、思考题

(1)在星形对称负载情况下,为什么可以不用中线(三相三线制)?
(2)在星形不对称负载情况下,根据电流表的读数分析中线的作用。
(3)在三相四线制电路中,中线上为什么不能接入保险丝?

微课拓展：
室内家居照明电路

仿真训练 2　三相交流电路负载三角形连接电路仿真

一、仿真目的

(1)通过仿真,学会三相交流电路中负载三角形连接的方法。
(2)测量负载三角形连接时的线电压与相电压、线电流与相电流之间的关系。

二、仿真原理

(1)三相对称负载做三角形连接时,负载的线电压与相电压相等,线电流是相电流的$\sqrt{3}$倍。

(2)三相不对称负载做三角形连接时,线电流与各相负载中的相电流也不对称。

三、仿真内容与步骤

(1)在 Multisim 11.0 电路窗口中创建如图 6-16 所示电路,电源为 Y 形连接,负载为△形连接。对称三相电源分别设置有效值 220 V/50 Hz,相位 0°/−120°/+120°。

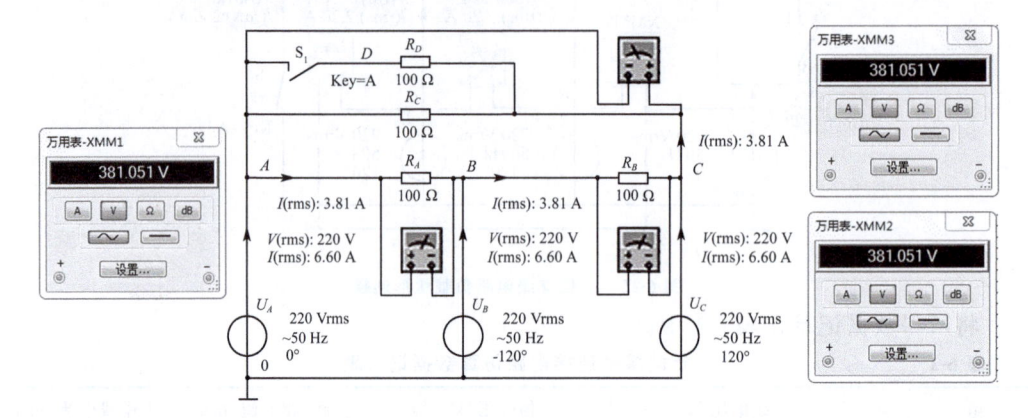

图 6-16 三相交流电路负载三角形连接

(2)在电路中接入 S_1 开关,用来控制 C 相负载的切换,使电路成为对称负载与不对称负载连接电路。

(3)接入 6 只测量探针,分别探测三相负载的线电流和相电流。在三相负载上并联 3 只数字万用表,测量各相负载上的相电压,该相电压也是 3 根火线之间的线电压。

(4)单击仿真"运行/停止"开关,分别断开和接通开关 S_1(操作 A 键),使电路成为三相负载对称与不对称电路。将所得数据记录在表 6-2 中。

表 6-2 负载三角形连接电路仿真数据记录表

负载情况	线电压/V			线电流/mA			相电流/mA		
	U_{AB}	U_{BC}	U_{CA}	I_{AB}	I_{BC}	I_{CA}	I_A	I_B	I_C
对称负载(S_1开)									
不对称负载(S_1合)									

(5)根据测量数据,分析电路中负载对称时的线电压与相电压的关系,以及线电流与相电流的关系。

四、思考题

(1)在负载做三角形连接时,负载上的相电压与电源的相电压之间是什么关系?

(2)根据测量数据,分析对称负载做三角形连接时线电流与相电流的关系,并画出相量图。

第6章 三相电路

技能训练

技能训练 三相负载的星形接法

一、实验目的

(1)掌握三相交流电路中负载做星形连接的方法。
(2)验证三相负载做星形连接时,线电压和相电压以及线电流和相电流之间的关系。
(3)了解三相四线制中负载不对称时,中线的作用。

二、实验原理

(1)三相对称负载做星形连接时,电路如图6-17所示。

按图中的参考方向,负载的线电压 U_L 与相电压 U_P、线电流 I_L 与相电流 I_P 都是对称的,两中性点间的电压 $U_{NN'}$ 为零,中线电流 I_N 也为零,所以可不用中线,其关系式为

$U_L = \sqrt{3}\, U_P \quad I_L = I_P \quad U_{NN'} = 0$

$\dot{I}_A = \dot{I}_B = \dot{I}_C \quad \dot{I}_N = \dot{I}_A + \dot{I}_B + \dot{I}_C = 0$

(2)三相不对称负载做星形连接时,电路如图6-18所示。

如果有中线,则各相电压相等,$U_{NN'}$ 为0,其关系式为

$U_A = U_B = U_C = U_P \qquad\qquad U_L = \sqrt{3}\, U_P$

$I_A = U_A / Z_A \quad I_B = U_B / Z_B \quad I_C = U_C / Z_C$

$\dot{I}_N = \dot{I}_A + \dot{I}_B + \dot{I}_C \neq 0 \qquad\qquad U_{NN'} = 0$

若无中线,则各相负载上的电压不对称,$U_{NN'}$ 也不为零,从而负载不能正常工作,所以星形不对称负载一定要有中线,以保持各相负载上的相电压对称。

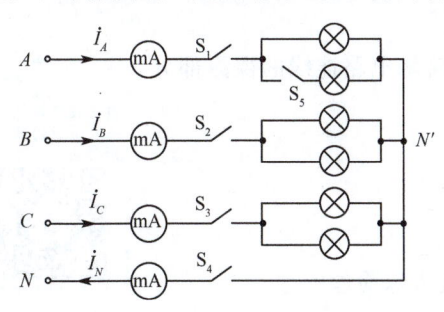

图6-17 三相对称负载星形连接 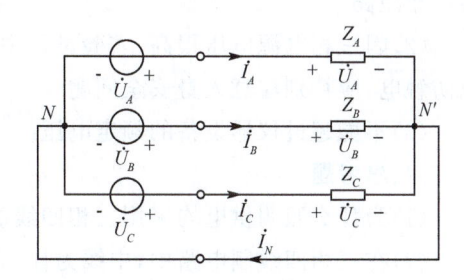   图6-18 三相不对称负载星形连接

三、实验器材

(1)交流电流表(0~300 mA)   4只
(2)万用表(MF500 或 MF47)   1只
(3)白炽灯(220 V/15 W)   6只

(4)开关　　　　　　　　　　　　4只

(5)导线　　　　　　　　　　　　若干

四、实验内容及步骤

(1)按图 6-18 连接好电路。

(2)将各开关闭合,使电路成为有中线的三相四线制的对称星形负载电路。测量线电压 U_{AB}、U_{BC}、U_{CA},相电压 U_A、U_B、U_C,线、相电流 I_A、I_B、I_C 以及中线电流 I_N,并将测量数据记入表 6-3 中。

表 6-3　　　　　　　　负载星形连接电路实验数据记录表

负载情况	中线	线电压/V			相电压/V			线、相电流/mA			中线电流/mA
		U_{AB}	U_{BC}	U_{CA}	U_A	U_B	U_C	I_A	I_B	I_C	I_N
三相对称 (S_5合)	有(S_4合)										
	无(S_4开)										
三相不对称 (S_5开)	有(S_4合)										
	无(S_4开)										

(3)断开开关 S_4,其余闭合,使电路成为无中线的三相三线制对称星形负载电路,重复测量上述各参数,记入表 6-3 中。

(4)断开开关 S_5,其余闭合,使电路成为有中线的三相不对称星形负载电路,重复测量上述各参数,记入表 6-3 中。

(5)断开开关 S_4 和开关 S_5,其余闭合,使电路成为无中线的三相三线制不对称星形负载电路,重复测量上述各参数,记入表 6-3 中。

(6)将上述测量结果进行比较,分析线电压和相电压的关系,以及线、相电流,中线电流在不同情况下的变化情况。三相不对称负载做星形连接时可按图 6-22 所示电路进行分析。

五、注意事项

(1)在连接电路时,首先将电路连接好,再与三相电源接通,且注意有中线时,决不可将一相短路。

(2)因三相电源电压很高,实验过程中,不要碰触电路连线的裸露部分,以防触电,应特别注意人身安全问题。

(3)不能超过仪器设备的额定电压。

六、思考题

(1)为什么照明供电均采用三相四线制?

(2)在三相四线制电路中,中线为什么不能接入保险丝?

第6章 三相电路

讨论笔记

1. 对称三相电源的定义？

2. 三相电路有哪几种连接方法？

3. 在负载Y连接的对称三相电路（三相电源为Y连接）中，各电压、电流之间有何关系？

4. 在负载△连接的对称三相电路（三相电源为Y连接）中，各电压、电流之间有何关系？

第6章小结

第6章 习题

（学号：_____ 班级：_____ 姓名：_____）

6-1 线电压为380 V的三相对称电源向三相对称负载供电，负载可有这样几种接法：(1)接成Y形，无中性线；(2)接成Y形，有中性线（设其阻抗为零）；(3)接成△形。试判断，如果A相保险丝断开，则加到各相负载上的电压分别是多少？

6-2 三个阻抗同为 $Z=40+\text{j}30\ \Omega$ 的负载,接成 Y 形,其中性点与电源中性点通过阻抗为 Z_N 的中性线相连接。已知对称电源线电压为 380 V,求:当 Z_N 为以下三种不同的值时,负载的线电流、相电流、相电压、线电压和功率,并画出相量图。(1)$Z_N=0$;(2)$Z_N=\infty$;(3)$Z_N=1+\text{j}0.9\ \Omega$。

6-3 如果习题 6-3 中负载连成△形接到对称电源上,重答上面各问题。此时设:(1)电源是线电压为 220 V 的三角形连接;(2)电源是线电压为 380 V 的三角形连接;(3)电源为星形连接,其相电压为 220 V。

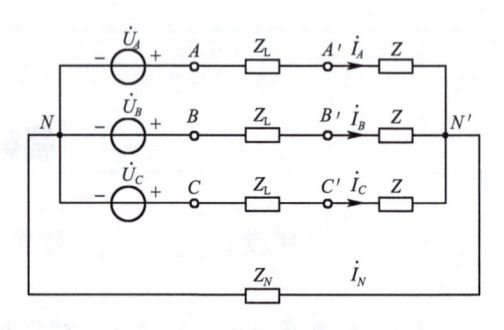

6-4 三相对称电路如图 6-19 所示,电源与负载均为 Y 形连接,每相负载阻抗为 $Z=15+\text{j}20\ \Omega$,线路阻抗为 $Z_L=1+\text{j}2\ \Omega$,中线阻抗 $Z_N=0.8+\text{j}1\ \Omega$;设 $\dot{U}_A=220\underline{/30°}$ V,试求 Y 形负载各相电压的相量。

图 6-19 习题 6-4 图

第6章 三相电路

6-5 对称三相感性负载接在对称线电压为 380 V 的电源上,测得输入线电流为 12.1 A,输入功率为 5.5 W,求功率因数 $\cos\varphi$ 和无功功率 Q。

6-6 有一台三相异步电动机,它的额定输出功率为 10 kW,额定电压为 380 V,在额定功率下的功率因数为 $\cos\varphi=0.88$,效率为 $\eta=0.875$,定子绕组做△形连接。问此时电动机在额定功率下吸取电源的电流是多少?每相绕组的复阻抗又是多少(异步电动机为感性负载)?

6-7 三相对称负载的功率为 5.5 kW,△形连接后接在线电压为 220 V 的三相电源上,测得线电流为 19.5 A。求:(1)负载相电流 I_P、功率因数 $\cos\varphi$ 和每相复阻抗 Z;(2)若将该负载改成 Y 形连接,接至线电压为 380 V 的三相电源上,则负载的相电流 I_P、线电流 I_L 及吸收的功率 P 各为多少?

6-8　如图 6-20 所示,已知三相对称电源线电压为 $u_{AB}=380\sqrt{2}\sin(\omega t+30°)$ V,其中按星形方式接入某三相对称负载,每相的复阻抗为 $Z=6+\text{j}8$ Ω,求负载的相电流 i_A、i_B、i_C;并画出相量图。

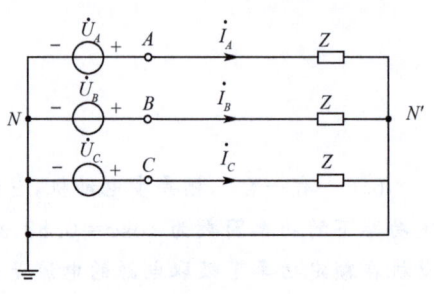

图 6-20　习题 6-8 图

第 7 章

非正弦周期电路

学习导航

☑ **学习目标：**

◆ 了解非正弦周期信号的产生，理解不同频率的正弦量叠加的结果为非正弦量；
◆ 深刻领会傅立叶分解的基本概念，懂得任一非正弦周期函数可以分解为一系列频率成整数倍的正弦量的叠加；
◆ 了解频谱图的概念，掌握非正弦周期信号波形的平滑性与高次谐波分量的幅度之间的关系；
◆ 了解几种典型的非正弦波所含有的谐波分量，了解波形的对称性与特点；
◆ 学会非正弦周期信号的有效值、平均值和平均功率的计算方法；
◆ 掌握非正弦周期电路的分析方法，了解常用的几种滤波器的概念与功能。

☑ **学习重点：**

◆ 非正弦周期信号分解为傅立叶级数的概念；
◆ 非正弦周期信号波形的平滑性与高次谐波分量的幅度之间的关系；
◆ 非正弦周期信号的有效值、平均值和平均功率的计算方法；
◆ 非正弦周期电路的分析方法，常见滤波器的功能。

☑ **学习难点：**

◆ 非正弦波的傅立叶级数分解；
◆ 非正弦周期信号的有效值、平均值和平均功率的计算；
◆ 非正弦周期电路的分析计算。

☑ **参考学时：**

6~8 学时

第7章思维导图

本章提要

本章讨论非正弦周期电流电路的一种分析方法,即谐波分析法,这类电路的分析和计算方法是正弦电流电路分析方法的推广。主要内容有:周期函数分解为傅立叶级数,周期电流的有效值、平均值和平均功率的计算,非正弦周期电流电路的计算。

7.1 非正弦周期信号的基本概念

前几章讨论的正弦交流稳态电路中的电压和电流都是按正弦规律变化的。也就是说,在一个线性电路中有一个或多个同频率的正弦信号同时作用,电路的稳态响应仍为同频率的正弦量。但在实际工程和科学实验中,通常还会遇到按非正弦规律变化的电源和信号的问题,当这类信号作用于线性电路时,其稳态响应一般也是按非正弦规律变化的。

现举例说明,实际的交流发电机发出的电压波形与正弦波的波形或多或少有些差别,这是因为一般在设计和制造发电机时,虽然总是力求做到使它发出的电压能严格地按照正弦规律变化,但由于种种因素,事实上只能近似地做到。

在电信工程方面传输的各种信号大多也是按照非正弦规律变化的。声音信号或视频信号的电压或电流的波形是非正弦的;在自动控制、电子计算机大量用到的脉冲数字电路中,电压和电流的波形也是非正弦的。此类电路称为非正弦交流电路,实验室用到的信号源产生的几种典型的周期性非正弦电压信号波形如图 7-1 所示。

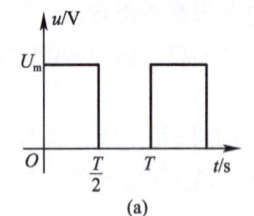

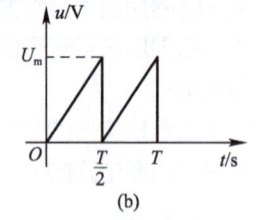

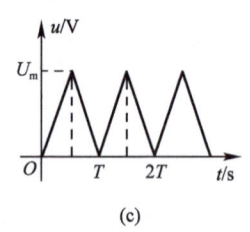

图 7-1 几种典型的周期性非正弦电压信号波形

如图 7-1(a)所示为矩形波(方波)电压的波形,如图 7-1(b)所示为锯齿波电压的波形,如图 7-1(c)所示为三角波电压的波形。

另外,如果电路存在非线性元件(如二极管、三极管、铁芯线圈等),那么即使电源电压是正弦型,电路中也会产生非正弦电流。例如图 7-2(a)所示的单相半波整流电路,利用半

第 7 章 非正弦周期电路

导体二极管单向导电的特性,使电流只能在一个方向通过,而在另一个方向被阻断。这样就得到如图 7-2(b)所示的电压(电流)波形(一般称为半波整流波形)。

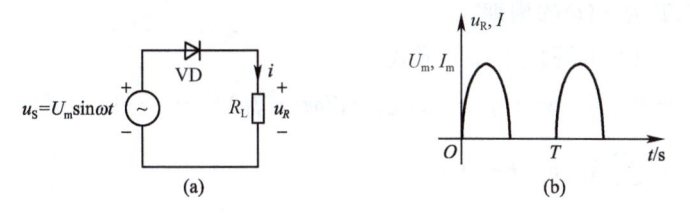

图 7-2 单相半波整流电路及波形

非正弦电压、电流又可分为周期的与非周期的两种。上述激励和响应的波形虽然各不相同,但如果它们能按一定规律周而复始地变化,则称为非正弦周期电压或电流,否则为非周期电压或电流。本章涉及的均为非正弦周期电压、电流,仅讨论在周期的非正弦电压、电流激励下线性电路稳态的分析和计算方法,同时把范围局限于线性电路。本章讨论的在非正弦周期电压、电流和信号作用下线性电路的分析和计算方法,主要是利用数学中学过的傅立叶级数,先将非正弦周期电压或电流分解为一系列不同频率的正弦电压或电流之和,然后分别计算在各种频率正弦电压或电流的单独作用下,在电路中产生的正弦电压分量和电流分量,最后根据线性电路的叠加定理,把所得分量按瞬时值相加,就可得到电路中实际的稳态电压和电流。它实质上就是把非正弦周期电路的计算化为一系列正弦电路的计算,这样就能充分利用相量法这个有效工具了。

7.2 非正弦周期信号的分解

7.2.1 非正弦周期信号的傅立叶分解

周期电流、电压信号等都可以用一个周期函数来表示,即
$$f(t) = f(t + kT)$$
式中,T 为周期函数的周期,且 $k = 0, 1, 2, 3, \cdots$

如果给定的周期函数满足狄里赫利条件,那么都可以将其分解为傅立叶级数。狄里赫利条件是指给定的周期函数在有限的区间内,只有有限个第一类间断点及有限个极大值和极小值。电路技术实际应用中常见的信号通常都满足狄里赫利条件。

设给定的周期函数为 $f(t)$,则 $f(t)$ 可展开成
$$f(t) = a_0 + (a_1 \cos\omega t + b_1 \sin\omega t) + (a_2 \cos2\omega t + b_2 \sin2\omega t) + \cdots$$
$$+ (a_k \cos k\omega t + b_k \sin k\omega t) + \cdots$$

$$= a_0 + \sum_{k=1}^{\infty}(a_k\cos k\omega t + b_k\sin k\omega t) \tag{7-1}$$

式中,$\omega = 2\pi/T$,T 为 $f(t)$ 的周期。

式(7-1)还可以合并写成下面的形式

$$f(t) = A_0 + A_{1m}\sin(\omega t + \psi_1) + A_{2m}\sin(2\omega t + \psi_2) + \cdots + A_{km}\sin(k\omega t + \psi_k) + \cdots$$

$$= A_0 + \sum_{k=1}^{\infty} A_{km}\sin(k\omega t + \psi_k) \tag{7-2}$$

不难得出式(7-1)和式(7-2)中的系数有如下直角三角形的边、角关系:

$$A_{km} = \sqrt{a_k^2 + b_k^2}$$

$$\tan\psi_k = \frac{a_k}{b_k}$$

$$a_0 = A_0$$

$$a_k = A_{km}\sin\psi_k$$

$$b_k = A_{km}\cos\psi_k$$

以上的无穷三角级数称为傅立叶级数,式(7-2)的第一项 A_0 称为周期函数 $f(t)$ 的恒定分量(或直流分量);而第二项 $A_{1m}\sin(\omega t + \psi_1)$ 称为一次谐波(或基波分量),其周期或频率与原周期函数相同;其他各项统称为高次谐波。由于高次谐波的频率是基波频率的整数倍,故 $k=2$ 时就称为二次谐波,其余就依次称为三次谐波、四次谐波等。有时还把各奇次的谐波统称为奇次谐波,各偶次的谐波统称为偶次谐波。因此,把一个周期函数展开或分解为具有一系列谐波之和的傅立叶级数称为谐波分析。

式(7-1)中的系数,可按下列公式计算

$$\left. \begin{aligned} a_0 &= \frac{1}{T}\int_0^T f(t)\mathrm{d}t = \frac{1}{2\pi}\int_0^{2\pi} f(t)\mathrm{d}(\omega t) \\ a_k &= \frac{2}{T}\int_0^T f(t)\cos k\omega t\,\mathrm{d}t = \frac{1}{\pi}\int_0^{2\pi} f(t)\cos k\omega t\,\mathrm{d}(\omega t) \\ b_k &= \frac{2}{T}\int_0^T f(t)\sin k\omega t\,\mathrm{d}t = \frac{1}{\pi}\int_0^{2\pi} f(t)\sin k\omega t\,\mathrm{d}(\omega t) \end{aligned} \right\} \tag{7-3}$$

这些公式的推导在数学教科书中已有介绍,这里不再做详细推导验证。

下面举例说明。如果要确定系数 a_3,把式(7-1)两边各乘以 $\cos 3\omega t$,并对两边取定积分,有

$$\int_0^{2\pi} f(t)\cos 3\omega t\,\mathrm{d}(\omega t) = \int_0^{2\pi} a_0\cos 3\omega t\,\mathrm{d}(\omega t) + \int_0^{2\pi} a_1\cos\omega t\cos 3\omega t\,\mathrm{d}(\omega t)$$

$$+ \int_0^{2\pi} a_2\cos 2\omega t\cos 3\omega t\,\mathrm{d}(\omega t) + \int_0^{2\pi} a_3(\cos 3\omega t)^2\,\mathrm{d}(\omega t) + \cdots$$

$$+ \int_0^{2\pi} b_1\sin\omega t\cos 3\omega t\,\mathrm{d}(\omega t) + \int_0^{2\pi} b_2\sin 2\omega t\cos 3\omega t\,\mathrm{d}(\omega t) + \cdots$$

从上式右边来看,利用上面的定积分公式,不难看出最后只剩下包括 a_3 的一项,故有

$$\int_0^{2\pi} f(t)\cos 3\omega t\, \mathrm{d}(\omega t) = a_3\pi$$

所以
$$a_3 = \frac{1}{\pi}\int_0^{2\pi} f(t)\cos 3\omega t\, \mathrm{d}(\omega t)$$

不难把此结果推广到 a_k，即

$$a_k = \frac{1}{\pi}\int_0^{2\pi} f(t)\cos k\omega t\, \mathrm{d}(\omega t) \tag{7-4}$$

同理,如果用 $\sin k\omega t$ 去乘式(7-1)的两边再积分,则可求得

$$b_k = \frac{1}{\pi}\int_0^{2\pi} f(t)\sin k\omega t\, \mathrm{d}(\omega t) \tag{7-5}$$

至于求 a_0,可以对式(7-1)的两边就一个周期求定积分(右边其余各项定积分为零),得

$$\int_0^T f(t)\mathrm{d}t = a_0 T$$

从而有

$$a_0 = \frac{1}{T}\int_0^T f(t)\mathrm{d}t \tag{7-6}$$

所以 a_0 是 $f(t)$ 在一个周期内的平均值。

7.2.2 非正弦周期信号的频谱图

频谱图是一种以横轴、纵轴的波纹方式,记录和画出各种信号频率的图形资料。借助频谱图我们可以很直观地了解和表示非正弦周期信号中的各次正弦波分量的大小或相位。常见的有振幅频谱图和相位频谱图。

(1) 振幅频谱,是用来表示各谐波分量的振幅与频率之间关系的图形。它是用长度与各次谐波振幅大小相对应的线段,按频率的高低顺序把它们依次排列起来所得到的图形。

(2) 相位频谱,是用来表示各谐波分量的初相位与频率之间关系的图形。它是把各次谐波的初相角用相应线段按频率的高低顺序把它们依次排列起来的频谱。

由于各谐波的角频率是 ω_1 的整数倍,所以这种频谱是离散的,又称为线频谱。下面我们用一个具体例子来说明非正弦周期信号的傅立叶分解和频谱图的应用。

例 7-1 给定一个周期信号,其波形如图 7-3(a)所示,是一个周期性的矩形波。求此信号 $f(t)$ 的傅立叶级数展开式并作出相应的频谱图。

解:图示周期函数 $f(t)$ 在一个周期内的表达式为

$$\begin{cases} f(t) = U_m, & 0 \leqslant t < \dfrac{T}{2} \\ f(t) = -U_m, & \dfrac{T}{2} \leqslant t \leqslant T \end{cases}$$

按式(7-3)、式(7-4)和式(7-5)就可求得所需要的系数,即

电路分析基础

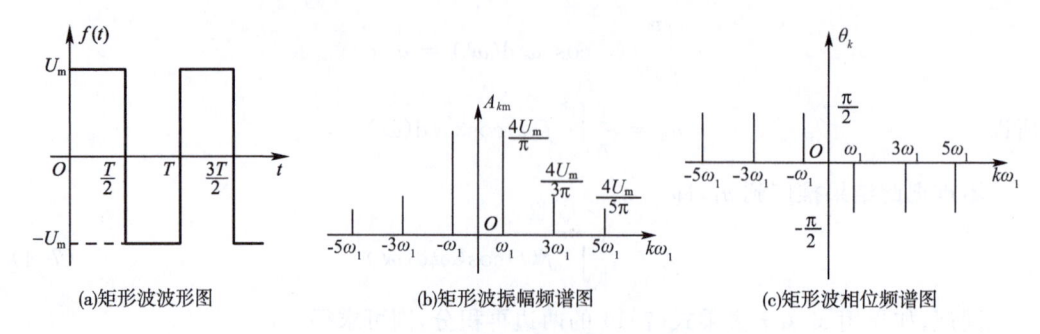

(a)矩形波波形图　　(b)矩形波振幅频谱图　　(c)矩形波相位频谱图

图 7-3 【例 7-1】矩形波的波形图及频谱图

$$a_0 = \frac{1}{T}\int_0^T f(t)\mathrm{d}t = \frac{1}{T}\int_0^{\frac{T}{2}} U_\mathrm{m}\mathrm{d}t + \frac{1}{T}\int_{\frac{T}{2}}^T (-U_\mathrm{m})\mathrm{d}t = 0$$

$a_0 = 0$ 表示恒定分量为零，这个结论可以直接观察波形得出。因为 a_0 代表 $f(t)$ 在一个周期内波形上下面积的代数平均值，因此当波形上下面积相等时，a_0 即零。

$$a_k = \frac{1}{\pi}\int_0^{2\pi} f(t)\cos k\omega t\,\mathrm{d}(\omega t) = \frac{1}{\pi}\left[\int_0^{\pi} U_\mathrm{m}\cos k\omega t\,\mathrm{d}(\omega t) - \int_{\pi}^{2\pi} U_\mathrm{m}\cos k\omega t\,\mathrm{d}(\omega t)\right]$$

$$= \frac{2U_\mathrm{m}}{\pi}\int_0^{\pi} \cos k\omega t\,\mathrm{d}(\omega t) = 0$$

$$b_k = \frac{1}{\pi}\int_0^{2\pi} f(t)\sin k\omega t\,\mathrm{d}(\omega t) = \frac{1}{\pi}\left[\int_0^{\pi} U_\mathrm{m}\sin k\omega t\,\mathrm{d}(\omega t) - \int_{\pi}^{2\pi} U_\mathrm{m}\sin k\omega t\,\mathrm{d}(\omega t)\right]$$

$$= \frac{2U_\mathrm{m}}{\pi}\int_0^{\pi} \sin k\omega t\,\mathrm{d}(\omega t) = \frac{2U_\mathrm{m}}{\pi}\left[-\frac{1}{k}\cos k\omega t\right]_0^{\pi} = \frac{2U_\mathrm{m}}{k\pi}(1-\cos k\pi)$$

当 k 为奇数时，有

$$\cos k\pi = -1, \quad b_k = \frac{2U_\mathrm{m}}{k\pi} \times 2 = \frac{4U_\mathrm{m}}{k\pi}$$

当 k 为偶数时，有

$$\cos k\pi = 1, \quad b_k = 0$$

由此可求得周期性矩形波的傅立叶级数展开式为

$$f(t) = \frac{4U_\mathrm{m}}{\pi}\left[\sin\omega t + \frac{1}{3}\sin 3\omega t + \frac{1}{5}\sin 5\omega t + \cdots\right]$$

最后，根据以上矩形波的傅立叶级数展开式中各次谐波的相应参数，绘出的振幅频谱图和相位频谱图分别如图 7-3(b) 和图 7-3(c) 所示。

上面所讨论的是对任意周期函数 $f(t)$ 而言。显然 $f(t)$ 可以分别表示一个非正弦周期电流或电压，因而展开式中的各项就分别表示电流、电压的直流分量及各次谐波。

7.2.3 几种典型的非正弦周期信号

1. 典型周期函数波形的傅立叶级数

在之前我们了解了谐波分析法，就是将周期函数 $f(t)$ 分解为直流分量、基波分量和

第7章 非正弦周期电路

一系列不同频率谐波的傅立叶级数,运用了用数学分析工具进行分解的方法。但工程中,常采用查表的方法得到周期函数的傅立叶级数。现在我们把电子技术中几种典型的周期函数波形及其傅立叶级数展开式列于表 7-1 中。

表 7-1   几种典型的周期函数波形及其傅立叶级数展开式

名称	函数的波形	傅立叶级数	有效值	整流平均值
正弦波		$f(t) = A_m \sin\omega t$	$\dfrac{A_m}{\sqrt{2}}$	$\dfrac{2A_m}{\pi}$
半波整流波		$f(t) = \dfrac{2}{\pi}A_m(\dfrac{1}{2} + \dfrac{\pi}{4}\cos\omega t + \dfrac{1}{1\times 3}\cos 2\omega t - \dfrac{1}{3\times 5}\cos 4\omega t + \dfrac{1}{5\times 7}\cos 6\omega t - \cdots)$	$\dfrac{A_m}{2}$	$\dfrac{A_m}{\pi}$
全波整流波		$f(t) = \dfrac{4}{\pi}A_m(\dfrac{1}{2} + \dfrac{1}{1\times 3}\cos 2\omega t - \dfrac{1}{3\times 5}\cos 4\omega t + \dfrac{1}{5\times 7}\cos 6\omega t - \cdots)$	$\dfrac{A_m}{\sqrt{2}}$	$\dfrac{2A_m}{\pi}$
锯齿波		$f(t) = A_m\left[\dfrac{1}{2} - \dfrac{1}{\pi}(\sin\omega t + \dfrac{1}{2}\sin 2\omega t + \dfrac{1}{3}\sin 3\omega t + \cdots)\right]$	$\dfrac{A_m}{\sqrt{3}}$	$\dfrac{A_m}{2}$
三角波		$f(t) = \dfrac{8A_m}{\pi^2}(\sin\omega t - \dfrac{1}{9}\sin 3\omega t + \dfrac{1}{25}\sin 5\omega t + \cdots + \dfrac{(-1)^{\frac{k-1}{2}}}{k^2}\sin k\omega t + \cdots)$ (k 为奇数)	$\dfrac{A_m}{\sqrt{3}}$	$\dfrac{A_m}{2}$

(续表)

名称	函数的波形	傅立叶级数	有效值	整流平均值
矩形波	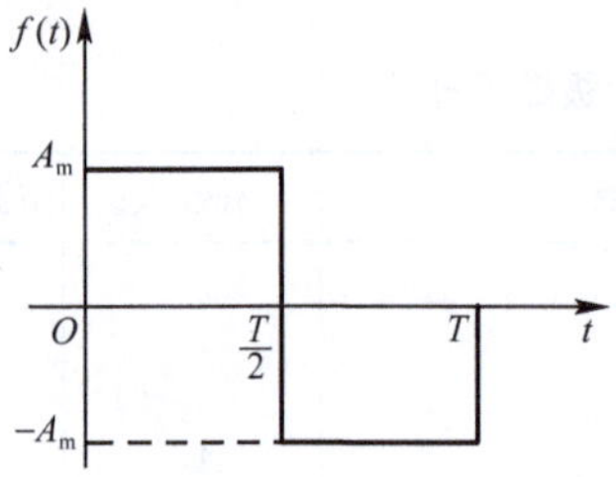	$f(t)=\dfrac{4A_m}{\pi}(\sin\omega t+\dfrac{1}{3}\sin3\omega t+\dfrac{1}{5}\sin5\omega t+\cdots+\dfrac{1}{k}\sin k\omega t+\cdots)$ (k 为奇数)	A_m	A_m
梯形波	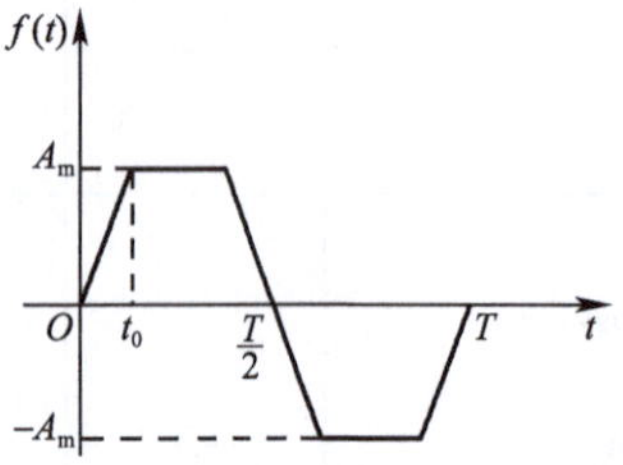	$f(t)=\dfrac{4A_m}{\omega t_0\pi}(\sin\omega t_0\sin\omega t+\dfrac{1}{9}\sin3\omega t_0\sin3\omega t+\dfrac{1}{25}\sin5\omega t_0\sin5\omega t+\cdots+\dfrac{1}{k^2}\sin k\omega t_0\sin k\omega t+\cdots)$ (k 为奇数)	$A_m\sqrt{1-\dfrac{4\omega t_0}{3\pi}}$	$A_m(1-\dfrac{\omega t_0}{\pi})$

由于傅立叶级数是一个无穷级数，理论上要取无限项才能准确表示原周期函数。在实际应用中，一般根据所需的精确度和级数的收敛速度决定所取级数的有限项数。对于收敛级数，谐波次数越高，振幅越小，所以，只需取级数前几项就可以了。

2. 波形的对称性

电子技术中遇到的周期函数的波形常具有某种对称性，利用函数的对称性可使系数 a_0、a_k 和 b_k 的计算简化。

(1) 偶函数——纵轴对称。如果函数为偶函数，即满足 $f(t)=f(-t)$，也就是说，函数的波形对称于纵轴，如图 7-4 所示，那么容易证明式(7-1)中的 $b_k=0$，即将偶函数分解为傅立叶级数时，所得级数只含有偶函数 $\cos k\omega t$ 的分量和恒定分量，而不含 $\sin k\omega t$ 的分量(正弦函数是奇函数)。此时，因为 $[-\pi,0]$ 区间上的积分与 $[0,\pi]$ 区间上的积分相等，故系数 a_k 的计算式简化为

$$a_k=\dfrac{2}{\pi}\int_0^\pi f(t)\cos k\omega t\,\mathrm{d}(\omega t)$$

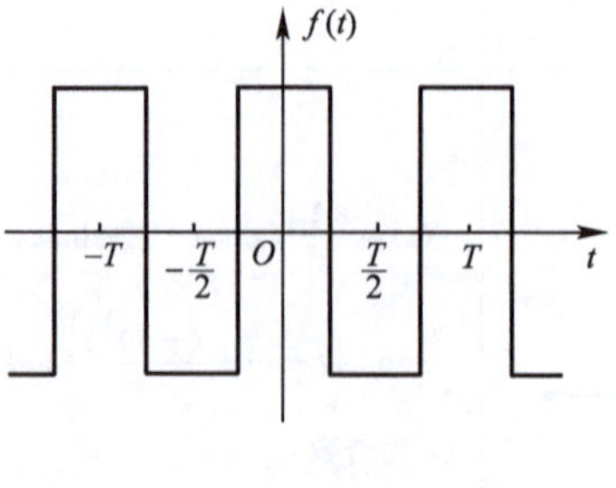

图 7-4 偶函数关于纵轴对称

(2)奇函数——原点对称。如果函数 $f(t)$ 为奇函数,即满足 $f(t)=-f(-t)$,也就是说,波形对称于原点,如图 7-5 所示,此时如把整个波形绕坐标系原点"O"旋转 180°,则所得到的图形和原来的图形完全一样。那么容易证明 $a_k=0$,即将奇函数分解为傅立叶级数时,所得级数只含有奇函数 $\sin k\omega t$ 的分量;恒定分量 a_0 也将等于零。此时,b_k 的计算公式也只需要在半个周期内积分

$$b_k = \frac{2}{\pi}\int_0^\pi f(t)\sin k\omega t\, \mathrm{d}(\omega t)$$

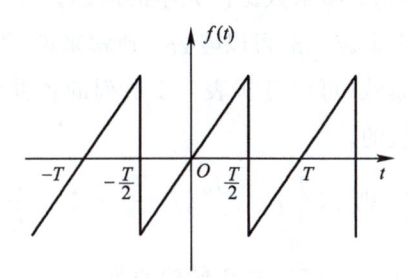

图 7-5 奇函数关于原点对称

(3)偶谐波函数。函数 $f(t)$ 为偶谐波函数,即满足 $f(t)=f(t\pm\frac{T}{2})$,两个相差半个周期的函数值大小相等,符号相同,函数波形如图 7-6 所示。

偶谐波函数的傅立叶级数中只含直流分量和各偶次谐波分量,故称为偶谐波函数。即

$$f(t) = a_0 + \sum_{k=2,4,6,\cdots}^{+\infty}(a_k\cos k\omega t + b_k\sin k\omega t)$$

(4)奇谐波函数——横轴对称。如果函数 $f(t)$ 为奇谐波函数,即满足 $f(t)=-f(t\pm\frac{T}{2})$。也就是说,将波形移动半个周期后便与原波形对称于横轴,如图 7-7 所示。将奇谐波函数分解为傅立叶级数时,可证明无直流分量和偶次谐波分量,只含奇次谐波分量,即

$$f(t) = \sum_{k=1,3,5,\cdots}^{+\infty}(a_k\cos k\omega t + b_k\sin k\omega t)$$

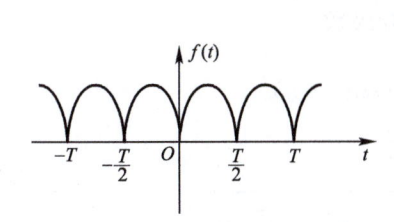

图 7-6 偶谐波函数

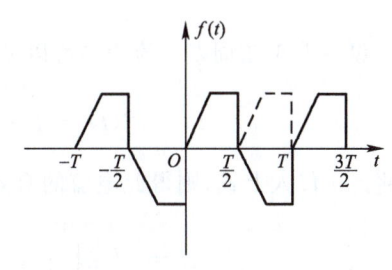

图 7-7 奇谐波函数关于横轴对称

电路分析基础

应当指出,式(7-2)中的系数 A_{km} 与计时起点无关,但与 ψ_k 是有关的。由于系数 a_k 和 b_k 与初相 ψ_k 有关,所以它们也随计时起点的改变而改变。但是,函数是否为奇谐波函数却与计时起点无关。因此适当选择计时起点有时会使函数的分解简化。

傅立叶级数是一个无穷级数,因此把一个非正弦周期函数分解为傅立叶级数后,从理论上讲,必须取无穷多项方能准确地表示原函数。但从实际运算来看,只能截取有限的项数,因此就产生了误差的问题。截取项数的多少,视要求而定。这里就涉及级数收敛的快慢问题,或者简单地说,就是相继项系数比值大小的问题。如果级数收敛很快,只取级数的前面几项就够了,五次以上谐波一般可以略去。通常来说,函数的波形越光滑或越接近正弦波,其展开函数收敛得越快(可以分析表 7-1 所列的各种函数)。而像【例 7-1】所示的矩形波,其收敛速度是较慢的。

例如,取 $\omega t = \dfrac{\pi}{2}$ 或 $t = \dfrac{T}{4}$,则 $f\left(\dfrac{T}{4}\right) = \dfrac{4U_m}{\pi}\left(1 - \dfrac{1}{3} + \dfrac{1}{5} - \dfrac{1}{7} + \dfrac{1}{9} - \dfrac{1}{11} + \cdots\right)$

当取无穷多项时,将得 $f\left(\dfrac{T}{4}\right) = U_m$ 这个精确的值。但是如取到 11 次谐波,算出的结果将约为 $0.95U_m$;取到 35 次谐波时,将约为 $0.98U_m$,这时尚有约 2% 的误差。

7.3 有效值、平均值和平均功率

7.3.1 有效值

非正弦周期量的有效值和正弦量的有效值的定义是相同的,任何周期电流 $i(t)$ 的有效值 I 都可定义为

$$I = \sqrt{\dfrac{1}{T}\int_0^T i^2 \, \mathrm{d}t}$$

假设一非正弦周期电流 $i(t)$ 可以分解为傅立叶级数

$$i(t) = I_0 + \sum_{k=1}^{\infty} I_{km}\sin(k\omega t + \psi_k)$$

将此 i 代入上式,则得此电流的有效值为

$$I = \sqrt{\dfrac{1}{T}\int_0^T \left[I_0 + \sum_{k=1}^{\infty} I_{km}\sin(k\omega t + \psi_k)\right]^2 \mathrm{d}t}$$

上式右边平方后展开时将包含下列各项

$$\frac{1}{T}\int_0^T I_0^2 \, \mathrm{d}t = I_0^2$$

$$\frac{1}{T}\int_0^T I_{km}^2 \sin^2(k\omega t + \psi_k) \, \mathrm{d}t = \frac{I_{km}^2}{2} = I_k^2$$

$$\frac{1}{T}\int_0^T 2I_0 I_{km} \sin(k\omega t + \psi_k) \, \mathrm{d}t = 0$$

$$\frac{1}{T}\int_0^T 2I_{km} \sin(k\omega t + \psi_k) I_{qm} \sin(q\omega t + \psi_q) \, \mathrm{d}t = 0 \quad (k \neq q)$$

这样可以求得非正弦周期电流 $i(t)$ 的有效值为

$$I = \sqrt{I_0^2 + I_1^2 + I_2^2 + I_3^2 + \cdots} \tag{7-7}$$

同理,可以求得非正弦周期电压 $u(t)$ 的有效值为

$$U = \sqrt{U_0^2 + U_1^2 + U_2^2 + U_3^2 + \cdots} \tag{7-8}$$

在正弦电流电路中,正弦量的极大值与有效值之间存在 $\sqrt{2}$ 倍的关系,但对于非正弦量就不存在这个简单关系。所以非正弦周期电流或电压的有效值,等于直流分量和各次谐波分量电流或电压有效值平方和的平方根。例如图 7-8 中,图 7-8(a)和图 7-8(b)是两个不同的波形,由于其基波及三次谐波的振幅分别相等,所以它们的有效值是相等的,但两个波形的基波与三次谐波之间的相互关系有差别,这两个非正弦波形的形状和峰值就不同了。

另外,特别要注意:直流分量的有效值为其本身。

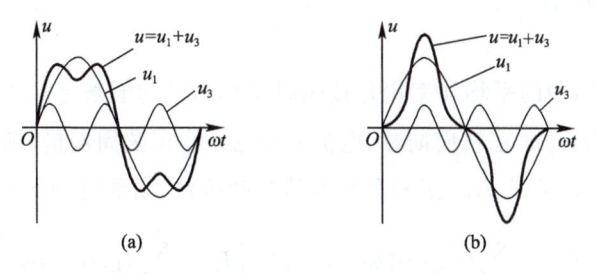

图 7-8 相同有效值、不同幅值波形实例

7.3.2 平均值

在实践中还要用到平均值这样一个概念,以电流为例,其定义由下式表示:

$$I_{av} = \frac{1}{T}\int_0^T |i| \, \mathrm{d}t \tag{7-9}$$

即非正弦周期电流的平均值等于此电流绝对值的平均值。之所以要取电流的绝对值,这是因为如果在上式中取电流的代数值,那么它就代表 i 的恒定分量了($I_0 = \frac{1}{T}\int_0^T i \, \mathrm{d}t$)。当 i 的

波形图横轴上下面积相等时,其恒定分量 I_0 为零,但根据式(7-9)的定义,其 $I_{av} \neq 0$。

例如一个正弦量,因为正负半周面积相等,故其恒定分量为零,但 $I_{av} \neq 0$。按式(7-9)可求得正弦量的平均值为

$$I_{av} = \frac{1}{T}\int_0^T |I_m \sin\omega t| \, dt = \frac{2}{T}\int_0^{\frac{T}{2}} I_m \sin\omega t \, dt$$

$$= \frac{2I_m}{T\omega}[-\cos\omega t]_0^{\frac{T}{2}} = \frac{2I_m}{\pi} = 0.637 I_m = 0.901 I$$

对于正弦电压的平均值也可以同样定义。

另外,根据正弦电流平均值的定义,还可以看出,它相当于正弦电流经全波整流后的平均值(如图 7-9 所示),这是因为取电流的绝对值相当于把负半周期的各个值变为对应的正值。

对于同一非正弦周期电流,当我们用不同类型的仪表进行测量时,会得到不同的结果。例如用直流仪表测量,所测结果是直流分量;用电磁系或电动系仪表测量,

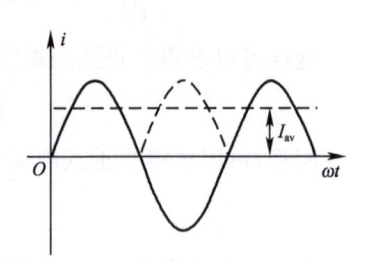

图 7-9 正弦电流的平均值

所测结果为有效值;用全波整流磁电系仪表测量时,所得结果将是电流的平均值,因为这种仪表的偏转角正比于电流的平均值。因此,在测量非正弦周期电流或电压时,要注意选择合适的仪表,并注意各种不同类型仪表的读数所表示的含义。

7.3.3 平均功率

非正弦周期电路中的平均功率仍是按瞬时功率的平均值来定义的。假设一个无源二端网络的端电压 $u(t)$ 为非正弦周期量,电流 $i(t)$ 也是非正弦周期量,则该二端网络的瞬时功率 $p=u(t)i(t)$。如果把 $u(t)$、$i(t)$ 分解为傅立叶级数,则瞬时功率可写为

$$p = \left[U_0 + \sum_{k=1}^{\infty} U_{km}\sin(k\omega t + \psi_{uk})\right]\left[I_0 + \sum_{k=1}^{\infty} I_{km}\sin(k\omega t + \psi_{ik})\right]$$

$$= U_0 I_0 + U_0 \sum_{k=1}^{\infty} I_{km}\sin(k\omega t + \psi_{ik}) + I_0 \sum_{k=1}^{\infty} U_{km}\sin(k\omega t + \psi_{uk})$$

$$+ \sum_{k=1}^{\infty}\sum_{q=1}^{\infty} U_{km} I_{qm}\sin(k\omega t + \psi_{uk})\sin(q\omega t + \psi_{iq})$$

$$+ \sum_{k=1}^{\infty} U_{km} I_{km}\sin(k\omega t + \psi_{uk})\sin(k\omega t + \psi_{ik}) \quad (k \neq q) \tag{7-10}$$

求平均功率 P 时,应把上式在一个周期内取平均值,即

$$P = \frac{1}{T}\int_0^T p \, dt = \frac{1}{T}\int_0^T u(t)i(t) \, dt$$

把式(7-10)代入后求平均值,则可看出积分式的第一项 U_0I_0 为常量;平均值就是 U_0I_0;第二项的总和与第三项的总和中的任一项都是正弦量,因此其积分值等于零;第四项的总和中的每一项都是不同频率两正弦量的乘积,因此其积分值也等于零;最后一项的总和中的每一项都是同频率正弦量的乘积,可以化为两余弦的差,即

$$U_{km}I_{km}\sin(k\omega t+\psi_{uk})\sin(k\omega t+\psi_{ik})=\frac{1}{2}U_{km}I_{km}[\cos(\psi_{uk}-\psi_{ik})-\cos(2k\omega t+\psi_{uk}+\psi_{ik})]$$

由此可求得其每一项平均功率为

$$\frac{1}{2}U_{km}I_{km}\cos(\psi_{uk}-\psi_{ik})=U_kI_k\cos\psi_k$$

所以平均功率为

$$P=U_0I_0+U_1I_1\cos\psi_1+U_2I_2\cos\psi_2+U_3I_3\cos\psi_3+\cdots$$

这就是说,非正弦周期电流电路的平均功率等于各次谐波平均功率之和;而不同频率的电压和电流不构成平均功率。其实这正是三角函数的正交性质所造成的结果。

7.4 非正弦周期电路的分析

在7.2节中已指出非正弦周期电路的分析通常采用谐波分析法,其具体步骤如下:

(1)将给定的非正弦周期电源电压或电流分解为傅立叶级数,即分解为恒定分量及各次谐波之和,高次谐波取到哪一项为止,由计算所需的精度决定。

(2)分别计算电路在直流分量和各次谐波分量单独作用时的响应,求出电源的恒定分量以及各次谐波分量单独作用时的各未知电流。对恒定分量,可用直流电路的求解方法。这时要注意,凡有电容的支路都没有电流,相当于开路;而电感则不起作用,相当于短路。对各次谐波分量,则电路的计算如同正弦电流电路一样,可以用相量法进行。

(3)应用叠加定理,将步骤(2)所计算的结果化为瞬时值表达式后把属于同一支路的各电流分量进行合成。这里应当注意,因不同谐波分量的角频率不同,其对应的相量直接相加是没有意义的。因此,必须把各次谐波分量化为瞬时值后才能进行相加,最终求得的实际电流是用时间函数式表示的。

下面通过两个具体例子来说明上述步骤。

例 7-2 由非正弦电源组成的电路如图7-10(a)所示,已知非正弦电源电压为 $u(t)=[10+141.4\sin\omega t+70.7\sin(3\omega t+30°)]$ V, $X_L=\omega L=2$ Ω, $X_C=\dfrac{1}{\omega C}=15$ Ω, $R_1=5$ Ω, $R_2=10$ Ω, 试求:(1)各支路的电流表达式;(2)电源输出的平均功率;(3) R_1 支路吸收的平均功率。

解:电源电压的傅立叶级数展开式已给出,因此可直接进入谐波分析法步骤(2)。

182 电路分析基础

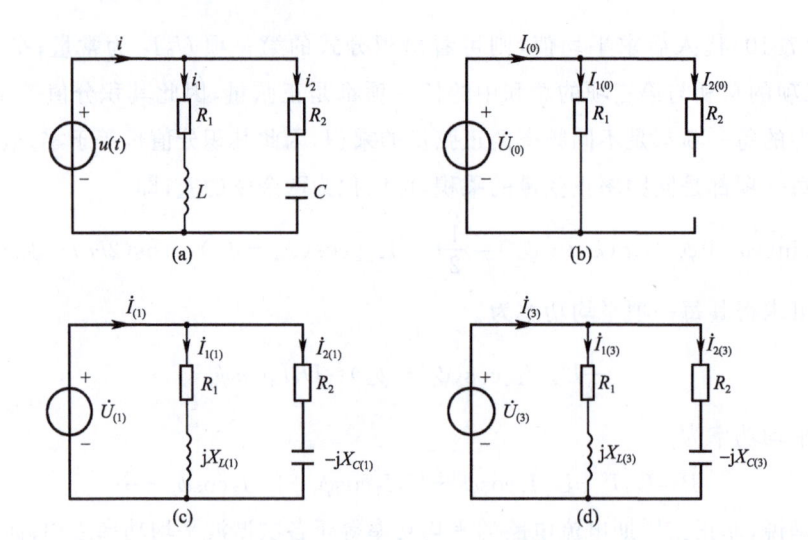

图 7-10 【例 7-2】电路

(1) 电源直流分量($U=10$ V)单独作用时,电路如图 7-10(b)所示。这种情况下电感相当于短路,电容相当于开路。各支路电流分别为

$$I_{1(0)} = \frac{U_{(0)}}{R_1} = 2 \text{ A}$$

$$I_{2(0)} = 0 \text{ A}$$

$$I_{(0)} = I_{1(0)} = 2 \text{ A}$$

(2) 电源电压的基波分量单独作用时,可按图 7-10(c)的电路来计算,这时应该用相量法进行计算,注意基波的角频率就是 ω。

$$u_{(1)}(t) = 141.4\sin\omega t \text{ V}$$

所以

$$\dot{U}_{(1)} = \frac{141.4}{\sqrt{2}} \underline{/0°} \text{ V} = 100 \underline{/0°} \text{ V}$$

$$\dot{I}_{1(1)} = \frac{\dot{U}_{(1)}}{R_1 + jX_{L(1)}} = \frac{100 \underline{/0°}}{5+j2} \text{ A} = \frac{100 \underline{/0°}}{5.39 \underline{/21.8°}} \text{ A} = 18.6 \underline{/-21.8°} \text{ A}$$

$$\dot{I}_{2(1)} = \frac{\dot{U}_{(1)}}{R_2 - jX_{C(1)}} = \frac{100 \underline{/0°}}{10-j15} \text{ A} = \frac{100 \underline{/0°}}{18.03 \underline{/-56.3°}} \text{ A} = 5.55 \underline{/56.3°} \text{ A}$$

$$\dot{I}_{(1)} = \dot{I}_{1(1)} + \dot{I}_{2(1)} = 18.6 \underline{/-21.8°} + 5.55 \underline{/56.3°}$$

$$= 17.3 - j6.91 + 3.08 + j4.62$$

$$= 20.38 - j2.29 = 20.5 \underline{/-6.41°} \text{ A}$$

(3) 电源电压的三次谐波分量单独作用时的电路如图 7-10(d)所示,注意这时的角频率为 3ω。

$$u_{(3)}(t) = 70.7\sin(3\omega t + 30°) \text{ V}$$

$$\dot{U}_{(3)} = \frac{70.7}{\sqrt{2}}\underline{/30°} = 50\underline{/30°} \text{ V}$$

$$X_{L(3)} = 3X_{L(1)} = 6 \text{ }\Omega, X_{C(3)} = \frac{1}{3}X_{C(1)} = 5 \text{ }\Omega,$$

$$\dot{I}_{1(3)} = \frac{\dot{U}_3}{R_1 + jX_{L(3)}} = \frac{50\underline{/30°}}{5+j6} \text{ A} = 6.4\underline{/-20.19°} \text{ A}$$

$$\dot{I}_{2(3)} = \frac{\dot{U}_{(3)}}{R_2 - jX_{C(3)}} = \frac{50\underline{/30°}}{10-j5} \text{ A} = 4.47\underline{/56.57°} \text{ A}$$

$$\dot{I}_{(3)} = \dot{I}_{1(3)} + \dot{I}_{2(3)} = 8.62\underline{/10.17°} \text{ A}$$

把以上得出的直流分量、基波分量和三次谐波分量化为瞬时值,属于同一支路的进行叠加,得到的最终结果为

$$i_1 = [2 + 18.6\sqrt{2}\sin(\omega t - 21.8°) + 6.4\sqrt{2}\sin(3\omega t - 20.19°)] \text{ A}$$

$$i_2 = [5.55\sqrt{2}\sin(\omega t + 56.3°) + 4.47\sqrt{2}\sin(3\omega t + 56.57°)] \text{ A}$$

$$i = [2 + 20.5\sqrt{2}\sin(\omega t - 6.41°) + 8.62\sqrt{2}\sin(3\omega t + 10.17°)] \text{ A}$$

电源输出的平均功率为

$$P = U_{(0)}I_{(0)} + U_{(1)}I_{(1)}\cos\psi_1 + U_{(3)}I_{(3)}\cos\psi_3$$
$$= [10 \times 2 + 100 \times 20.5\cos(0 + 6.41°) + 50 \times 8.62\cos(30° - 10.17°)] \text{ W} = 2462.6 \text{ W}$$

R_1 支路吸收的平均功率为

$$P_1 = U_{1(0)}I_{1(0)} + U_{1(1)}I_{1(1)}\cos\psi_1 + U_{1(3)}I_{1(3)}\cos\psi_3$$
$$= (10 \times 2 + 100 \times 18.6\cos21.8° + 50 \times 6.4\cos50.19°) \text{ W}$$
$$= (20 + 1727 + 204.8) \text{ W} = 1951.8 \text{ W}$$

要强调指出,计算非正弦周期电流电路时应注意以下两点:

(1)电感和电容的电抗随频率而改变,因此它们的电抗对不同次的谐波是不同的,对 k 次谐波来说,感抗 $X_L = k\omega L$ 与 k 成正比,而容抗 $X_C = \dfrac{1}{k\omega C}$ 与 k 成反比。因此相对来说,感抗对高次谐波电流有抑制作用,而容抗对高次谐波电流有畅通作用。

(2)在写出最终结果时,应把各次谐波的瞬时值相加,而不能把各次谐波的相量相加。同样,不同频率下的复阻抗也不能放在一起运算。

例 7-3 如图 7-11(a)所示为一全波整流器及滤波电路,滤波器由电感 $L = 5$ H 和电容 $C = 10$ μF 所组成。负载电阻 $R = 2$ kΩ。设加在滤波电路上的电压波形如图 7-11(b) 所示,其中 $U_m = 157$ V,$\omega = 314$ rad/s。求负载 R 两端电压的各次谐波分量。

解:参阅表 7-1,将给定的电压 $u(t)$ 分解为傅立叶级数,得

$$u(t) = \frac{4}{\pi}U_m\left(\frac{1}{2} + \frac{1}{3}\cos2\omega t - \frac{1}{15}\cos4\omega t + \cdots\right)$$

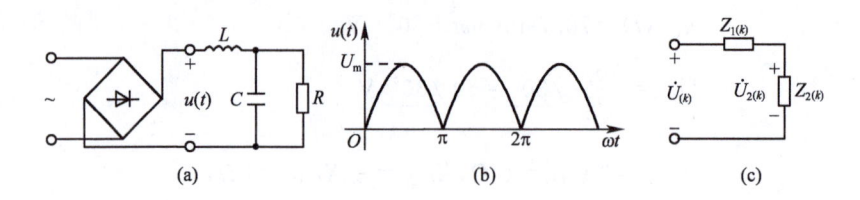

图 7-11 【例 7-3】图

这里级数收敛较快,取到四次谐波。代入 $U_m=157$ V,有

$$u(t)=(100+66.7\cos2\omega t-13.33\cos4\omega t)\ \text{V}$$

(1)对直流分量,电感做短路处理,电容做开路处理,故负载两端电压的直流分量为

$$U_{R(0)}=100\ \text{V}$$

(2)对二次谐波和四次谐波来说,可以用图 7-11(c)所示电路来计算,其中

$$Z_{1(k)}=\text{j}k\omega L \quad (k=2,4)$$

$$Z_{2(k)}=\frac{R(\frac{1}{\text{j}k\omega C})}{R+\frac{1}{\text{j}k\omega C}} \quad (k=2,4)$$

所以负载两端的 k 次谐波电压为 $\dot{U}_{2(k)}=\dot{U}_{(k)}\frac{Z_{2(k)}}{Z_{1(k)}+Z_{2(k)}}$,式中 $\dot{U}_{(k)}$ 表示外施 k 次谐波电压的相量。代入数据,有

$$Z_{2(2)}=158\ \underline{/-85.4°}\ \Omega \qquad Z_{1(2)}+Z_{2(2)}=2983\ \underline{/89.8°}\ \Omega$$

$$Z_{2(4)}=79.5\ \underline{/-87.7°}\ \Omega \qquad Z_{1(4)}+Z_{2(4)}=6200\ \underline{/89.9°}\ \Omega$$

故得负载两端谐波电压

$$U_{2(2)m}=66.7\times\frac{158}{2983}\ \text{V}=3.53\ \text{V}(二次谐波的幅值)$$

$$U_{2(4)m}=13.33\times\frac{79.5}{6200}\ \text{V}=0.17\ \text{V}(四次谐波的幅值)$$

从本例电路计算结果可见,负载端电压四次谐波分量很小,仅为直流分量的 0.17%,可以略去不计,二次谐波分量也只有直流分量的 3.53%,$u(t)$ 经过该滤波电路后,高频分量受到抑制,获得较平稳的输出电压 $u_R(t)$。

知识拓展:
滤波器简介

仿真训练

一个非正弦周期信号,可以根据傅立叶级数分解为一系列频率成整数倍的正弦量(谐波分量)的叠加,即

$$u(t)=U_0+U_{1m}\sin(\omega t+\psi_1)+U_{2m}\sin(2\omega t+\psi_2)+\cdots+U_{km}\sin(k\omega t+\psi_k)+\cdots$$

第 7 章 非正弦周期电路

为了直观地表示一个非正弦周期信号所包含的各次谐波分量的大小或相位,工程中常用频谱图来表示,频谱图的横坐标表示各次谐波的频率成分,纵坐标表示各次谐波的大小或相位(分别称为振幅频谱或相位频谱)。

仿真训练　非正弦周期信号的谐波合成仿真

一、仿真目的

(1)掌握非正弦周期信号的概念;
(2)领会不同频率的正弦量的叠加,可以合成一个非正弦波;
(3)理解非正弦信号(三角波)含有哪些频率的谐波信号。

二、仿真原理

(1)不同频率的正弦量的叠加,可以合成一个非正弦周期信号。

(2)一个三角波所含有的谐波成分(正弦量),其频率为基波的 1,3,5,7,9……倍;幅度是基波的 $1,1/3^2,1/5^2,1/7^2,1/9^2$……倍。即一个三角波电流的表达式为:

$$i = 1\sin\omega t - \frac{1}{3^2}\sin 3\omega t + \frac{1}{5^2}\sin 5\omega t - \frac{1}{7^2}\sin 7\omega t + \cdots$$

$$= 1\sin\omega t - 0.111111\sin 3\omega t + 0.040000\sin 5\omega t - 0.020408\sin 7\omega t + \cdots$$

三、仿真内容与步骤

(1)在仿真软件 Multisim 11.0 窗口中,建立如图 7-12 所示电路,对于不同频率的正弦量,采用正弦电流源并联方式进行叠加(也可以采用正弦电压源串联方式进行叠加),设置各电流源的幅度、频率和极性如图中所示,注意图中的偶数项电流源为负极性。

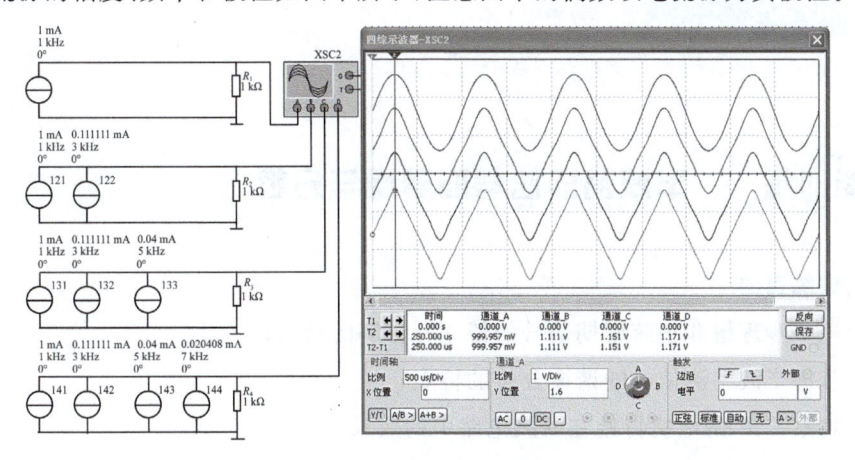

图 7-12　三角波信号合成电路的仿真

(2)在测试仪器中选取四通道示波器,分别测试单一正弦量 i_1($i_1=1\sin2\pi1000t$ mA)作用电路的波形,2个正弦量($i_{21}-i_{22}$)作用电路的波形,3个正弦量($i_{31}-i_{32}+i_{33}$)作用电路的波形,4个正弦量($i_{41}-i_{42}+i_{43}-i_{44}$)作用电路的波形。各个正弦量的幅度与频率的设置如图 7-12 所示。

(3)双击示波器面板,单击仿真"运行/停止"开关,观察四通道示波器显示的 4 个信号的波形与幅度。将所测数据记录在表 7-2 中。

表 7-2　　　　　　　　非正弦周期信号产生仿真数据记录表

正弦量合成项	$i_1=1\sin2\pi1000t$	$i_{21}-i_{22}$	$i_{31}-i_{32}+i_{33}$	$i_{41}-i_{42}+i_{43}-i_{44}$
波形幅度 V_p				
波形频率 f				

(4)根据所测波形,分析三角波是由哪些频率成分和幅度的正弦量混合而得的,说明 1 kΩ 电阻上电压的三角波傅立叶展开式是否成立:

$$u=Ri=10\times(1\sin\omega t-\frac{1}{3^2}\sin3\omega t+\frac{1}{5^2}\sin5\omega t-\frac{1}{7^2}\sin7\omega t+\cdots)$$
$$=10\times(1\sin\omega t-0.111111\sin3\omega t+0.040000\sin5\omega t$$
$$-0.020408\sin7\omega t+\cdots)$$

仿真拓展:
非正弦周期信号的傅立叶分解仿真

四、思考题

仿照三角波信号的合成电路,按本章表 7-1 中矩形波的傅立叶展开式,设计一个产生矩形波的合成电路进行仿真测试。

技能训练

技能训练　半波整流信号的测量与分析

一、训练目的

(1)进一步理解非正弦周期信号的傅立叶分解的概念;
(2)掌握半波整流信号的谐波分析的特点;
(3)观察 L、C 的电抗特性在滤波电路中的效果。

二、训练原理

(1)半波整流信号为偶函数信号,其中含有直流分量(U_m/π)和各偶次谐波。
(2)L、C 元件的电抗随频率而改变,X_L 与 f 成正比,X_C 与 f 成反比。将 L、C 元件接在整流电路后面,可使负载上的电压的交流分量大大减小,从而获得近似的直流电压。

三、训练器材

单相电源变压器(~220 V/10 V)1只,双踪示波器1台,数字万用表1只,二极管(型号 1N4007)1只,电阻(1 kΩ)1只,电解电容(10 μF/25 V,100 μF/25 V)各1只,导线若干。

四、训练内容与步骤

(1)按图7-13(a)所示连接单相半波整流电路,使负载获得半波整流电压。电路中的二极管具有单向导电特性,即在二极管上加正向电压时,二极管导通;加反向电压时,二极管截止。

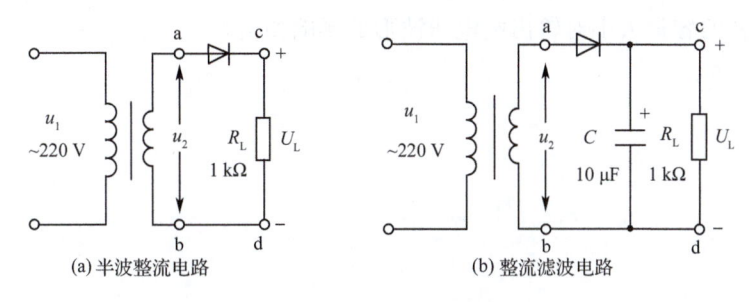

(a) 半波整流电路　　(b) 整流滤波电路

图 7-13　半波整流信号测量与分析实验电路

(2)用双踪示波器分别测量图7-13(a)所示电路中 a、b 端和 c、d 端的电压波形,将波形记录在表7-3中。

表 7-3　　　　　　　　　　半波整流信号测量记录表

测量项目	正弦交流电压 u_2 (a、b 端)	半波整流电压 $U_{L(1)}$ (c、d 端无电容)	整流滤波电压 $U_{L(2)}$ (c、d 端接 10 μF 电容)	整流滤波电压 $U_{L(3)}$ (c、d 端接 100 μF 电容)
万用表测电压				
示波器测波形				

(3)用数字万用表分别测量图7-13(a)所示电路中 a、b 端的电压(用交流电压挡测量)和 c、d 端的半波整流电压(用直流电压挡测量),将数据记录在表7-3中。

(4)在电路中接入10 μF/25 V 滤波电容 C,构成如图7-13(b)所示的整流滤波电路。

(5)用双踪示波器重测步骤(2)波形;用数字万用表重测步骤(3)电压。将波形和电压数据记录在表7-3中。

(6)将电容更换为 100 μF/25 V,重复步骤(5)。

(7)按照表 7-3 中的数据,分析单相半波整流信号的特性、电容在电路中的作用,并与理论值进行比较。

五、注意事项

(1)将电源变压器接入 220 V 电源时,要注意安全,防止触电。

(2)注意万用表的交、直流电压挡、欧姆挡的转换及量程的选择,防止误操作。

(3)避免电源短路和负载短路,以防止烧损变压器、二极管和电容器。

六、思考题

(1)电容器在电路中起什么作用?

(2)电容器的容量大小对输出端电压波形的影响如何?

讨论笔记

1. 谐波分析利用傅立叶级数的分解进行，非正弦周期函数 $f(t)$ 的傅立叶级数展开式为：

2. 非正弦周期信号的有效值、平均值、平均功率的计算公式分别为：

3. 非正弦周期电流电路的分析通常采用谐波分析法，其具体步骤为：

第7章 习题

（学号：_____ 班级：_____ 姓名：_____）

7-1 有一非正弦周期电流 $i(t)$，波形如图 7-14 所示，当该电流通过一个 $R=3\ \Omega$，$\omega L=4\ \Omega$ 的串联电路时，试求：(1)电路两端的电压表达式 $u(t)$；(2)电路的平均功率 P。

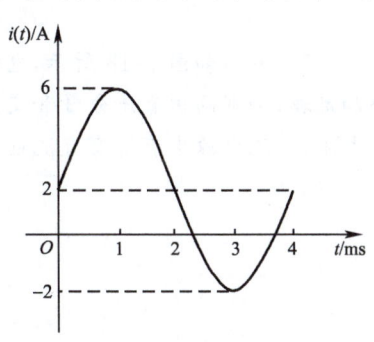

图 7-14 习题 7-1 图

7-2 已知某一端口网络如图 7-15 所示，其端电压 $u=311\sin 314t$ V，流入网络的电流为 $i=[0.8\sin(314t-85°)+0.25\sin(942t-105°)]$ A。求该网络吸收的平均功率。

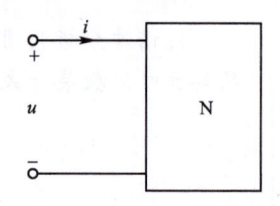

图 7-15 习题 7-2 图

7-3 RLC 串联电路如图 7-16 所示，已知 $u(t)=[10+80\sin(\omega t+30°)+180\sin3\omega t]$ V，$R=6\ \Omega$，$\omega L=2\ \Omega$，$\dfrac{1}{\omega C}=18\ \Omega$，求：(1) $i(t)$ 的表达式；(2) 电路中电压表、电流表及功率表的读数（电表均为电磁系仪表）。

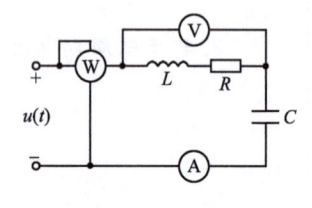

图 7-16 习题 7-3 图

7-4 已知电路如图 7-18 所示，原、副边线圈的自感分别为 L_1 和 L_2，$u_1(t)=U_0+U_m\sin\omega t$。求 $u_2(t)$ 的表达式，并解释为什么互感线圈有隔直作用。

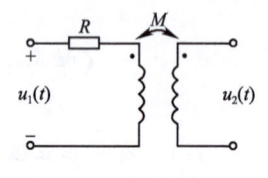

图 7-17 习题 7-4 图

7-5 电路如图 7-18 所示，电源包含直流电压源 U 和交流电压源 $u(t)$ 两部分。应用叠加定理，分别画出直流分量和交流分量单独作用时的电路，并判断直流电源中有没有交流电流，交流电源中有没有直流电流。

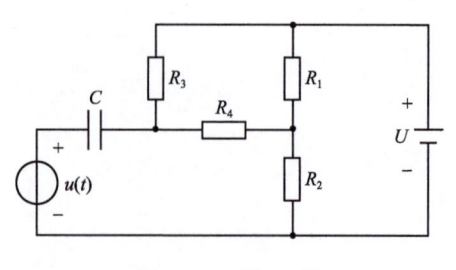

图 7-18 习题 7-5 图

第7章 非正弦周期电路

7-6 要测量线圈的 R 和 L 时,已测出当电流 $I=15$ A,总电压 $U=60$ V 时,有功功率 $P=225$ W,并已知 $\omega=314$ rad/s。设电压的瞬时值表达式为 $u(t)=U_{1m}\sin\omega t+0.4U_{1m}\sin 3\omega t$,求:(1)该电压的基波分量幅值 U_1 及线圈的 R 和 L;(2)如果略去电压的三次谐波,即认为 $u=60\sqrt{2}\sin\omega t$ V,则所得的 R 和 L 值为多大?由此引起的误差是多少?

7-7 电路如图 7-19 所示,外施电压 u 与总电流 i 的波形是否可能完全相同?如果可能,此时电路元件参数间应满足什么条件?

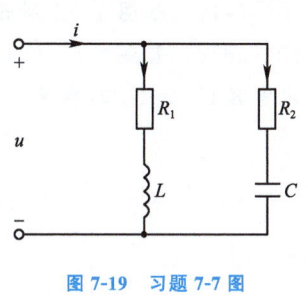

图 7-19 习题 7-7 图

7-8 有一滤波器电路如图 7-20 所示,输入电压 $u_1=[U_{1m}\sin\omega t+U_{3m}\sin 3\omega t]$V,$L=0.12$ H,$\omega=314$ rad/s。若要使输出电压 $u_2=U_{1m}\sin\omega t$,问 C_1 和 C_2 的值应为多少?

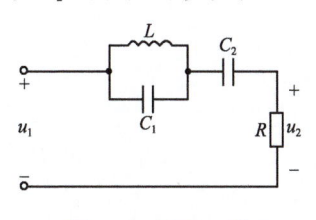

图 7-20 习题 7-8 图

7-9 在图 7-21 所示滤波器中，欲通过滤波器使基波电流被全部滤掉，不到达负载 R，而只将 4ω 的谐波电流送至负载，如电容 $C=1\ \mu\text{F}$，$\omega=10^3\ \text{rad/s}$，求电感 L_1 和 L_2 的值。

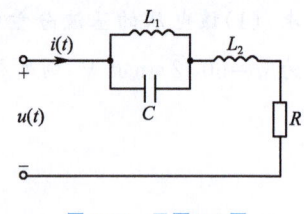

图 7-21 习题 7-9 图

7-10 如图 7-22 所示电路，电源电压 $u(t)$ 含有基波和三次谐波，基波角频率 $\omega=10^4\ \text{rad/s}$。若要求 $u_2(t)$ 中不含基波分量，而将电源电压中的三次谐波分量全部取出，试求电容 C_1 和 C_2 的参数。

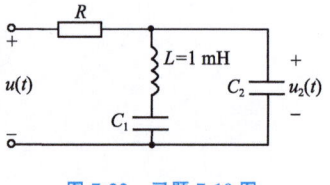

图 7-22 习题 7-10 图

第 8 章

动态电路

学习导航

✓ 学习目标：

◆ 了解电路的动态过程及物理本质；
◆ 掌握换路定律及初始值的计算；
◆ 掌握时间常数、零状态响应的概念与计算；
◆ 掌握求解一阶电路动态过程的三要素法；
◆ 了解阶跃函数的概念及一阶电路阶跃响应的计算；
◆ 掌握微分和积分电路的组成条件及功能。

✓ 学习重点：

◆ 换路定律及初始值的确定；
◆ 时间常数的概念与计算；
◆ 求解一阶电路动态过程的三要素法；
◆ RC 与 RL 一阶动态电路的响应分析；
◆ 微分电路和积分电路的组成条件与功能。

✓ 学习难点：

◆ 换路定律的应用；
◆ 时间常数的确定；
◆ RC 电路、RL 电路的动态过程分析。

✓ 参考学时：

10~12 学时

第8章思维导图

8.1 动态电路的概念与换路定律

8.1.1 电路的换路与动态过程

动态电路是相对于稳态电路而言的,这里先介绍动态电路的几个概念。

(1) 换路:通常把电路状态的改变(如通电、断电、短路、电信号突变、电路参数的变化等),统称为换路,并认为换路是立即完成的。

(2) 稳定状态:所谓稳定状态,就是指电路中的电压、电流已经达到某一稳定值,即电压和电流为恒定不变的直流或者是最大值与频率均固定的正弦交流。

(3) 动态过程:电路从一种稳定状态向另一种稳定状态的转变,这个过程称为过渡过程或者动态过程,实际电路中的动态过程是暂时存在而最后消失的,故又称为暂态过程。

产生动态过程的原因有两个,即外因和内因。换路是外因,电路中有储能元件(也叫动态元件)是内因。所以动态过程的物理实质,在于换路迫使电路中的储能元件进行能量的转移或重新分配,而能量的变化又不能从一种状态跳跃式地直接变到另一种状态,必须经历一个逐渐变化的过程。

8.1.2 储能元件与换路定律

1. 储能元件

电路中之所以出现过渡过程,是因为电路中有电感、电容这类储能元件的存在。

在含有储能元件 L、C 的电路中,当电路结构或元件参数发生改变时,会引起电路中电流和电压的变化,而电路中电压和电流的建立或其量值的改变,必然伴随着电容中电场能量和电感中磁场能量的改变。而这种改变只能是能量渐变,而不能是跃变,因为当 $\Delta t \to 0$ 时,将导致功率 $p = \dfrac{\mathrm{d}w}{\mathrm{d}t} \to \infty$,在实际中这是不可能的。

具体来说,电容上的电压只能从零(或者某一初始值)逐渐增大到稳态值。否则,如果电容上电压发生跃变($\dfrac{\mathrm{d}u_C}{\mathrm{d}t} \to \infty$),将会导致其中的电流 $i_C = C\dfrac{\mathrm{d}u_C}{\mathrm{d}t} \to \infty$,这通常也是不可能的。因为电路中总要有电阻,$i_C$ 只能是有限值,以有限电流对电容充电,电容电荷及电压 u_C 就只能逐渐增加或逐渐减少,而不可能跃变。同样,对电感元件来说,电感中的电流一般也不能跃变,否则电感上的感生电压将为 $u_L = L\dfrac{\mathrm{d}i_L}{\mathrm{d}t} \to \infty$。

因此,当电路结构或元件参数发生改变时,电容的电压和电感的电流必然存在一个从

第 8 章 动态电路 195

初始值到新的稳态值的变化过程,而电路中其他的电流、电压也会有一个变化过程,电路的这种变化过程就称为电路的过渡过程或者动态过程,也称为暂态过程。

综上所述,电路发生动态过程的条件是:(1)电路中含有储能元件(内因);(2)电路发生换路(外因)。

总之,在电路发生动态过程时,一般情况下,电容上的电压不能跃变,电感中的电流也不能跃变。但是,电容中的电流和电感上的电压是可以跃变的。如图 8-1(a)所示电路,在开关 S 闭合前,$i_C=0,u_C=0,i_L=0,u_L=0$,而在 S 闭合的瞬间,因电容上的电压不能跃变,u_C 仍为 0,此刻的电容相当于短路;电感中的电流不能跃变,i_L 仍为 0,此刻的电感相当于开路。因此,在 S 闭合的瞬间其等效电路如图 8-1(b)所示,有 $u_C=0,i_C=u_S/(R_1+R_0),i_L=0,u_L=R_1u_S/(R_1+R_0)$。可见,虽然 u_C 和 i_L 没有发生跃变,但是 i_C 和 u_L 却发生了跃变。

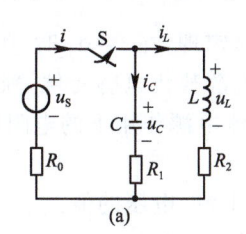

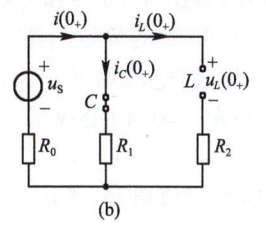

图 8-1 动态电路的换路过程

2. 换路定律

分析电路的动态过程时,除应用基尔霍夫定律和元件伏安关系外,还应了解和利用电路在换路时所遵循的规律(即换路定律)。

(1)具有电容的电路:在换路后的一瞬间,若流入(或流出)电容的电流保持为有限值,则电容上的电压(或电荷)应当保持换路前一瞬间的原有值而不能跃变。

(2)具有电感的电路:在换路后的一瞬间,若电感两端电压保持为有限值,则电感中的电流(或磁链)应当保持换路前一瞬间的原有值而不能跃变。

若电路在 t_0 时换路,用 t_{0-} 表示换路前的一瞬间,t_{0+} 表示换路后的一瞬间。则换路定律的数学公式表示形式为:

$$\begin{cases} u_C(t_{0+}) = u_C(t_{0-}) \\ i_L(t_{0+}) = i_L(t_{0-}) \end{cases} \begin{cases} q_C(t_{0+}) = q_C(t_{0-}) \\ \psi_L(t_{0+}) = \psi_L(t_{0-}) \end{cases} \tag{8-1}$$

式中 $q_C(t_{0+})$、$u_C(t_{0+})$ 和 $\psi_L(t_{0+})$、$i_L(t_{0+})$ 分别为电容电荷、电压以及电感磁链、电流的初始值。

换路定律只说明与 C 上的电场和 L 中的磁场能量有直接关系的物理量(u_C、q_C、i_L、ψ_L)不能跃变,至于其他物理量(如流过电容元件的电流、电感元件上的端电压等)则是可以跃变的,因为它们的跃变不会导致能量的跃变。

对于图 8-1(a)所示的电路,在换路瞬间,如果电容元件的电流有限,其电压 u_C 不能跃变;如果电感元件的电压有限,其电流 i_L 不能跃变。把电路发生换路的时刻取为计时起点 $t=0$,而以 $t=0_-$ 表示换路前的一瞬间,它和 $t=0$ 之间的间隔趋近于零;以 $t=0_+$ 表示换路后的一瞬间,它和 $t=0$ 之间的间隔也趋近于零,则换路定律可表示为:

$$\begin{cases} u_C(0_+) = u_C(0_-) \\ i_L(0_+) = i_L(0_-) \end{cases} \tag{8-2}$$

总之,无论换路前电路的状态如何,如果换路瞬间电容上的电压和电感中的电流为有限值，则在换路后的一瞬间，电容上的电荷和端电压及电感中的磁链和电流都应保持换路前一瞬间的数值而不能跃变。

8.1.3 电路初始值的确定

电路换路后一瞬间（$t=0_+$时刻）响应的数值称为动态电路的初始值。对于一阶电路而言，它就是求解一阶微分方程所需要的初始条件。

初始值的计算步骤如下：

(1) 由 $t=0_-$ 时的电路，求出 $u_C(0_-)$ 和 $i_L(0_-)$；

(2) 根据换路定律，得出 $u_C(0_+)$ 和 $i_L(0_+)$；

(3) 画出电路在 $t=0_+$ 时的等效电路：根据置换定理，在 $t=0_+$ 时，用电压等于 $u_C(0_+)$ 的电压源替代电容元件，用电流等于 $i_L(0_+)$ 的电流源替代电感元件，独立电源均取 $t=0_+$ 时的值。这样，原电路在 $t=0_+$ 时变成了一个在直流电源作用下的电阻电路，称为 0_+ 时的等效电路。

(4) 根据 $t=0_+$ 时的等效电路，求出 0_+ 时刻各电流、电压的值。

例 8-1 已知电路如图 8-2(a)所示，换路前电路处于稳态，L、C 均未储能。试求开关闭合后电路中各电压和电流的初始值。

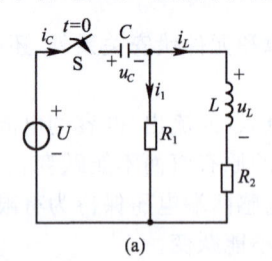

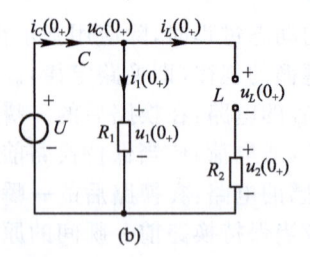

图 8-2 【例 8-1】电路

解：(1) 由换路前电路求：$u_C(0_-)$，$i_L(0_-)$。

由已知条件知：$u_C(0_-)=0$，$i_L(0_-)=0$。

根据换路定律得

$$u_C(0_+)=u_C(0_-)=0$$
$$i_L(0_+)=i_L(0_-)=0$$

(2) 画出 $t=0_+$ 的等效电路如图 8-2(b)所示，求其余各电流、电压的初始值。

$u_C(0_+)=0$，换路瞬间，电容元件可视为短路；

$i_L(0_+)=0$，换路瞬间，电感元件可视为开路。

$$i_C(0_+)=i_1(0_+)=\frac{U}{R_1} \qquad i_C(0_-)=0$$
$$u_L(0_+)=u_1(0_+)=U \qquad u_L(0_-)=0 \qquad u_2(0_+)=0$$

例 8-2 已知图 8-3(a)所示电路中，$R_0=30\ \Omega$，$R_1=20\ \Omega$，$R_2=40\ \Omega$，$U_S=10\ \text{V}$，S 闭合前电路稳定，求 S 在 $t=t_0$ 时刻闭合后，图中电流、电压的初始值。

解：根据题意，S 闭合前为直流稳定电路，$i_C(t_{0-})=0$，$u_L(t_{0-})=0$，当 $t=t_{0-}$ 时等效电路如图 8-3(b)所示，则

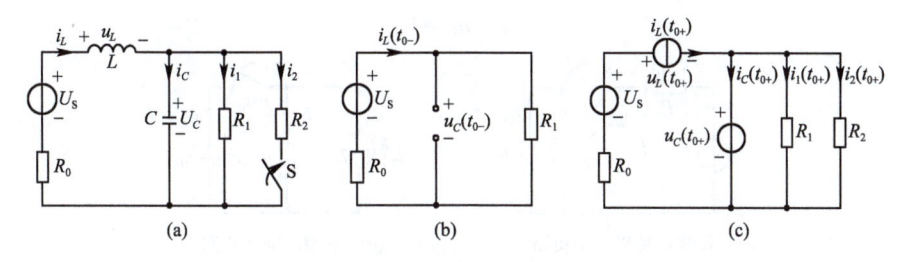

图 8-3 【例 8-2】电路

$$i_L(t_{0-}) = \frac{U_s}{R_0+R_1} = \frac{10}{30+20} \text{ A} = 0.2 \text{ A}$$

$$u_C(t_{0-}) = \frac{R_1}{R_0+R_1} U_s = \frac{20}{30+20} \times 10 \text{ A} = 4 \text{ V}$$

S 闭合后，由换路定律知

$$i_L(t_{0+}) = i_L(t_{0-}) = 0.2 \text{ A}$$

$$u_C(t_{0+}) = u_C(t_{0-}) = 4 \text{ V}$$

因为 $u_C(t)$ 和 $i_L(t)$ 不能跃变，所以用电压为 $u_C(t_{0+})$ 的理想电压源代替 C，用电流为 $i_L(t_{0+})$ 的理想电流源代替 L，在 $t = t_{0+}$ 时刻的等效电路如图 8-3(c)所示，则

$$i_1(t_{0+}) = \frac{u_C(t_{0+})}{R_1} = \frac{4}{20} \text{ A} = 0.2 \text{ A}$$

$$i_2(t_{0+}) = \frac{u_C(t_{0+})}{R_2} = \frac{4}{40} \text{ A} = 0.1 \text{ A}$$

$$i_C(t_{0+}) = i_L(t_{0+}) - i_1(t_{0+}) - i_2(t_{0+}) = 0.2 \text{ A} - 0.2 \text{ A} - 0.1 \text{ A} = -0.1 \text{ A}$$

$$u_L(t_{0+}) = U_s - i_L(t_{0+})R_0 - u_C(t_{0+}) = 10 \text{ V} - 0.2 \text{ A} \times 30 \text{ Ω} - 4 \text{ V} = 0 \text{ V}$$

直流激励下动态电路达到稳定（又称稳态）时具有的两个特征：电容元件相当于断路，通过电容的电流为零；电感元件相当于短路，其端电压为零。即

$$\begin{cases} i_C(\infty) = 0 \\ u_L(\infty) = 0 \end{cases} \tag{8-3}$$

应该注意的是：在直流稳定状态下，电容电流等于零，但电荷和电压不一定为零；电感电压等于零，但磁通链和电流不一定为零。

8.2 一阶电路动态过程的三要素法

8.2.1 一阶线性动态电路

1. 一阶最简 RC 动态电路

对于图 8-4(a)所示的由电阻和电容组成的串联型 RC 动态电路，若开关 S 在 $t = t_0$ 时刻闭合，由 KVL 得到电路的电压关系为

$$u_R + u_C = U_s$$

(a)串联型RC动态电路　　(b)并联型RC动态电路

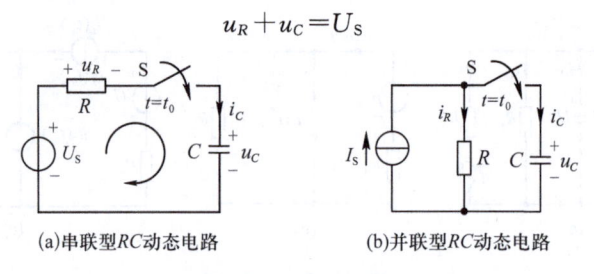

图 8-4　简单的 RC 动态电路

因为
$$i_C = C\frac{du_C}{dt}, \quad u_R = Ri_C = RC\frac{du_C}{dt}$$

代入上式,得微分方程

$$RC\frac{du_C}{dt} + u_C = U_s \tag{8-4}$$

在 U_s、R、C 已知的条件下,式(8-4)是电压 u_C 关于时间 t 的一阶常系数线性非齐次微分方程。

对于图 8-4(b)所示的并联型 RC 动态电路,在开关闭合后,根据 KCL 和电容的 VAR 建立微分方程

$$C\frac{du_C}{dt} + \frac{u_C}{R} = I_s \tag{8-5}$$

若将式(8-5)等式两边同乘 R,并根据 $RI_s = U_s$,则并联型 RC 动态电路的式(8-5)与串联型 RC 动态电路的式(8-4)相同。

2. 一阶最简 RL 动态电路

对于图 8-5(a)所示的由电阻和电感组成的并联型 RL 动态电路,开关 S 在 $t=t_0$ 时刻闭合后,由 KCL 得到电路的电流关系为

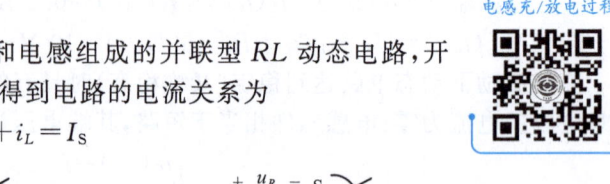

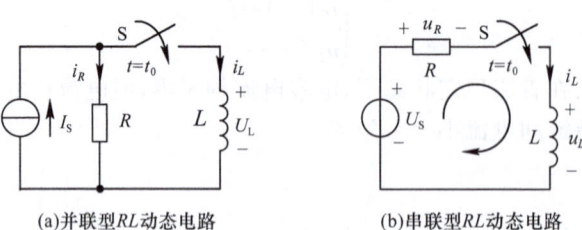

$$i_R + i_L = I_s$$

(a)并联型RL动态电路　　(b)串联型RL动态电路

图 8-5　简单的 RL 动态电路

因为
$$u_L = L\frac{di_L}{dt}, \quad i_R = \frac{u_L}{R} = \frac{L}{R}\frac{di_L}{dt}$$

代入上式,得微分方程

$$\frac{L}{R}\frac{di_L}{dt} + i_L = I_s \tag{8-6}$$

在 I_s、R、L 已知的条件下,式(8-6)是电流 i_L 关于时间 t 的一阶常系数线性非齐次微分方程。

对于图 8-5(b)所示的串联型 RL 动态电路,当开关闭合后,根据 KVL 和电感的 VAR

建立微分方程

$$L\frac{di_L}{dt} + Ri_L = U_s \tag{8-7}$$

若将式(8-7)等式两边同除以 R，并设 $I_s = U_s/R$，则串联型 RL 动态电路的式(8-7)与并联型 RL 动态电路的式(8-6)相同。

可以看出，只要遵循电路分析的基本定律——基尔霍夫定律，电阻元件的欧姆定律，以及动态元件的电压、电流关系，再根据已知电路的连接关系，就可以建立动态电路的动态方程。

在图 8-4 和图 8-5 中，每个电路中只含有一个储能元件，因此电路的动态方程都是一阶微分方程。把由一阶微分方程所描述的电路称为一阶动态电路。依此类推，由二阶微分方程所描述的电路称为二阶动态电路。如果 R、L、C 是线性元件（常数），则对应的电路称为一阶（或二阶）线性动态电路，所建立的方程则是一阶（或二阶）线性微分方程。

例 8-3 求解图 8-6 所示 RLC 串联电路的微分方程。

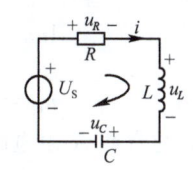

解：这是一个 RLC 串联电路，根据 KVL 和电阻、电容、电感的 VAR 可得

$$u_L + u_R + u_C = U_s$$

$$i = C\frac{du_C}{dt} \qquad u_L = L\frac{di}{dt} = LC\frac{d^2u_C}{dt^2} \qquad u_R = Ri = RC\frac{du_C}{dt}$$

图 8-6 【例 8-3】电路

根据上述关系，即可得到 RLC 串联电路的微分方程

$$LC\frac{d^2u_C}{dt^2} + RC\frac{du_C}{dt} + u_C = U_s \tag{8-8}$$

这是一个二阶常系数非齐次线性微分方程，故图 8-6 所示电路是一个二阶线性动态电路。

8.2.2 三要素法

1. RC 电路的零输入响应

电路没有外加激励时，仅由电路初始储能产生的响应称为零输入响应。设电路如图 8-7(a)所示，开关 S 置于位置 1 时，电路处于稳态，电容 C 被电压源充电到电压 U_0。在 $t=0$ 时将开关 S 拨向位置 2，电容 C 此时通过电阻 R 进行放电。图 8-7(b)为换路后的电路，列写换路后的电路方程，可求出其电路响应。

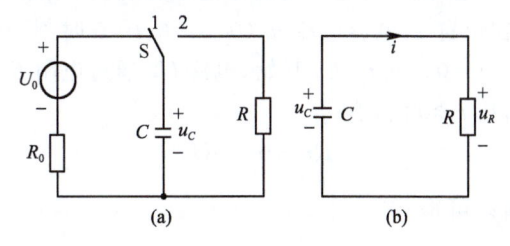

图 8-7 零输入响应电路

根据图 8-7(b)，在所选各量的参考方向下，由 KVL 得

$$-u_R + u_C = 0$$

将元件的电压、电流关系 $u_R = Ri, i = -C\mathrm{d}u_C/\mathrm{d}t$（负号表示电容的电压和电流为非关联参考方向）代入上式，得

$$RC \frac{\mathrm{d}u_C}{\mathrm{d}t} + u_C = 0 \quad (t \geqslant 0) \tag{8-9}$$

该一阶微分方程可以采用积分直接求解。对式(8-9)进行整理后得

$$\frac{\mathrm{d}u_C}{u_C} = -\frac{1}{RC}\mathrm{d}t$$

等式两边进行积分得

$$\int \frac{\mathrm{d}u_C}{u_C} = -\int \frac{1}{RC}\mathrm{d}t$$

$$\ln u_C = -\frac{1}{RC}t + C$$

$$u_C = \mathrm{e}^{-\frac{1}{RC}t + C} = \mathrm{e}^C \cdot \mathrm{e}^{-\frac{1}{RC}t} = A\mathrm{e}^{-\frac{1}{RC}t} \quad (\text{令 } A = \mathrm{e}^C)$$

式中的常数 A 由电路的初始条件确定。若 $t = 0$，电容上的初始电压为 $u_C(0_+) = U_0$，由 $u_C(0) = A\mathrm{e}^{-\frac{1}{RC}0}$ 可求得 $A = U_0$。则 RC 放电电路的零输入响应为

$$u_C(t) = U_0 \mathrm{e}^{-\frac{1}{RC}t} \quad (t \geqslant 0) \tag{8-10}$$

式(8-9)的微分方程，也可以用一阶常系数齐次线性微分方程求解的通常解法来求解，其通解为

$$u_C = A\mathrm{e}^{pt}$$

将其代入式(8-9)，得特征方程为 $RCp + 1 = 0$，解得特征根为 $p = -1/RC$。所以有

$$u_C = A\mathrm{e}^{-\frac{t}{RC}} \quad (t \geqslant 0) \tag{8-11}$$

由换路定律得：$u_C(0_+) = u_C(0_-) = U_0$，即 $t = 0_+$ 时 $u_C = U_0$，将其代入式(8-11)得 $A = U_0$。最后得电容的零输入响应电压

$$u_C = U_0 \mathrm{e}^{-\frac{1}{RC}t} \quad (t \geqslant 0)$$

令 $\tau = RC$，称为一阶电路的时间常数。则

$$u_C = U_0 \mathrm{e}^{-\frac{1}{\tau}t} \quad (t \geqslant 0) \tag{8-12}$$

2. 一阶电路的零状态响应

电路在初始储能为零的条件下，由外加激励引起的响应称为零状态响应。

在图 8-8 所示的 RC 电路中，当电容的初始电压为零时，电路与直流电压源或电流源接通。$t < 0$ 时，开关 S 在位置 1，电容电压 $u_C(0_-) = 0$；$t = 0$ 时刻，开关由 1 拨向 2，根据换路定律，$u_C(0_+) = u_C(0_-) = 0$。从 $t = 0_+$ 开始，电源 U_s 通过电阻 R 给 C 充电，电路形成充电电流 i_C。根据 KVL，在 $t \geqslant 0$ 时，有

$$Ri_C + u_C = U_\mathrm{s}$$

因为 $i_C = C \dfrac{\mathrm{d}u_C}{\mathrm{d}t}$，所以可得

$$RC \frac{\mathrm{d}u_C}{\mathrm{d}t} + u_C = U_\mathrm{s} \tag{8-13}$$

式(8-13)是一个一阶常系数非齐次线性微分方程,其初始条件为
$$u_C(0_+)=u_C(0_-)=0$$

代入初始条件求解后可得
$$u_C=U_s-U_s\mathrm{e}^{-\frac{1}{RC}t}=U_s(1-\mathrm{e}^{-\frac{1}{RC}t}) \quad (t\geqslant 0) \tag{8-14}$$

令 $\tau=RC$,则
$$u_C=U_s-U_s\mathrm{e}^{-\frac{1}{RC}t}=U_s(1-\mathrm{e}^{-\frac{1}{\tau}t}) \quad (t\geqslant 0) \tag{8-15}$$

3. 一阶电路的全响应

电路的全响应就是在初始状态及外加激励共同作用下的响应。如图 8-9 所示电路中,设 $t<0$ 时开关 S 在位置 1,电容 C 被充电至 U_0,且 $u_C(0_-)=U_0$,在 $t=0$ 时将开关拨到位置 2,RC 串联电路与直流电压源 U_s 接通。

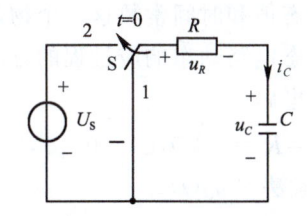

图 8-8 零状态响应电路 　　　　　图 8-9 全响应电路

显然,换路后的电路响应由输入激励 U_s 和初始状态 U_0 共同产生,是全响应。求解全响应仍然可以用求解微分方程的方法,描述图 8-9 所示的 RC 电路的全响应微分方程与前述 RC 电路的零状态响应的电路方程一样,为
$$RC\frac{\mathrm{d}u_C}{\mathrm{d}t}+u_C=U_s$$

求解全响应,令 $\tau=RC$,则
$$u_C=U_s+(U_0-U_s)\mathrm{e}^{-\frac{t}{\tau}}=U_s-U_s\mathrm{e}^{-\frac{t}{\tau}}+U_0\mathrm{e}^{-\frac{t}{\tau}}=U_s(1-\mathrm{e}^{-\frac{t}{\tau}})+U_0\mathrm{e}^{-\frac{t}{\tau}} \quad (t\geqslant 0)$$
$$\tag{8-16}$$

由式(8-12)、式(8-15)和式(8-16),对比一阶电路的零输入响应、零状态响应与全响应,根据叠加定理可以得到一阶动态电路全响应的一般求解方法为

全响应＝零输入响应＋零状态响应

任何只含有一个动态元件的线性电路都可以用一阶常系数线性微分方程描述,这种电路称为一阶电路。对比 RC 一阶电路全响应的微分方程,一阶电路微分方程的一般形式为
$$\tau\frac{\mathrm{d}f(t)}{\mathrm{d}t}+f(t)=k$$

式中,$f(t)$ 为电路任何处的响应;τ 为一阶电路的时间常数;k 代表换路后的恒定激励源常数。

则一阶电路全响应的一般形式为
$$f(t)=f(\infty)+[f(0_+)-f(\infty)]\mathrm{e}^{-\frac{t}{\tau}} \quad (t\geqslant 0) \tag{8-17}$$

式中 $f(0_+)$、$f(\infty)$ 和 τ 分别称为一阶电路的初始值、稳态值和时间常数。

式(8-17)中右端第一项为 $t \to \infty$ 时函数的稳定值(稳态值),称作恒定激励时的稳态响应,第二项为换路后过渡过程函数随时间 t 增大而呈指数衰减的部分,称作暂态响应。暂态响应过程就是一阶动态电路的过渡过程。因此,一阶动态电路的动态响应也可以分为稳态响应和暂态响应两部分。

从式(8-17)可以看出,一阶电路的零输入响应为

$$f(t)=f(0_+)\mathrm{e}^{-\frac{t}{\tau}} \quad (t \geqslant 0)$$

一阶电路的零状态响应为

$$f(t)=f(\infty)(1-\mathrm{e}^{-\frac{t}{\tau}}) \quad (t \geqslant 0)$$

从上面的分析可知,在一阶动态电路的全响应表达式中,只要将其初始值 $f(0_+)$、稳态值 $f(\infty)$ 和时间常数 $\tau(\tau=RC$ 或 $\tau=L/R)$ 这三个值确定下来,该一阶动态电路的全响应就被完全确定。因此,将一阶动态电路的初始值、稳态值和时间常数这三个物理量称为一阶动态电路的三要素。用求解三要素来求解一阶动态电路动态响应过程的方法称为一阶动态电路的三要素法。三要素法仅适用于一阶动态电路。

例 8-4 已知图 8-10(a)所示电路中,$R_1=R_2=R_3=3\ \mathrm{k\Omega}$,$C=10^3\ \mathrm{pF}$,$U_\mathrm{S}=12\ \mathrm{V}$,开关 S 打开前电路稳定,在 $t=0$ 时刻 S 打开,试用三要素法求 $u_C(t)$。

解:
(1)初始值:根据换路定律,有

$$u_C(0_+)=u_C(0_-)=0$$

(2)稳态值:根据稳定条件,$t \to \infty$,电路稳定,$i_C(\infty)=0$,则

$$u_C(\infty)=\frac{U_\mathrm{S}}{R_1+R_2+R_3}R_2=\frac{12}{3+3+3}\times 3=4\ \mathrm{V}$$

(3)时间常数 τ:相对于电容 C 来说,将 U_S 置零后,R_1 与 R_3 串联再与 R_2 并联,求得等效电阻 R_0,如图 8-10(b)所示。所以时间常数为

$$\tau=R_0C=\frac{(R_1+R_3)R_2}{R_1+R_2+R_3}C=\frac{(3+3)\times 3}{3+3+3}\times 10^3\times 10^3\times 10^{-12}=2\ \mathrm{\mu s}$$

将三要素代入式(8-17),得

$$u_C(t)=4+(0-4)\mathrm{e}^{-\frac{1}{2\times 10^{-6}}t}=4(1-\mathrm{e}^{-5\times 10^5 t})\ \mathrm{V} \quad (t \geqslant 0)$$

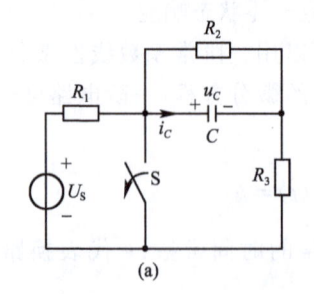

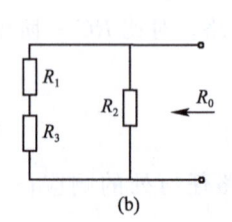

图 8-10 【例 8-4】电路

8.2.3 时间常数

时间常数 τ 的大小反映过渡过程的快慢,因此 τ 具有时间的量纲。

对于 RC 一阶电路: $\tau = R_0 C$,取 R 的单位为欧姆、C 的单位为法拉。由 $R=U/I$ 和 $C=Q/U$ 可知:欧姆=伏/安,法拉=库仑/伏=安·秒/伏,故时间常数 τ 的单位为

$$\tau = R_0 C = \frac{伏}{安} \cdot \frac{安 \cdot 秒}{伏} = 秒$$

对于 RL 一阶电路: $\tau = L/R_0$,取 R 的单位为欧姆、L 的单位为亨利。由 $R=U/I$ 和 $L=\Psi/I$ 可知:欧姆=伏/安,亨利=伏·秒/安,故时间常数 τ 的单位仍为

$$\tau = \frac{L}{R_0} = \frac{伏 \cdot 秒}{安} \cdot \frac{安}{伏} = 秒$$

由此可见,τ 的标准单位为秒(s),其大小反映着过渡过程的快慢。

R_0 的计算:

(1)对于简单的一阶电路,R_0 就是换路后的电路从储能元件两端看进去的等效电阻。

(2)对于较复杂的一阶电路(含电源电路),R_0 为换路后的电路在除去电源和储能元件后,在储能元件两端所求得的无源二端网络的等效电阻,即戴维南等效电阻。

例 8-5 已知电路如图 8-11 所示,试分别求出时间常数。

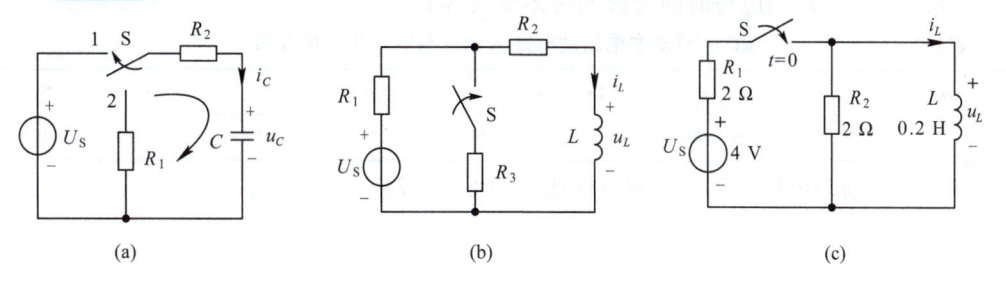

图 8-11 【例 8-5】电路

解:(1)对图 8-11(a),换路后的等效电阻

$$R_0 = R_2$$

所以,时间常数

$$\tau = R_2 C$$

(2)对图 8-11(b),换路后的等效电阻

$$R_0 = R_2 + R_1 // R_3 = R_2 + \frac{R_1 R_3}{R_1 + R_3} = \frac{R_1 R_2 + R_2 R_3 + R_1 R_3}{R_1 + R_3}$$

所以,时间常数

$$\tau = \frac{L}{R_0} = L \frac{R_1 + R_3}{R_1 R_2 + R_2 R_3 + R_1 R_3}$$

(3)对图 8-11(c),换路后的等效电阻

$$R_0 = R_1 // R_2 = 2 // 2 = 1 \ \Omega$$

所以,时间常数

$$\tau = \frac{L}{R_0} = \frac{0.2 \text{ H}}{1 \ \Omega} = 0.2 \text{ s}$$

8.3 一阶电路的动态过程分析

8.3.1 RC 电路的响应

1. RC 一阶动态电路的零输入响应分析

在图 8-7(a)所示的 RC 一阶动态电路中,当开关 S 从 1 拨到 2 后,零输入响应(RC 放电电路)的微分方程为

$$\tau \frac{du_C}{dt} + u_C = 0$$

响应表达式

$$u_C = U_0 e^{-\frac{t}{\tau}} \quad (t \geq 0) \tag{8-18}$$

时间常数

$$\tau = RC$$

由式(8-18)得,响应与时间常数的关系见表 8-1。

表 8-1　　　RC 一阶动态电路的零输入响应与时间常数的关系

t/s	0	τ	2τ	3τ	4τ	5τ	...	∞
u_C/V	U_0	$0.368U_0$	$0.135U_0$	$0.05U_0$	$0.018U_0$	$0.0067U_0$	...	0

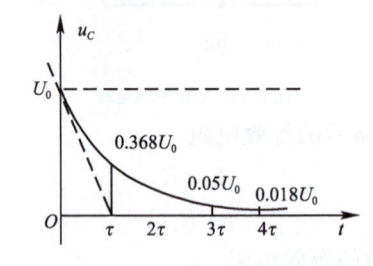

RC 一阶动态电路的零输入响应曲线如图 8-12 所示。

图 8-12　RC 一阶动态电路的零输入响应曲线

由式(8-18)可以看出:当 $t=0$ 时,$u_C(0)=U_0$;当 $t=\infty$ 时,$u_C(\infty)=0$;整个动态响应过程按指数规律衰减变化。

2. RC 一阶动态电路的零状态响应分析

在图 8-8 所示的 RC 一阶动态电路中,当开关 S 从 1 拨到 2 后,零状态响应(RC 充电电路)的微分方程为

$$\tau \frac{du_C}{dt} + u_C = U_S$$

响应表达式

$$u_C = U_s - U_s e^{-\frac{1}{RC}t} = U_s(1 - e^{-\frac{1}{\tau}t}) \quad (t \geq 0) \quad (8\text{-}19)$$

时间常数 $\tau = RC$

由式(8-19)得，响应与时间常数的关系见表 8-2。

表 8-2　　　　RC 一阶动态电路的零状态响应与时间常数的关系

t/s	0	τ	2τ	3τ	4τ	5τ	…	∞
u_C/V	0	$0.632U_s$	$0.865U_s$	$0.95U_s$	$0.982U_s$	$0.9933U_s$	…	U_s

RC 一阶动态电路的零状态响应曲线如图 8-13 所示。

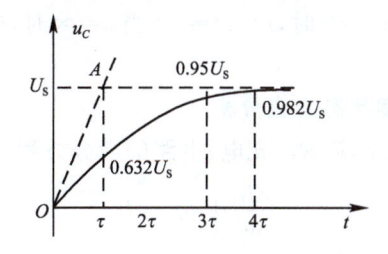

图 8-13　RC 一阶动态电路的零状态响应曲线

由式(8-19)可以看出：当 $t=0$ 时，$u_C(0)=0$；当 $t=\infty$ 时，$u_C(\infty)=U_s$；整个动态响应过程按指数规律上升变化。当 $t=\tau$ 时，$u_C(\tau)=0.632U_s$；当 $t=3\tau$ 时，$u_C(3\tau)=0.95U_s$；当 $t=4\tau$ 时，$u_C(4\tau)=0.982U_s$；当 $t=\infty$ 时，$u_C(\infty)=U_s$。可见，RC 一阶动态电路从响应开始到进入稳态响应需要无穷大的时间，这在实际应用中是无法实现的。因此，工程实际中认为，当 $t=(3\sim5)\tau$ 时，过渡过程结束，即进入稳态响应。

8.3.2　RL 电路的响应

1. RL 一阶动态电路的零输入响应分析

在图 8-5(a)所示的 RL 一阶动态电路中，当 S 闭合后，电路的微分方程为

$$\tau \frac{di_L}{dt} + i_L = I_s, \quad \tau = \frac{L}{R}$$

若 $I_s=0$，$i_L(0_-)=I_0$，则构成零输入响应(RL 放电)电路，其微分方程为

$$\tau \frac{di_L}{dt} + i_L = 0$$

响应表达式

$$i_L(t) = I_0 e^{-\frac{1}{\tau}t} \quad (t \geq 0) \quad (8\text{-}20)$$

时间常数 $\tau = \frac{L}{R}$

由式(8-20)得，响应与时间常数的关系见表 8-3。

表 8-3　　　　RL 一阶动态电路的零输入响应与时间常数的关系

t/s	0	τ	2τ	3τ	4τ	5τ	…	∞
i_L/A	I_0	$0.368I_0$	$0.135I_0$	$0.05I_0$	$0.018I_0$	$0.0067I_0$	…	0

由式(8-20),画出 RL 一阶动态电路的零输入响应曲线如图 8-14 所示。

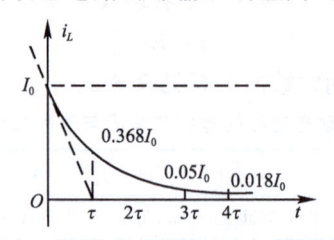

图 8-14　RL 一阶动态电路的零输入响应曲线

由式(8-20)可以看出:当 $t=0$ 时,$i_L(0)=I_0$;当 $t=\infty$ 时,$i_L(\infty)=0$;整个动态响应过程按指数规律衰减变化。

2. RL 一阶动态电路的零状态响应分析

如图 8-5(b)所示零状态响应(RL 充电)电路的微分方程为

$$\tau \frac{di_L}{dt} + i_L = I_S$$

令 $i_L(0_-)=0$,则响应表达式

$$i_L(t) = I_S - I_S e^{-\frac{1}{RC}t} = I_S(1 - e^{-\frac{1}{\tau}t}) \tag{8-21}$$

时间常数

$$\tau = \frac{L}{R}$$

由式(8-21)得,响应与时间常数的关系见表 8-4。

表 8-4　　RL 一阶动态电路的零状态响应与时间常数的关系

t/s	0	τ	2τ	3τ	4τ	5τ	$\cdots$	∞
i_L/A	0	$0.632I_S$	$0.865I_S$	$0.95I_S$	$0.982I_S$	$0.9933I_S$	$\cdots$	I_S

由式(8-21),画出 RL 一阶动态电路的零状态响应曲线如图 8-15 所示。

由式(8-21)可以看出:当 $t=0$ 时,$i_L(0)=0$;当 $t=\infty$ 时,$i_L(\infty)=I_S$;整个动态响应过程按指数规律上升变化。当 $t=\tau$ 时,$i_L(\tau)=0.632I_S$;当 $t=3\tau$ 时,$i_L(3\tau)=0.95I_S$;当 $t=4\tau$ 时,$i_L(4\tau)=0.982I_S$;当 $t=\infty$ 时,$i_L(\infty)=I_S$。可见,RL 一阶动态电路从响应开始到进入稳态响应需要无穷大的时间,这在实际应用中是无法实现的。因此,工程实际中认为,当 $t=(3\sim5)\tau$ 时,过渡过程结束,即进入稳态响应。

从图 8-13(或图 8-15)还可以看到,在一阶动态电路响应曲线的起始点作切线并延长与稳态值相交于 A 点,即如果响应以初始斜率上升到稳态值,所经历的时间恰好等于时间常数 τ,这也是一阶动态电路的一个特点。另外,当响应时间等于 3τ 时,响应值与稳态值之间的误差为 5%(0.05)$U_S(I_S)$,而当响应时间等于 4τ 时,响应值与稳态值之间的误差约为 2%(0.02)$U_S(I_S)$。因此,一阶动态电路的过渡过程时间 t_S 通常按 $t_S=(3\sim5)\tau$ 来计算。另外,从前面各个响应表达式看出,时间常数越大,暂态分量衰减越慢,过渡过程时间越长,因此时间常数的大小反映了过渡过程的快慢。

例 8-6 在图 8-16(a)所示 RL 电路中,实际电感元件的损耗电阻为 $r=2\ \Omega$,$L=2\ H$,$R=2\ \Omega$,开关 S 打开前电路处于稳态。假设 S 在 $t=0$ 时打开,求 $t \geqslant 0$ 时的 i_L。

解:将电感线圈等效成理想电感 L 和电阻 r 串联的电路模型。当 $t \geqslant 0$ 时,图 8-16(a)

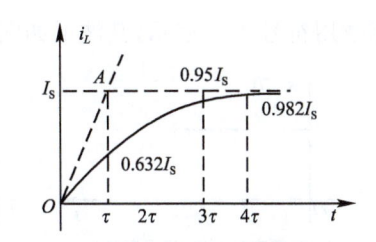

图 8-15 *RL* 一阶动态电路的零状态响应曲线

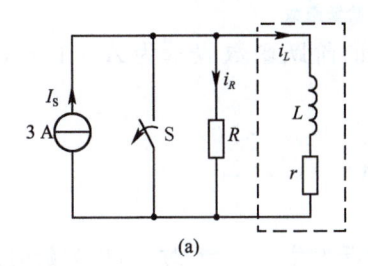

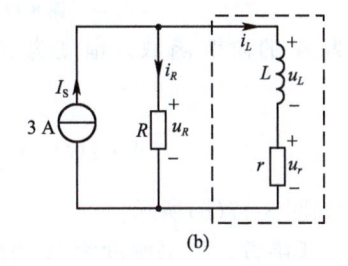

图 8-16 【例 8-6】电路

所示电路可等效成图 8-16(b)所示电路。并假设各支路电流和各元件电压参考方向如图 8-16(b)所示，则根据 KCL 可得

$$i_L + i_R = I_S$$

因为开关 S 打开前电路稳定，所以，由图 8-16(a)可得

$$i_L(0_+) = i_L(0_-) = 0$$

开关 S 打开后，由图 8-16(b)可得

$$i_L(\infty) = \frac{R}{R+r}I_S = \frac{2}{2+2} \times 3 = 1.5 \text{ A}$$

$$R_0 = R + r = 2 + 2 = 4 \text{ } \Omega$$

则

$$\tau = \frac{L}{R_0} = \frac{2}{4} = 0.5 \text{ s}$$

由三要素公式可得

$$i_L = i_L(\infty) + [i_L(0_+) - i_L(\infty)]e^{-\frac{t}{\tau}}$$
$$= 1.5 + (0 - 1.5)e^{-\frac{t}{0.5}} \text{ A} = 1.5(1 - e^{-2t}) \text{ A} \quad (t \geq 0)$$

8.3.3 阶跃响应

1. 阶跃函数

(1)单位阶跃函数。单位阶跃函数定义为

$$1(t) = \begin{cases} 0 & t < 0 \\ 1 & t > 0 \end{cases}$$

单位阶跃函数的基本特性是其所具有的单边性，它在 $t<0$ 时的值为 0，而在 $t>0$ 时的值为 1，单位阶跃函数在 $t=0$ 有一个不连续点或称为跳变点，其跳变值为 1，在该点的

函数值不予定义。单位阶跃函数用符号 $1(t)$ 表示,其波形如图 8-17(a)所示。

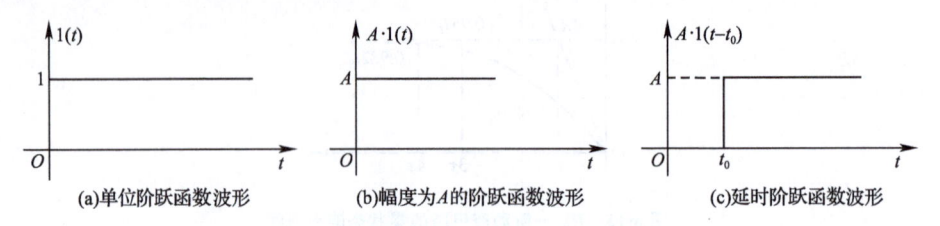

(a)单位阶跃函数波形　　(b)幅度为 A 的阶跃函数波形　　(c)延时阶跃函数波形

图 8-17　阶跃函数

(2)幅度为 A 的阶跃函数。幅度为 A 的阶跃函数表示为 $A \cdot 1(t)$,其数学表达式如下

$$A \cdot 1(t) = \begin{cases} 0 & t < 0 \\ A & t > 0 \end{cases}$$

它的波形如图 8-17(b)所示。

(3)延时阶跃函数。如果幅度为 A 的阶跃发生在 $t = t_0$ 时,则称为延时阶跃函数,用 $A \cdot 1(t - t_0)$ 表示,它的数学表达式为

$$A \cdot 1(t - t_0) = \begin{cases} 0 & t < t_0 \\ A & t > t_0 \end{cases}$$

其波形如图 8-17(c)所示。

利用单位阶跃函数可以表示在 $t = 0$ 时电路接入电压源或电流源,单位阶跃函数的起始特性代替了开关的动作,如图 8-18 所示。

2. 阶跃响应

电路在阶跃激励下的零状态响应称为阶跃响应。阶跃响应的求法与零状态响应求法相同。如图 8-19 所示的 RC 串联电路的阶跃响应为

$$u_C = U_S(1 - e^{-\frac{t}{\tau}}) \cdot 1(t) \tag{8-22}$$

式(8-22)后面不需再标明 $t \geq 0$,因为 $1(t)$ 已表示出这一条件。

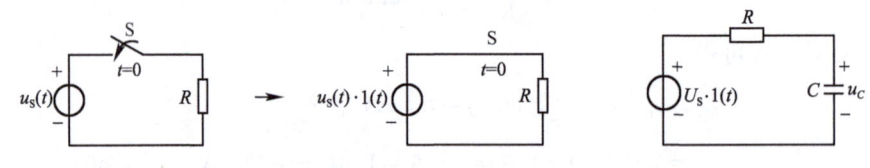

图 8-18　用单位阶跃函数代替开关　　图 8-19　RC 串联电路

例 8-7　电路如图 8-20(a)所示,$u_S(t)$ 波形如图 8-20(b)所示,如果 $T = 10\tau$,求 $u_C(t)$ 和 $u_R(t)$,并画出波形图。

解:图 8-20(b)所示电压波形是一周期为 $2T$ 的周期函数,第一个周期内的函数可表示为

$$u_S(t) = U_S \cdot 1(t) - U_S \cdot 1(t - T)$$

此电压加在 RC 串联电路上时,电容在前半周期内充电,在后半周期内放电。由于 $T = 10\tau$,所以,在每半个周期结束时,已足够精确地认为充电过程和放电过程已经完毕 (一阶动态电路的过渡过程时间为 $3\tau \sim 5\tau$)。即在前半个周期结束时,电容已充电到电压 U_S;在后半个周期结束时,电容已放电到电压为零。

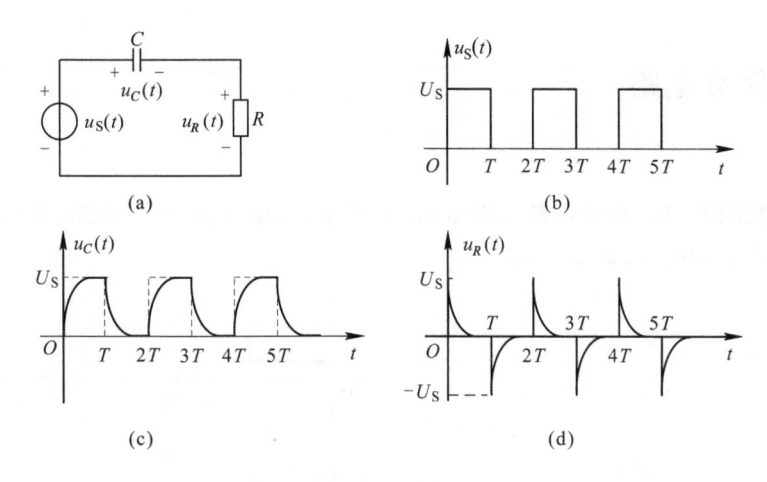

图 8-20 【例 8-7】的电路与波形图

如此过程周而复始。第一个周期内 $u_C(t)$ 为

$$u_C(t) = U_S(1-e^{-\frac{t}{\tau}}) \cdot 1(t) - U_S(1-e^{-\frac{t-T}{\tau}}) \cdot 1(t-T)$$

其中的第一项为阶跃响应,第二项为延迟阶跃响应。

$$u_R(t) = u_S(t) - u_C(t) = U_S e^{-\frac{t}{\tau}} \cdot 1(t) - U_S e^{-\frac{t-T}{\tau}} \cdot 1(t-T)$$

$u_C(t)$、$u_R(t)$ 的波形如图 8-20(c)、图 8-20(d) 所示。

通过求解 RC 电路对矩形波的响应可以看出:

(1) 当时间常数 τ 远小于 T 时,RC 串联电路如果从电阻上取出电压信号,则输出波形 $u_R(t)$ 对应于矩形波的上升沿为正脉冲,对应于下降沿为负脉冲,可以用作微分电路。

(2) 如果从电容上取出电压信号,则输出波形 $u_C(t)$ 对应于矩形波输入边沿变平缓,体现了电容电压的滞后作用。当时间常数 τ 增大时,$u_C(t)$ 会将输入的矩形波变成锯齿波或三角波,此特性可在电子线路中用于波形变换;如时间常数 τ 远大于 T,则由于电容充电的累积,$u_C(t)$ 会逐渐增大,这时该电路还可近似作为积分电路。

8.4 微分电路和积分电路

在电路中,经常会碰到如图 8-21 所示的波形,称为矩形脉冲信号。其中 U_S 为脉冲幅度,t_p 为脉冲宽度,T 为脉冲周期。

当矩形脉冲信号作为 RC 串联电路的激励源时,若选取不同的时间常数及输出端,就可得到我们所希望的某种输出波形,以及激励与响应的特定关系。这种激励与响应的关系表现为 RC 电路的输入与输出之间的微分关系或积分关系。

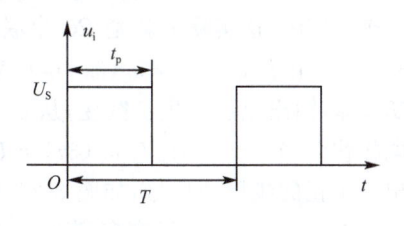

图 8-21 矩形脉冲信号

8.4.1 微分电路

1. 电路

(1)电路结构。RC 微分电路如图 8-22(a)所示,激励源 u_i 为一矩形脉冲信号,响应是从电阻两端取出的电压,即 $u_o = u_R$。

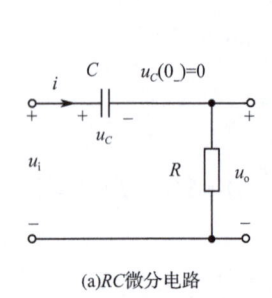

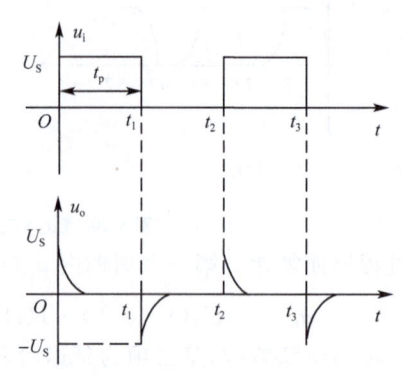

(a)RC微分电路

(b)微分电路的输入、输出波形

图 8-22　微分电路与波形图

(2)电路参数。电路时间常数远小于脉冲信号的脉宽,即 $\tau = RC \ll t_p$,通常取 $\tau \approx t_p/10$。

2. 分析

根据图 8-22(a)所示的电路,由 KVL 定律有

$$u_i = u_C + u_o$$

当 R 和 C 的值很小时,u_C 很大,u_R 很小,所以有 $u_i \approx u_C$。则输出电压为

$$u_o = iR = RC\frac{du_C}{dt} \approx RC\frac{du_i}{dt} \tag{8-23}$$

由式(8-23)可知,输出电压近似与输入电压对时间的微分成正比。

下面就输出波形进行具体分析:

在 $t < 0$ 时,$u_C(0_-) = 0$ V。

在 $t = 0$ 时,u_i 突变到 U_S,且在 $0 < t < t_1$ 时有:$u_i = U_S$,相当于在 RC 串联电路上接了一个恒压源,这实际上就是 RC 串联电路的零状态响应(RC 充电):$u_C(t) = u_C(\infty)(1 - e^{-t/\tau})$。由于 $u_C(0_+) = u_C(0_-) = 0$ V,则由图 8-22 电路可知 $u_i = u_C + u_o$。所以 $u_o(0_+) = U_S$,即:输出电压产生了突变,从 0 V 突变到 U_S。由于电路满足 $\tau \approx t_p/10$,所以电容充电极快。当 $t = 3\tau$ 时,有 $u_C(3\tau) = U_S$,则 $u_o(3\tau) = 0$ V。故在 $0 < t < t_1$ 时,电阻两端输出一个正的尖脉冲信号,如图 8-22(b)所示。

在 $t = t_1$ 时,u_i 又突变到 0 V,且在 $t_1 < t < t_2$ 时有:$u_i = 0$ V,相当于将 RC 串联电路短路,这实际上就是 RC 串联电路的零输入响应(RC 放电):$u_C(t) = u_C(0_+)e^{-t/\tau}$。由于 $t = t_1$,$u_C(t_1) = U_S$,故 $u_o(t_1) = -u_C(t_1) = -U_S$。因为 $\tau \approx t_p/10$,所以电容放电极快。当 $t = 3\tau$ 时,有 $u_C(3\tau) = 0$ V,使 $u_o(3\tau) = 0$ V,故在 $t_1 < t < t_2$ 时,电阻两端输出

一个负的尖脉冲信号,如图 8-22(b) 所示。
3. 波形
从图 8-22(b)所示波形还可看出,输出的尖脉冲信号 u_o 是对输入矩形脉冲信号 u_i 微分的结果,故称这种电路为微分电路。

由于 u_i 为一周期性的矩形脉冲信号,故 u_o 为同一周期正负尖脉冲信号。

尖脉冲信号的用途十分广泛,在数字电路中常用作触发器的触发信号;在变流技术中常用作可控硅的触发信号。

要使 RC 电路实现微分功能,电路应满足三个条件:
(1)激励必须为一周期性的矩形脉冲信号;
(2)响应必须是从电阻两端取出的电压;
(3)电路时间常数远小于脉冲宽度,即 $\tau = RC \ll t_p$。

8.4.2 积分电路

1. 电路
(1)电路结构。RC 积分电路如图 8-23(a)所示,激励源 u_i 为一矩形脉冲信号,响应是从电容两端取出的电压,即 $u_o = u_C$。

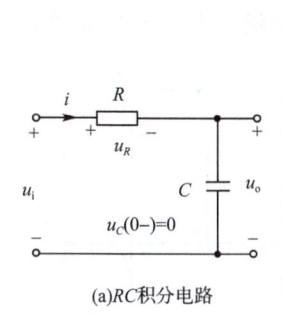

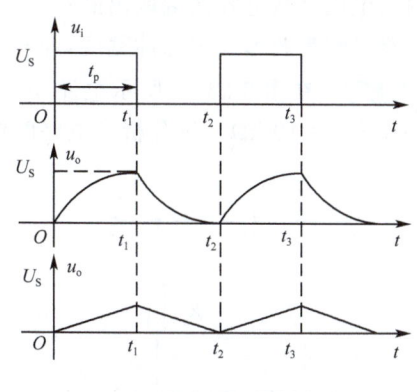

(a) RC 积分电路

(b) 积分电路的输入、输出波形

图 8-23　积分电路与波形图

(2)电路参数。电路时间常数远大于脉冲信号的脉宽,即 $\tau = RC \gg t_p$,通常取 $\tau \approx 10 t_p$。
2. 分析
根据图 8-23(a)所示的电路,由 KVL 定律有
$$u_i = u_R + u_o$$
当 R 和 C 的值很大时,u_C 很小,u_R 很大,所以有 $u_i \approx u_R$,$i = u_R/R \approx u_i/R$。则输出电压为

$$u_o = u_C = \frac{1}{C}\int i \, dt \approx \frac{1}{C}\int \frac{u_i}{R} \, dt = \frac{1}{RC}\int u_i \, dt \tag{8-24}$$

由式(8-24)可知,输出电压近似与输入电压对时间的积分成正比。

下面就输出波形进行具体分析:

212　电路分析基础

在 $t<0$ 时，$u_C(0_-)=0$ V。

在 $t=0$ 时，u_i 突变到 U_S，仍有 $u_C(0_+)=0$ V。在 $0<t<t_1$ 时，$u_i=U_S$，此时为 RC 串联电路的零状态响应（RC 充电），即 $u_o(t)=u_C(\infty)(1-e^{-t/\tau})$。由于电路满足 $\tau\approx 10t_p$，所以电容充电极慢。

当 $t=t_1$ 时，电容尚未充电至稳态，输入信号已经发生了突变，从 U_S 突然减小至 0 V。

在 $t_1<t<t_2$ 时，$u_i=0$ V，此时为 RC 串联电路的零输入响应（RC 放电），即 $u_o(t)=u_C(t)=u_C(0_+)e^{-t/\tau}$，放电进行得极慢，当电容电压还未衰减到 0 V 时，u_i 又发生了突变并周而复始地进行。这样，在输出端就得到一个近似的三角波信号，如图 8-23(b) 所示。

3. 波形

从图 8-23(b) 所示波形可见：输出的三角波信号 u_o 是对输入矩形脉冲信号 u_i 积分的结果，故称这种电路为积分电路；此外，电路的时间常数 τ 越大，RC 充、放电进行得越慢，三角波信号的线性就越好。图 8-23(b) 所示的第二个波形的 $\tau=(3\sim 5)t_p$，第三个波形的 $\tau\approx 10t_p$。

三角波信号的用途很广，如在定时器、函数信号发生器、音频信号的脉宽调制器（PWM）等设备或电路中，都有广泛的应用。

要使 RC 电路实现积分功能，电路应满足三个条件：

(1) u_i 为一周期性的矩形脉冲信号；

(2) 输出电压是从电容两端取出的；

(3) 电路时间常数远大于脉冲宽度，即 $\tau=RC\gg t_p$。

例 8-8 在图 8-24(a) 所示电路中，已知输入信号 u_i 为脉宽 $t_p=12$ ms 的矩形波，$C=0.1$ μF，$R=10$ kΩ。试分析该电路的作用，并画出输出电压 u_o 的波形。

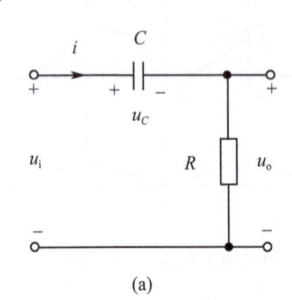

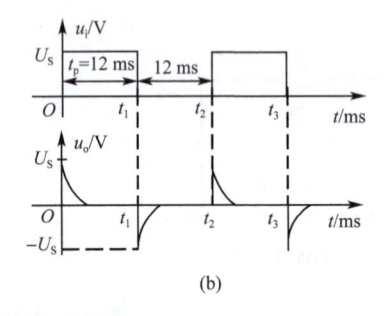

图 8-24 【例 8-8】电路

解：因为 $C=0.1$ μF，$R=10$ kΩ，所以 $\tau=RC=10\times 10^3$ Ω $\times 0.1\times 10^{-6}$ F $=1$ ms，而 $t_p=12$ ms $=12\tau$。根据微分电路的构成要素，此电路是一个微分电路，其输入与输出电压波形如图 8-24(b) 所示。

例 8-9 电路如图 8-25(a) 所示，输入信号 u_i 是一均值为 0 的矩形波，脉宽 $t_p=1$ ms，已知 $C=1$ μF，$R=10$ kΩ。试分析该电路的作用，并画出输出电压 u_o 的波形。

解：时间常数 $\tau=RC=10\times 10^3$ Ω $\times 1\times 10^{-6}$ F $=10$ ms，满足 $\tau\gg t_p$ 的电路条件，根据积分电路的构成要素，可见该电路是一个积分电路，输出电压近似为三角波。

在输入电压的若干周期后，输出三角波的均值也变为 0，此时的输入与输出电压的波形如图 8-25(b) 所示。

第8章 动态电路

(a)

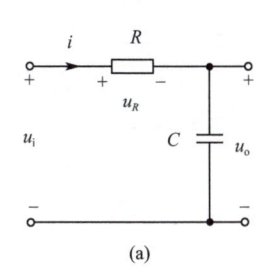

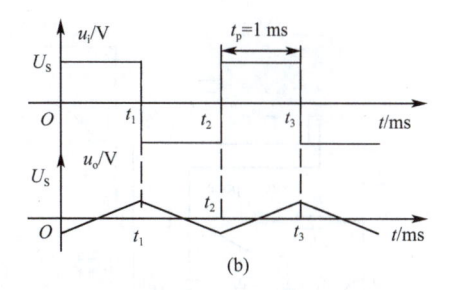

(b)

图 8-25 【例 8-9】电路

知识拓展：
RLC串联电路
的动态过程

知识拓展：
动态电路的运
算法

仿真训练

仿真训练 1　RC 一阶电路充放电特性仿真

一、仿真目的
(1) 观察 RC 一阶电路充电和放电曲线；
(2) 掌握 RC 一阶电路充电和放电的工作原理与特性。

二、仿真原理
(1) RC 电路充电时，电容器上的电压按指数规律增大，$u_C = U_S(1 - e^{-t/\tau})$；RC 电路放电时，电容器上的电压按指数规律减小，$u_C = U_0 e^{-t/\tau}$。
(2) RC 电路充电与放电的快慢，由电路的时间常数 τ 决定，$\tau = RC$。

三、仿真内容和步骤
(1) 仿真内容

利用仿真软件测试如图 8-26 所示电路中电容两端的电压，并观察 RC 一阶电路充电和放电曲线。电路中的电源电压 $V_1 = 10$ V，$R_1 = 1$ kΩ，$R_2 = 1$ kΩ，$C_1 = 10$ μF。

(2) 仿真步骤

① 从基本元件库中选择直流电压源和接地符号以及所需的电阻、电容、双掷开关，设定所需参数。双掷开关 J_1 的切换由默认的空格键(Key=Space)控制。

② 从仪器库中选择示波器 XSC(Oscilloscope)接在电容器两端，以便观察 C_1 上的电压变化情况。双击示波器图标，打开示波器参数设置控制面板，设置 X 轴的时基刻度为

214　电路分析基础

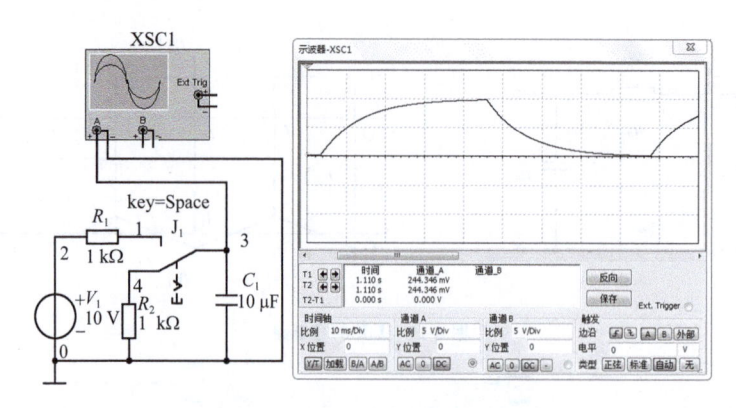

图 8-26　RC 一阶充放电电路及波形

每格 10 ms, Y 轴的电压幅度刻度为每格 5 V。

③启动仿真"运行/停止"开关, 手动控制电路中的开关切换(按下空格键), 从示波器显示面板中观察电路的充、放电情况。当开关 J_1 拨到上面时, 电源 V_1 通过 R_1 对电容 C_1 充电; 当开关 J_1 拨到下面时, 电容 C_1 通过 R_2 放电。电容的充放电电压曲线如图 8-26 所示。

④在电容器充电过程中, 测得充电曲线后停止或暂停(按 Pause 钮)仿真, 将示波器显示面板上的 T_1 游标指针移到 0 V 位置, 将 T_2 游标指针分别移到间隔时间为 τ、2τ、3τ、4τ、5τ (τ 为电路的时间常数, $\tau = RC = 10$ ms)的位置, 观察 Y 轴所测得的对应电压幅度值, 将测量数据填入表 8-5。

表 8-5　　　　　　　　　　RC 一阶电路充电与放电测量数据

时间 $t = T_2 - T_1 (\tau = 10$ ms$)$		τ	2τ	3τ	4τ	5τ
电容器充电 (电源 10 V)	理论值 U_C/V					
	测量值 U_C/V					
电容器放电 (电容电压 10 V)	理论值 U_C/V					
	测量值 U_C/V					

⑤在电容放电过程中, 测得放电曲线后停止仿真, 将 T_1 游标指针移到电容初始电压为 10 V 的位置, 将 T_2 游标指针分别移到间隔时间为 τ、2τ、3τ、4τ、5τ 的位置, 将所测得的对应电压幅度值填入表 8-5。

⑥将电容充电和放电的电压测量值与理论值进行比较, 看是否与指数规律相符。

⑦将直流电压源换成脉冲电压源, 设置频率为 10 Hz, 电压为 10 V, 从示波器中观察电路的充电与放电情况。修改电路中电阻与电容的参数, 从示波器中观察电路的充电与放电曲线。

⑧修改电路中电阻与电容的参数, 从示波器中观察电路的充电与放电的快慢情况。

四、思考题

(1) RC 充电电路中电容上的电压变化规律的数学表达式是什么？与仿真实验所测得的波形进行比较, 误差情况如何？当 $t = \tau$ 时, u_C 与电源电压的百分比是多少？

(2) RC 放电电路中电容上的电压变化规律的数学表达式是什么？与仿真实验所测得的波形进行比较, 误差情况如何？当 $t = \tau$ 时, u_C 与电容初始电压的百分比是多少？

(3)时间常数 τ 的大小对电路动态变化过程的快慢影响如何?

仿真训练 2 微分电路与积分电路仿真

一、仿真目的

(1)通过仿真,掌握 RC 微分电路和积分电路的结构特征;

(2)掌握有关微分电路和积分电路的概念与对时间常数的要求;

(3)掌握微分电路与积分电路的波形变换作用。

二、仿真原理

(1)微分电路和积分电路都是波形变换电路,由 RC 或 RL 电路组成。微分电路的输出信号近似与输入信号对时间的微分成正比,积分电路的输出信号近似与输入信号对时间的积分成正比。

(2)RC 微分电路的输出信号从 R 上取得,电路的时间常数 $\tau \ll t_p$(t_p 为输入脉冲信号的脉宽),在方波序列脉冲的重复激励下,输出信号为尖脉冲。

(3)RC 积分电路的输出信号从 C 上取得,电路的时间常数 $\tau \gg t_p$(t_p 为输入脉冲信号的脉宽),在方波序列脉冲的重复激励下,输出信号为三角波。

三、仿真内容和步骤

(1)微分电路仿真

①建立如图 8-27 所示的 RC 微分电路,输入脉冲信号加在 RC 电路两端,输出尖脉冲信号从 R 元件上取得。设置 RC 电路的输入脉冲信号的占空比为 50%,输入信号的频率 f 设置为 1 kHz,使脉冲信号的周期 T 为 1 ms(脉冲宽度 t_p 为 0.5 ms),幅度设置为 10 V。RC 元件参数的设置如图 8-27 所示,使 $\tau = RC = 10\ \Omega \times 1 \times 10^{-6}\ F = 1 \times 10^{-5}\ s = 0.01\ ms$,满足微分电路的构成条件 $\tau \ll t_p$。

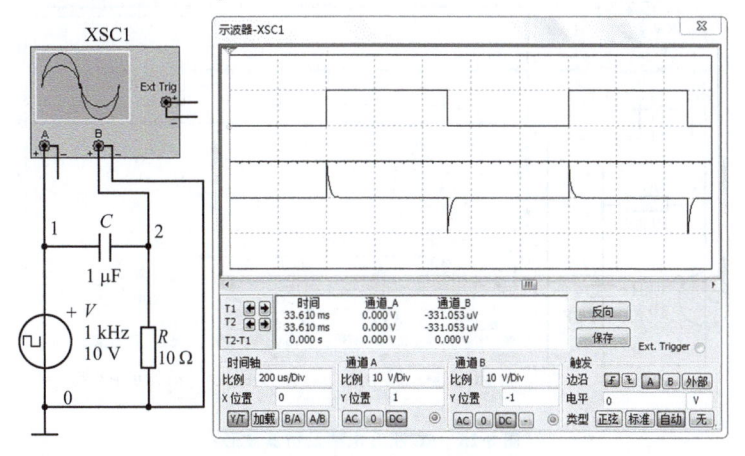

图 8-27 RC 微分电路及仿真波形

②从仪器库中选取双通道示波器 XSC(Oscilloscope),A 通道输入端用来测量微分电路的输入信号波形,B 通道输入端用来测量微分电路的输出信号波形,接法如图 8-27 所

示(接地线也可空置,如图中 A 通道接法)。双击示波器图标,打开示波器参数设置控制面板,可设置 X 轴的时基刻度为每格 500 μs(与输入脉冲信号的脉宽相对应),Y 轴的电压幅度刻度为每格 10 V(与输入脉冲信号的幅度相对应),A 通道输入信号波形显示位置上移 1 格,B 通道输出信号波形显示位置下移 1 格,以便观察输入与输出信号波形的变换情况。

③启动仿真"运行/停止"开关,得到如图 8-27 所示的显示波形。

④将微分电路输入脉冲的频率改为 $f=500$ Hz(周期 $T=2$ ms,脉宽 $t_p=T/2=1$ ms),R 参数分别改为 1 kΩ、100 Ω、10 Ω,电容 $C=1$ μF 不变,使电路的时间常数($\tau=RC$)分别为 1 ms、0.1 ms、0.01 ms(当然也可以使电阻不变而改变电容参数)。启动仿真"运行/停止"开关,将示波器仿真所得的不同时间常数所对应的波形记录在表 8-6 中,并分析波形的变化情况。

表 8-6　　　　　　　　　　微分电路仿真波形记录表

R 的取值($C=1$ μF)	$R=1$ kΩ	$R=100$ Ω	$R=10$ Ω
时间常数($\tau=RC$)	$\tau=t_p=1$ ms	$\tau=0.1t_p=0.1$ ms	$\tau=0.01t_p=0.01$ ms
输入脉冲信号波形（脉宽 $t_p=1$ ms）			
输出微分信号波形			

(2)积分电路仿真

①建立如图 8-28 所示的 RC 积分电路,输入脉冲信号加在 RC 电路两端,输出三角波信号从 C 元件上取得。输入脉冲信号的设置同微分电路(占空比为 50%,频率为 1 kHz,周期为 1 ms,幅度为 10 V)。RC 积分电路元件参数的设置如图 8-28 所示,使 $\tau=RC=10\times 10^3$ Ω$\times 1\times 10^{-6}$ F$=1\times 10^{-2}$ s$=10$ ms,满足积分电路的构成条件 $\tau\gg t_p$。

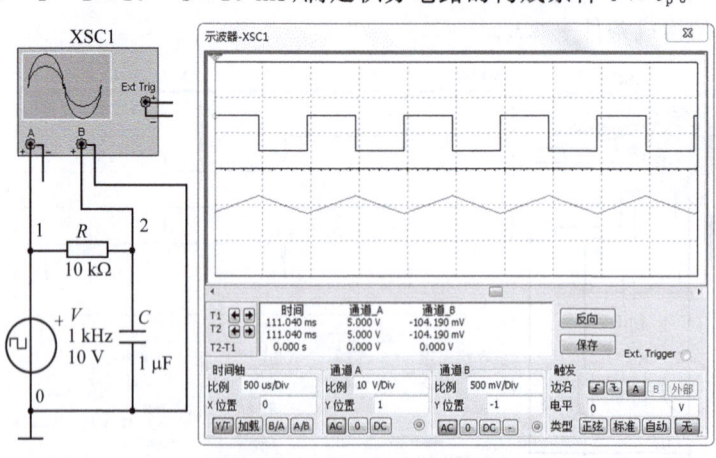

图 8-28　RC 积分电路及仿真波形

②从仪器库中选取双通道示波器 XSC(Oscilloscope),A 通道输入端用来测量积分电路的输入信号波形,B 通道输入端用来测量积分电路的输出信号波形,接法如图 8-28 所示(示波器接地线也可空置)。双击示波器图标,打开示波器参数设置控制面板,可设置

X 轴的时基刻度为每格 500 μs(与输入脉冲信号的脉宽相对应);A 通道 Y 轴的电压幅度刻度为每格 10 V(与输入脉冲信号的幅度相对应),B 通道 Y 轴的电压幅度刻度为每格 500 mV(与输出三角波信号的幅度相对应);A 通道输入信号波形显示位置上移 1 格,B 通道输出信号波形显示位置下移 1 格,以便观察输入与输出信号波形的变换情况。

③启动仿真"运行/停止"开关,即得到如图 8-28 所示的显示波形。该波形已将输入的脉冲波变换为三角波输出。

④将积分电路输入脉冲的频率改为 $f=500$ Hz(脉宽 $t_p=T/2=1$ ms),R 参数分别改为 1 kΩ、10 kΩ、100 kΩ,电容 $C=1$ μF 不变,使电路的时间常数($\tau=RC$)分别为 1 ms、10 ms、100 ms(当然也可以使电阻不变而改变电容参数)。启动仿真"运行/停止"开关,将示波器仿真所得的不同时间常数所对应的波形记录在表 8-7 中,并分析波形的变化情况。

表 8-7　　　　　　　　积分电路仿真波形记录表

R 的取值($C=1$ μF)	$R=1$ kΩ	$R=10$ kΩ	$R=100$ kΩ
时间常数($\tau=RC$)	$\tau=t_p=1$ ms	$\tau=10t_p=10$ ms	$\tau=100t_p=100$ ms
输入脉冲信号波形（脉宽 $t_p=1$ ms）			
输出积分信号波形			

四、注意事项

(1)微分电路的时间常数要小于或者等于 1/10 倍的输入脉冲宽度。

(2)积分电路的时间常数要大于或者等于 10 倍的输入脉冲宽度。

五、思考题

(1)若在微分、积分电路的输入端接入方波,则在微分、积分电路的输出端各自输出的是什么波形?(方波/三角波/尖齿波)

(2)若微分、积分电路中的电阻或电容发生变化后,输出波形的哪个参数(脉宽/幅度)将发生变化?

仿真拓展：
RLC二阶阻尼
振荡电路仿真

技能训练

技能训练 1　　RC 一阶电路动态过程的测量

一、训练目的

(1)掌握 RC 一阶电路充电和放电的定义;

(2)掌握电路时间常数 τ 的测定方法;

(3)测绘 RC 一阶电路充电和放电曲线。

二、训练原理

(1) RC 一阶电路充电。RC 一阶电路在充电（零状态响应）时，电容电压按指数规律增大，$u_C = U_S(1 - e^{-t/\tau})$，时间常数（$\tau = RC$）越大，充电越慢。当 $t = \tau$ 时，$u_C(t) = 0.63 U_S$。

(2) RC 一阶电路放电。RC 一阶电路在放电（零输入响应）时，电容电压按指数规律减小，$u_C = U_S e^{-t/\tau}$，时间常数（$\tau = RC$）越大，放电越慢。当 $t = \tau$ 时，$u_C(t) = 0.37 U_S$。

三、训练器材

(1) 直流电源（+9 V）　　　　　　　　　　　　1 只
(2) 数字万用表　　　　　　　　　　　　　　　1 只
(3) 秒表　　　　　　　　　　　　　　　　　　1 只
(4) 电阻（10 kΩ）、电容（470 μF/50 V）　　　各 1 只
(5) 导线　　　　　　　　　　　　　　　　　　若干

四、训练内容和步骤

1. RC 充电实训

(1) 按图 8-29(a) 连接电路，并使电源电压 $U_S = 9$ V。

(a) RC 充电实训电路　　　(b) RC 放电实训电路

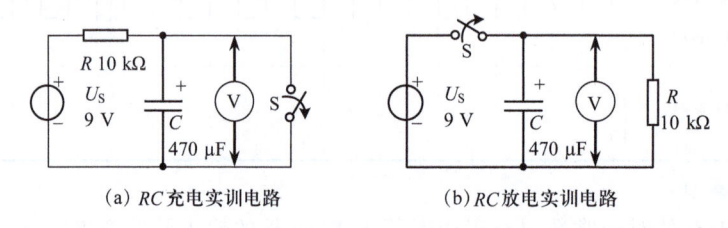

图 8-29　RC 一阶电路的充放电实训电路

(2) 将开关 S 闭合，保证电容初始电压 $u_C(0_-)$ 为零。

(3) 断开 S，并开始计时，到电压表指针为 1 V 时停止计时，将所测电容电压增大到 1 V 所需的时间 t 填入表 8-8 中，然后闭合 S 使电容电压重新为零。

表 8-8　　　　　　　　　　　RC 充电实训时间记录表

u_C/V	1	2	3	4	5	6	7	8
t/s								

(4) 第二次断开 S，使电容电压增大到 2 V，记下时间，填入表 8-8 中。

(5) 重复上述过程，测量电压由零增大至 3 V、4 V、5 V、6 V、7 V、8 V 所需的时间，并将数据填入表 8-8 中。

(6) 根据上述实训所测数据，在图 8-30 中绘出 RC 充电过程中 u_C 随时间 t 变化的曲线。

2. RC 放电实训

(1) 按图 8-29(b) 接好电路，并使 $U_S = 9$ V。

(2) 闭合开关 S，使电容器上获得初始电压，并保证电容初始电压为 9 V。

(3) 断开 S 并计时，当电容从 9 V 开始放电，减小至 8 V 时停止计时，将所测得的时间记入表 8-9 中。

第 8 章　动态电路

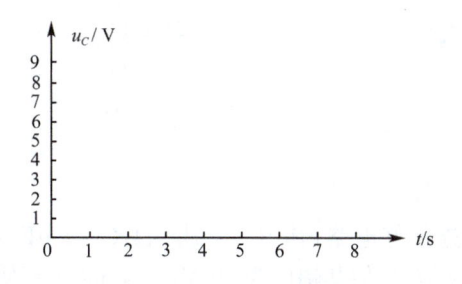

图 8-30　*RC* 充放电曲线

表 8-9　　　　　　　　　　　　　　*RC* 放电实训时间记录表

u_C/V	8	7	6	5	4	3	2	1
t/s								

(4) 重复上述过程, 分别测量电容电压由 9 V 减小至 8 V、7 V、6 V、5 V、4 V、3 V、2 V、1 V 所需的时间, 记入表 8-9 中。

(5) 根据上述实验所测数据, 在图 8-30 中绘出 *RC* 放电过程中 u_C 随时间 t 变化的曲线。

五、注意事项

(1) 电容(470 μF/50 V)应选介质损耗小的, 电压表的内阻要大, 以数字万用表为好。

(2) 实验过程中, 测量数据时需要两人密切配合, 以便注意秒表读数的准确性。

六、思考题

(1) 分析电路中时间常数的测量值与理论值间存在误差的可能原因有哪些。

(2) 如果将电路中的 *R* 从 10 kΩ 改为 100 kΩ, 对实验的测量误差有何影响?

技能训练 2　微分电路与积分电路的特性测量

一、训练目的

(1) 进一步掌握微分电路和积分电路的相关知识;

(2) 掌握微分运算与积分运算的关系及基本测量方法;

(3) 观察微分电路和积分电路的输入、输出波形。

二、训练原理

(1) 微分电路。微分电路的输出信号近似与输入信号对时间的微分成正比。构成 *RC* 微分电路的条件是: ①时间常数 $\tau \ll t_p$; ②从电阻两端输出。在脉冲电路中, 常应用微分电路把矩形脉冲变换为尖脉冲, 作为触发信号。

(2) 积分电路。积分电路的输出信号近似与输入信号对时间的积分成正比。构成 *RC* 积分电路的条件是: ①时间常数 $\tau \gg t_p$; ②从电容两端输出。在脉冲电路中, 常应用积分电路将矩形脉冲变换成近似的三角波。

三、训练器材

(1) 函数信号发生器　　　　　　　　　　1 台

(2) 双踪示波器　　　　　　　　　　　　1 台

(3) 电阻(100 Ω、10 kΩ)　　　　　　　　各 1 只
(4) 电容(1 μF/25 V)　　　　　　　　　　1 只
(5) 导线　　　　　　　　　　　　　　　若干

四、训练内容和步骤

1. 微分电路测试

(1) 按如图 8-31 所示连接好电路,其中 $R=100\ \Omega, C=1\ \mu F$(使 $\tau=RC=100\ \mu s$);
(2) 输入信号 u_i 为方波信号,使其幅度为 10 V, f 为 500 Hz(使脉宽 $t_p=T/2=1$ ms);
(3) 调节示波器,观察电阻两端的输出波形,将波形记录在表 8-10 中;
(4) 改变输入信号 u_i 的频率,观察波形如何变化。

2. 积分电路测试

(1) 按如图 8-32 所示连接好电路,其中 $R=10\ k\Omega, C=1\ \mu F$(使 $\tau=RC=10$ ms);

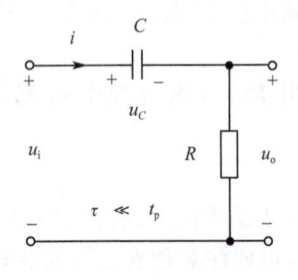

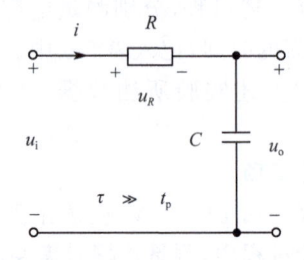

图 8-31　微分电路　　　　　图 8-32　积分电路

(2) 输入信号 u_i 为方波信号,使其幅度为 10 V, f 为 500 Hz(使脉宽 $t_p=T/2=1$ ms);
(3) 调节示波器,观察电容两端的输出波形,将波形记录在表 8-10 中;

表 8-10　　　　　　　　微分电路与积分电路实训波形记录表

动态电路	微分电路	积分电路
时间常数($\tau=RC$)	$\tau=0.1t_p=100\ \mu s$	$\tau=10t_p=10$ ms
输入信号波形 (脉宽 $t_p=1$ ms)		
输出信号波形		

(4) 改变输入信号 u_i 的频率,观察波形如何变化。

五、注意事项

(1) 微分电路的时间常数要小于或者等于 1/10 倍的输入脉冲宽度。
(2) 积分电路的时间常数要大于或者等于 10 倍的输入脉冲宽度。

六、思考题

(1) 若在微分、积分电路的输入端接入方波,则在微分、积分电路的输出端各自输出的是什么波形?(方波/三角波/尖齿波)
(2) 若微分、积分电路中的电阻或电容发生变化后,输出波形的哪个参数(脉宽/幅度)将发生变化?

讨论笔记

1. 电路的动态过程是如何定义的？

2. 换路定律的内容？

3. 一阶动态电路的三要素有哪些？

4. 时间常数 τ 的含义是什么？单位？如何计算？

5. 一阶电路的全响应公式？

第8章 习题

（学号：_____ 班级：_____ 姓名：_____）

8-1 试分别说明电容和电感元件什么时候可看成开路，什么时候可看成短路。

8-2 什么是零输入响应？一阶动态电路的零输入响应具有哪些特点？

8-3 什么是零状态响应？一阶动态电路的零状态响应具有哪些特点？

8-4 什么是全响应？一阶动态电路的全响应具有哪些特点？一阶动态电路的三要素是什么，如何求取？

8-5 如何确定一阶动态电路的时间常数？时间常数的大小与过渡过程有什么关系？

8-6 已知图 8-33 所示电路，在 $t<0$ 时电路稳定，$t=0$ 时开关打开，试求开关打开瞬间 $i_L(0_+)$ 和 $u_L(0_+)$ 的值。

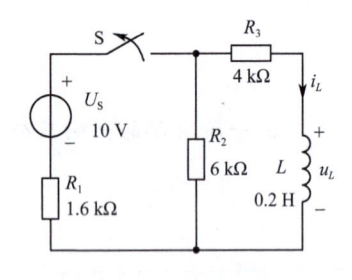

图 8-33 习题 8-6 图

8-7 如图 8-34 所示电路，在 $t<0$ 时电路稳定，$t=0$ 时开关由 1 拨向 2，求初始值 $i_1(0_+)$、$i_2(0_+)$、$u_L(0_+)$ 和稳态值 $i_1(\infty)$、$i_2(\infty)$、$u_L(\infty)$。

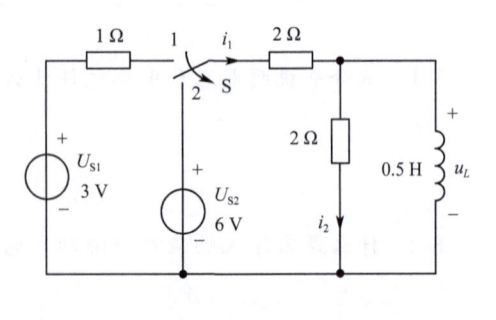

图 8-34 习题 8-7 图

第 8 章 动态电路

8-8 已知图 8-35 所示电路中，开关 S 闭合前电路稳定，试求开关闭合后瞬间各支路电流和 L_1、L_2 电压的初始值。

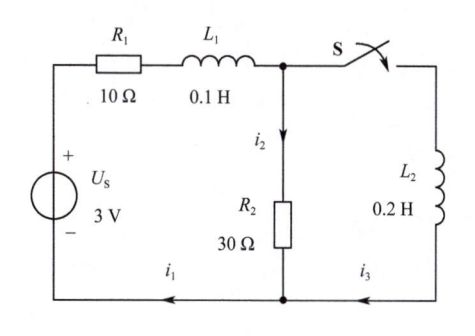

图 8-35　习题 8-8 图

8-9 已知图 8-36 所示电路中，开关 S 闭合前电容上无电荷存储，在 $t=0$ 时刻 S 闭合，求 $t \geqslant 0$ 时的 i_C，并画出波形图。

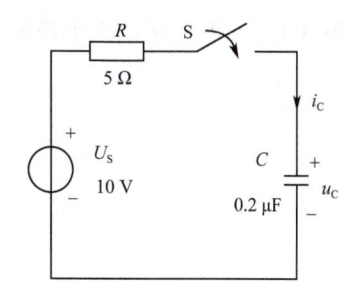

图 8-36　习题 8-9 图

8-10 已知图 8-37 所示电路中，开关 S 闭合前电感上无能量存储，在 $t=0$ 时刻 S 闭合，求 $t \geqslant 0$ 时的 u_L。

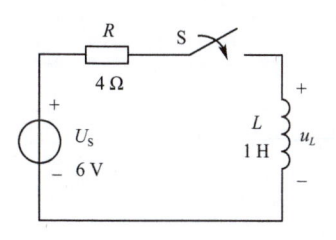

图 8-37　习题 8-10 图

8-11 已知图 8-38 所示电路中,开关 S 闭合前电路稳定,在 $t=0$ 时刻 S 闭合,求 $t \geqslant 0$ 时的 u_C 和 i_C。

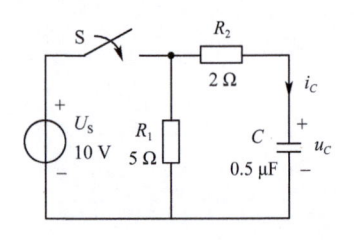

图 8-38 习题 8-11 图

8-12 如图 8-39 所示电路利用 RC 放电电路的动态过程来测量子弹的速度。子弹离开枪口即将开关 S_1 打开,随即 C 通过 R 进行放电,经过短暂时间 t 后,子弹又将 S_2 打开,C 停止放电。此时用数字电压表Ⓥ测得 C 上放电后的剩余电压 $u_C(t)=34.5$ V。设子弹离开枪口后匀速飞行,并已知两只开关之间的距离 $l=3$ m,$u_C(0_-)=100$ V,$R=60$ kΩ,$C=0.1$ μF。求子弹速度 v 的大小($v=l/t$)。

图 8-39 习题 8-12 图

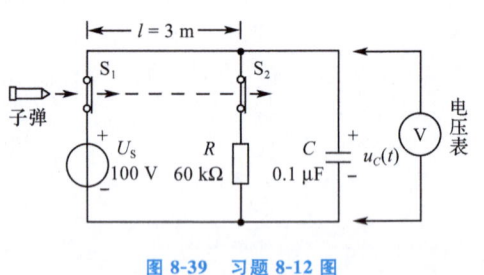

8-13 已知图 8-40 所示电路中,开关 S 打开前电路稳定,在 $t=0$ 时刻 S 打开,求 $t \geqslant 0$ 时的 $u_L(t)$ 和 $i_L(t)$。

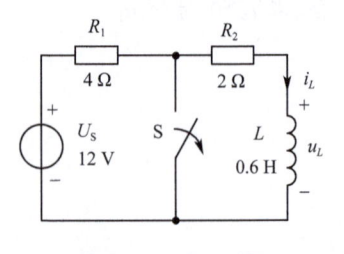

图 8-40 习题 8-13 图

第 8 章　动态电路

8-14　已知图 8-41 所示电路，S 闭合前电路稳定，$t=0$ 时刻 S 闭合，试写出 S 闭合后 u_R 的表达式，并写出 $t=3\tau$ 时 u_R 的瞬时值。

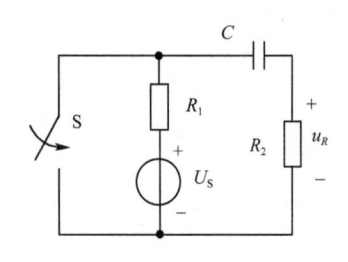

图 8-41　习题 8-14 图

8-15　已知图 8-42 所示电路，S 闭合前电容上已存储了 1×10^{-4} C 的电荷，$t=0$ 时刻 S 闭合。求：

(1) 电路的时间常数 τ；

(2) u_C 的函数表达式；

(3) 经过多长时间电容放电电流减小到 0.1 mA。

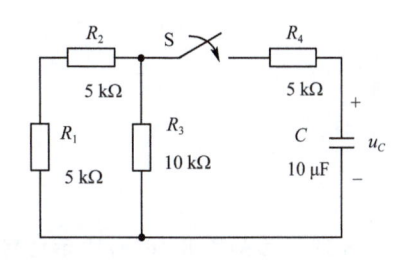

图 8-42　习题 8-15 图

8-16　已知图 8-43 所示电路，开关 S 闭合前 $u_C(0_-)=1$ V，求开关 S 闭合后的 $u_C(t)$，并画出响应曲线。

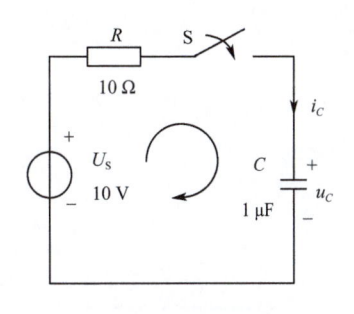

图 8-43　习题 8-16 图

8-17 已知图 8-44 所示电路,开关 S 打开前电路稳定,求开关 S 打开后的 $i_L(t)$,并画出响应曲线。

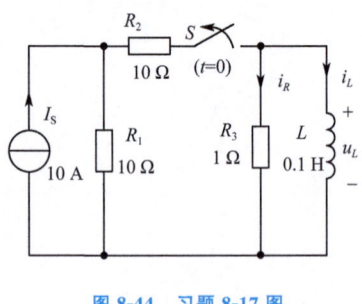

图 8-44 习题 8-17 图

8-18 已知图 8-45(a)、图 8-45(b)所示信号,用阶跃函数表示如图所示延迟矩形脉冲和方波信号。

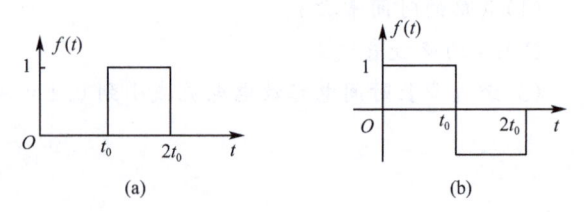

图 8-45 习题 8-18 图

8-19 已知图 8-46(a)所示电路中,电流源为图 8-46(b)所示的矩形脉冲电流,求阶跃响应 $u_C(t)$。

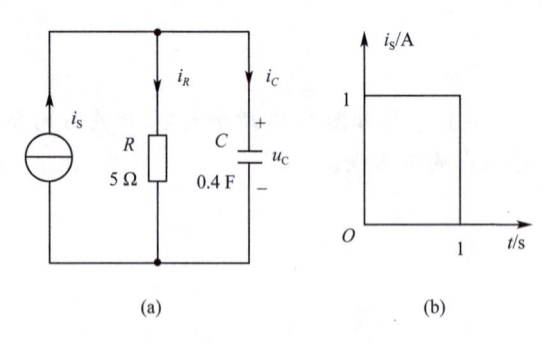

图 8-46 习题 8-19 图

8-20 已知图 8-47 所示电路中,$R=1\text{ k}\Omega$,$C=10\text{ }\mu\text{F}$,输入电压 u_i 的波形如图 8-47(b) 所示,当 $t=0$ 时 $u_o=0$。试画出输出电压 u_o 的波形。

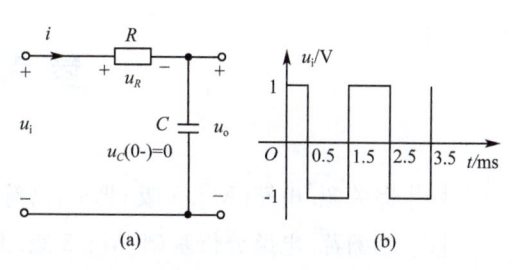

图 8-47 习题 8-20 图

参 考 文 献

[1] 邱关源. 电路[M]. 5版. 北京:高等教育出版社,2006

[2] 李瀚荪. 电路分析基础[M]. 3版. 北京:高等教育出版社,1993

[3] 闻跃,高岩,余晶晶. 基础电路分析[M]. 3版. 北京:清华大学出版社,2018

[4] 秦曾煌. 电工学(上册 电工技术)[M]. 7版. 北京:高等教育出版社,2009

[5] 谭恩鼎,瞿龙祥. 电工基础[M]. 北京:高等教育出版社,2001

[6] 李树燕. 电路基础[M]. 2版. 北京:高等教育出版社,1994

[7] 石生. 电路基本分析[M]. 3版. 北京:高等教育出版社,2008

[8] 刘青松,王国枝. 电路基本分析学习指导[M]. 3版. 北京:高等教育出版社,2011

[9] 黄振轩,宋卫海. 电路分析[M]. 济南:山东科学技术出版社,2005

[10] 杨育霞,章玉政,胡玉霞. 电路实验操作与仿真[M]. 郑州:郑州大学出版社,2003

[11] 杨静. 电子设计自动化[M]. 北京:高等教育出版社,2004

[12] 熊伟,侯传教,梁青,孟涛. 基于Multisim 14的电路仿真与创新[M]. 北京:清华大学出版社,2021.

[13] 周润景,崔婧. Multisim电路系统设计与仿真教程[M]. 北京:机械工业出版社,2018.

[14] 赵全利,李会萍. Multisim电路设计与仿真[M]. 北京:机械工业出版社,2016.

[15] 陈晓平,李长杰. 电路实验与Multisim仿真设计[M]. 北京:机械工业出版社,2015.

[16] 吴福高,张明增. Multisim电路仿真及应用[M]. 北京:航空工业出版社,2015.